电子信息科学与工程类专业系列教材

EDA 技术与应用
（第 5 版）

江国强　覃　琴　编著

电子工业出版社
Publishing House of Electronics Industry
北京·BEIJING

内 容 简 介

EDA 是当今世界上最先进的电子电路设计技术，它的重要作用逐步被我国的产业界、科技界和教育界认可。本书共 7 章，包括 EDA 技术概述、EDA 工具软件的使用方法、VHDL、Verilog HDL、常用 EDA 工具软件、可编程逻辑器件和 EDA 技术的应用。另外，附录还介绍了友晶 DE2 EDA 实验开发系统的使用方法，供读者学习或参考。

本书可作为高等院校工科电子类、通信信息类、自动化类专业"EDA 技术"课程的教材，也可供相关专业的技术人员参考。

未经许可，不得以任何方式复制或抄袭本书之部分或全部内容。
版权所有，侵权必究。

图书在版编目（CIP）数据

EDA 技术与应用/江国强，覃琴编著. —5 版. —北京：电子工业出版社，2017.1
电子信息科学与工程类专业规划教材
ISBN 978-7-121-30422-4

Ⅰ.①E… Ⅱ.①江… ②覃… Ⅲ.①电子电路－计算机辅助设计－高等学校－教材 Ⅳ.①TN702.2

中国版本图书馆 CIP 数据核字（2016）第 284500 号

责任编辑：凌　毅
印　　刷：三河市华成印务有限公司
装　　订：三河市华成印务有限公司
出版发行：电子工业出版社
　　　　　北京市海淀区万寿路 173 信箱　　邮编：100036
开　　本：787×1 092　1/16　印张：19.25　字数：493 千字
版　　次：2004 年 8 月第 1 版
　　　　　2017 年 1 月第 5 版
印　　次：2023 年 8 月第 13 次印刷
定　　价：49.80 元

凡所购买电子工业出版社图书有缺损问题，请向购买书店调换。若书店售缺，请与本社发行部联系，联系及邮购电话：(010)88254888，88258888。
质量投诉请发邮件至 zlts@phei.com.cn，盗版侵权举报请发邮件至 dbqq@phei.com.cn。
本书咨询联系方式：(010)88254528，lingyi@phei.com.cn。

第5版前言

在20世纪90年代，国际上电子和计算机技术先进的国家，一直在积极探索新的电子电路设计方法，在设计方法、工具等方面进行了彻底的变革，并取得巨大成功。在电子设计技术领域，可编程逻辑器件（如 CPLD、FPGA）的应用，已得到很好的普及，这些器件为数字系统的设计带来了极大的灵活性。可编程逻辑器件可以通过软件编程而对其硬件结构和工作方式进行重构，这使得硬件的设计可以如同软件设计那样方便快捷。这一切极大地改变了传统的数字系统设计方法、设计过程和设计观念，促进了 EDA 技术的迅速发展。

EDA 是电子设计自动化（Electronic Design Automation）的缩写，在20世纪90年代初从计算机辅助设计（CAD）、计算机辅助制造（CAM）、计算机辅助测试（CAT）和计算机辅助工程（CAE）的概念发展而来。EDA 技术是以计算机为工具，设计者在 EDA 软件平台上，用硬件描述语言（HDL）完成设计文件，然后由计算机自动地完成逻辑编译、化简、分割、综合、优化、布局、布线、仿真，直至对于特定目标芯片的适配编译、逻辑映射和编程下载等工作。EDA 技术的出现，极大地提高了电路设计的效率和可靠性，减轻了设计者的劳动强度。

本书是在《EDA 技术与应用》（第4版）基础上编写的，跟随 EDA 技术的发展，本书将各种最新版本的 EDA 工具软件的使用方法展示给读者，包括 Quartus II 13.0 及 Qsys、ModelSim-Altera 10.1d、MATLAB R2012a 等。

本书共7章。第1章 EDA 技术概述，介绍 EDA 技术的发展、EDA 设计流程及 EDA 技术涉及的领域。

第2章介绍 EDA 工具软件的使用方法。EDA 的核心是利用计算机完成电路设计的全程自动化，因此基于计算机环境下的 EDA 工具软件是不可缺少的。利用 EDA 技术进行电路设计的大部分工作是在 EDA 开发设计平台上进行的，离开了 EDA 工具，电路设计的自动化是不可能实现的。因此，掌握 EDA 工具软件的使用方法，应该是 EDA 技术学习的第一步。至今 Altera 公司已公布了 Quartus II 16.0 版本的 EDA 并发设计软件，本章以 Altera 公司的 Quartus II 13.0 为主介绍 EDA 工具软件的使用方法。

第3章和第4章分别介绍 VHDL 和 Verilog HDL 两种常用硬件描述语言的基础知识。VHDL 和 Verilog HDL 作为 IEEE 标准的硬件描述语言，经过30多年的发展、应用和完善，它们以其强大的系统描述能力、规范的程序设计结构、灵活的语言表达风格和多层次的仿真测试手段，在电子设计领域受到了普遍的认同和广泛的接受，成为现代 EDA 领域的首选硬件描述语言。专家认为，在本世纪 VHDL 与 Verilog HDL 语言将承担起几乎全部的数字系统设计任务。

第5章介绍几种目前世界上最流行和实用的 EDA 工具软件，包括 ModelSim、MATLAB、Nios II 和 Qsys，以适应不同读者的需要。这些软件主要是基于 PC 机平台，面向 PLD、SOPC 和 ASIC 设计，比较适合学校教学、项目开发和相关的科研。

第6章介绍 PLA、PAL、GAL、EPLD 和 FPGA 等各种类型可编程逻辑器件的电路结构、工作原理、使用方法、编程方法和 Altera 公司可编程逻辑器件。

第7章介绍 EDA 技术在组合逻辑、时序逻辑电路设计，以及基于 EDA 技术的数字系统设计中的应用。

为了方便读者能较系统和较完整地学习 EDA 技术，本书从教学的目的出发，尽量将有关 EDA 技术的内容编入书中，并力求内容精练，语言通俗易懂。读者可以根据实际需要，节选学习书中的部分内容，尽快掌握 EDA 基本技术，然后通过相关 EDA 技术书籍的学习，达到精通 EDA 技术的目的。

本书的教学可安排 **32 学时**，其中第 1 章占 2 学时，第 2 章占 4 学时，第 3 章占 8 学时，第 4 章占 8 学时，第 5 章作为选学内容（需 6~8 学时），第 6 章占 2 学时，第 7 章占 8 学时。另外，还需要安排 **4~8 学时的实验**，第 1 个实验安排 EDA 工具软件的使用方法，其余的实验可安排 HDL 的编程实验。

本书提供配套的电子课件，可登录华信教育资源网：www.hxedu.com.cn，注册后免费下载。

本书由桂林电子科技大学的江国强和覃琴编著，对于书中的错误和不足之处，恳请读者指正。

作者
2016 年 12 月

目 录

第1章 EDA 技术概述 1
1.1 EDA 技术及发展 1
1.2 EDA 设计流程 2
1.2.1 设计准备 3
1.2.2 设计输入 3
1.2.3 设计处理 3
1.2.4 设计校验 4
1.2.5 器件编程 4
1.2.6 器件测试和设计验证 5
1.3 硬件描述语言 5
1.3.1 VHDL 5
1.3.2 Verilog HDL 6
1.3.3 AHDL 6
1.4 可编程逻辑器件 7
1.5 常用 EDA 工具 7
1.5.1 设计输入编辑器 7
1.5.2 仿真器 8
1.5.3 HDL 综合器 8
1.5.4 适配器（布局布线器） 9
1.5.5 下载器（编程器） 9
本章小结 9
思考题和习题 1 9

第2章 EDA 工具软件的使用方法 10
2.1 Quartus II 软件的主界面 10
2.2 Quartus II 的图形编辑输入法 11
2.2.1 编辑输入图形设计文件 12
2.2.2 编译设计文件 16
2.2.3 仿真设计文件 17
2.2.4 编程下载设计文件 25
2.3 Quartus II 宏功能模块的使用方法 28
2.3.1 设计原理 28
2.3.2 编辑输入顶层设计文件 29
2.3.3 仿真顶层设计文件 35
2.3.4 图形文件的转换 36
2.4 嵌入式逻辑分析仪的使用方法 38
2.4.1 打开 SignalTap II 编辑窗口 38
2.4.2 调入节点信号 39
2.4.3 参数设置 40
2.4.4 文件存盘 40
2.4.5 编译与下载 40
2.4.6 运行分析 40
2.5 嵌入式锁相环的设计方法 41
2.5.1 嵌入式锁相环的设计 41
2.5.2 嵌入式锁相环的仿真 44
2.5.3 使用嵌入式逻辑分析仪观察嵌入式锁相环的设计结果 44
2.6 设计优化 45
2.6.1 面积与速度的优化 45
2.6.2 时序约束与选项设置 46
2.6.3 Fitter 设置 46
2.7 Quartus II 的 RTL 阅读器 46
本章小结 47
思考题和习题 2 48

第3章 VHDL 49
3.1 VHDL 设计实体的基本结构 49
3.1.1 库、程序包 50
3.1.2 实体 50
3.1.3 结构体 51
3.1.4 配置 51
3.1.5 基本逻辑器件的 VHDL 描述 52
3.2 VHDL 语言要素 55
3.2.1 VHDL 文字规则 55
3.2.2 VHDL 数据对象 57
3.2.3 VHDL 数据类型 58
3.2.4 VHDL 的预定义数据类型 58
3.2.5 IEEE 预定义的标准逻辑位和矢量 60
3.2.6 用户自定义数据类型方式 60
3.2.7 VHDL 操作符 60

3.2.8 VHDL 的属性 …………………… 63
3.3 VHDL 的顺序语句 …………………… 64
  3.3.1 赋值语句 …………………… 65
  3.3.2 流程控制语句 …………………… 65
  3.3.3 WAIT 语句 …………………… 71
  3.3.4 ASSERT（断言）语句 …………… 72
  3.3.5 NULL（空操作）语句 …………… 72
3.4 并行语句 …………………… 72
  3.4.1 PROCESS（进程）语句 …………… 73
  3.4.2 块语句 …………………… 74
  3.4.3 并行信号赋值语句 …………… 75
  3.4.4 子程序和并行过程调用语句 …… 77
  3.4.5 元件例化（COMPONENT）
       语句 …………………… 79
  3.4.6 生成语句 …………………… 81
3.5 VHDL 的库和程序包 …………………… 83
  3.5.1 VHDL 库 …………………… 83
  3.5.2 VHDL 程序包 …………………… 84
3.6 VHDL 设计流程 …………………… 85
  3.6.1 编辑 VHDL 源程序 …………… 85
  3.6.2 设计 8 位计数显示译码电路
       顶层文件 …………………… 87
  3.6.3 编译顶层设计文件 …………… 88
  3.6.4 仿真顶层设计文件 …………… 88
  3.6.5 下载顶层设计文件 …………… 89
3.7 VHDL 仿真 …………………… 89
  3.7.1 VHDL 仿真支持语句 …………… 89
  3.7.2 VHDL 测试平台软件的设计 …… 91
本章小结 …………………… 95
思考题和习题 3 …………………… 95

第 4 章 Verilog HDL …………………… 98
4.1 Verilog HDL 设计模块的基本
    结构 …………………… 98
  4.1.1 模块端口定义 …………… 98
  4.1.2 模块内容 …………… 99
4.2 Verilog HDL 的词法 …………… 101
  4.2.1 空白符和注释 …………… 101
  4.2.2 常数 …………… 101
  4.2.3 字符串 …………… 102
  4.2.4 关键词 …………… 102

  4.2.5 标识符 …………… 102
  4.2.6 操作符 …………… 103
  4.2.7 Verilog HDL 数据对象 …… 106
4.3 Verilog HDL 的语句 …………… 108
  4.3.1 赋值语句 …………… 108
  4.3.2 条件语句 …………… 110
  4.3.3 循环语句 …………… 112
  4.3.4 结构声明语句 …………… 114
  4.3.5 语句的顺序执行与并行
       执行 …………… 117
4.4 不同抽象级别的 Verilog HDL
    模型 …………… 119
  4.4.1 Verilog HDL 的门级描述 …… 119
  4.4.2 Verilog HDL 的行为级描述 … 120
  4.4.3 用结构描述实现电路系统
       设计 …………… 121
4.5 Verilog HDL 设计流程 …………… 123
  4.5.1 编辑 Verilog HDL 源程序 … 124
  4.5.2 设计 BCD 加法器电路
       顶层文件 …………… 125
  4.5.3 编译顶层设计文件 …………… 126
  4.5.4 仿真顶层设计文件 …………… 126
  4.5.5 下载顶层设计文件 …………… 126
4.6 Verilog HDL 仿真 …………… 126
  4.6.1 Verilog HDL 仿真支持语句 … 126
  4.6.2 Verilog HDL 测试平台软件
       的设计 …………… 130
本章小结 …………… 132
思考题和习题 4 …………… 133

第 5 章 常用 EDA 工具软件 …………… 135
5.1 ModelSim …………… 135
  5.1.1 ModelSim 的图形用户
       交互方式 …………… 135
  5.1.2 ModelSim 的交互命令方式 … 139
  5.1.3 ModelSim 的批处理工作
       方式 …………… 141
  5.1.4 ModelSim 与 Quartus II 的
       接口 …………… 142
  5.1.5 在 Quartus II 13.0 中使用
       ModelSim 仿真 …………… 143

5.2 基于 MATLAB/DSP Builder 的 DSP 模块设计 ……………… 149
    5.2.1 设计原理 …………………… 149
    5.2.2 建立 MATLAB 设计模型 …… 150
    5.2.3 MATLAB 模型仿真 ………… 155
    5.2.4 Signal Compiler 使用方法 … 156
    5.2.5 使用 ModelSim 仿真 ……… 158
    5.2.6 DSP Builder 的层次设计 …… 160
5.3 Qsys 系统集成软件 ……………… 160
    5.3.1 Qsys 的硬件开发 …………… 161
    5.3.2 Qsys 系统的编译与下载 …… 164
5.4 Nios II 嵌入式系统开发软件 …… 167
    5.4.1 Nios II 的硬件开发 ………… 167
    5.4.2 生成 Nios II 硬件系统 ……… 168
    5.4.3 Nios II 系统的调试 ………… 193
    5.4.4 Nios II 的常用组件与编程 … 197
    5.4.5 基于 Nios II 的 Qsys 系统应用 ……………………… 205
本章小结 ………………………………… 217
思考题和习题 5 ………………………… 217

第 6 章 可编程逻辑器件 …………… 219
6.1 PLD 的基本原理 ………………… 219
    6.1.1 PLD 的分类 ………………… 219
    6.1.2 阵列型 PLD ………………… 222
    6.1.3 现场可编程门阵列 FPGA … 225
    6.1.4 基于查找表（LUT）的结构 ………………………… 227
6.2 PLD 的设计技术 ………………… 229
    6.2.1 PLD 的设计方法 …………… 229
    6.2.2 在系统可编程技术 ………… 230
    6.2.3 边界扫描技术 ……………… 233
6.3 PLD 的编程与配置 ……………… 233
    6.3.1 CPLD 的 ISP 方式编程 …… 234
    6.3.2 使用 PC 的并口配置 FPGA … 234
6.4 Altera 公司的 PLD 系列产品简介 ………………………………… 236
    6.4.1 Altera 高端 Stratix FPGA 系列 ……………………… 236
    6.4.2 Altera 中端 FPGA 的 Arria 系列 ………………… 237
    6.4.3 Altera 低成本 FPGA 的 Cyclone 系列 ……………… 238
    6.4.4 Altera SoC FPGA 系列 …… 239
    6.4.5 Altera 低成本 MAX 系列 … 239
    6.4.6 Altera 硬件拷贝 HardCopy ASIC 系列 ……………… 240
本章小结 ………………………………… 240
思考题和习题 6 ………………………… 241

第 7 章 EDA 技术的应用 ……………… 242
7.1 组合逻辑电路设计应用 ………… 242
    7.1.1 运算电路设计 ……………… 242
    7.1.2 编码器设计 ………………… 243
    7.1.3 译码器设计 ………………… 245
    7.1.4 数据选择器设计 …………… 247
    7.1.5 数据比较器设计 …………… 248
    7.1.6 ROM 的设计 ………………… 250
7.2 时序逻辑电路设计应用 ………… 252
    7.2.1 触发器设计 ………………… 252
    7.2.2 锁存器设计 ………………… 254
    7.2.3 移位寄存器设计 …………… 255
    7.2.4 计数器设计 ………………… 257
    7.2.5 随机读写存储器 RAM 的设计 ………………………… 259
7.3 基于 EDA 的数字系统设计 …… 261
    7.3.1 计时器的设计 ……………… 261
    7.3.2 万年历的设计 ……………… 265
    7.3.3 8 位十进制频率计设计 …… 269
本章小结 ………………………………… 275
思考题和习题 7 ………………………… 276

附录 A Altera DE2 开发板使用方法 … 278
A.1 Altera DE2 开发板的结构 ……… 278
A.2 DE2 开发板的实验模式与目标芯片的引脚连接 …………… 278
A.3 DE2 开发板实验的操作 ………… 283
    A.3.1 编辑 ………………………… 283
    A.3.2 编译 ………………………… 286
    A.3.3 仿真 ………………………… 286
    A.3.4 引脚锁定 …………………… 286
    A.3.5 编程下载 …………………… 287
    A.3.6 硬件验证 …………………… 288

A.4　DE2 开发板的控制嵌板 ·············· 288
　　A.4.1　打开控制嵌板 ····················· 288
　　A.4.2　设备检测 ··························· 288
附录 B　Quartus II 的宏函数和强函数 ···· 290

B.1　宏函数 ································· 290
B.2　强函数 ································· 296
参考文献 ·· 298

第 1 章　EDA 技术概述

> **本章概要**：本章介绍 EDA 技术的发展、EDA 设计流程及 EDA 技术涉及的领域。
> **知识要点**：（1）EDA 设计流程；
> 　　　　　　（2）设计处理包含的过程；
> 　　　　　　（3）"自顶向下"的设计流程；
> 　　　　　　（4）EDA 工具各模块的主要功能。
> **教学安排**：本章教学安排 2 学时，重点让读者熟悉 EDA 设计"自顶向下"的流程，了解 EDA 工具各模块的主要功能。

1.1　EDA 技术及发展

20 世纪末，数字电子技术的飞速发展，有力地推动了社会生产力的发展和社会信息化的提高。目前，数字电子技术的应用已经渗透到人类生活的各个方面。从计算机到手机，从数字电话到数字电视，从家用电器到军用设备，从工业自动化到智能机器人，从医疗器械到汽车电子，从卫星导航到航空航天技术，都尽可能采用了数字电子技术。

微电子技术，即大规模集成电路加工技术的进步是现代数字电子技术发展的基础。目前，在硅片的单位面积上集成的晶体管数量越来越多：1978 年推出的 8086 微处理器芯片集成的晶体管数是 4 万只；2000 年推出的 Pentium 4 微处理器芯片的集成度上升到 4200 万只晶体管；2005 年生产可编程逻辑器件（PLD）的集成度达到 5 亿只晶体管，包含的逻辑元件（Logic Elements，LEs）有 18 万个；2009 年生产的 PLD 中的 LEs 达到 84 万个，集成度达到 25 亿只晶体管；2011 年生产的 PLD 中的 LEs 达到 95.2 万个；2016 年生产的 PLD 中的 LEs 达到 550 万个，集成度超过 30 亿只晶体管。原来需要成千上万只电子元器件组成的计算机主板或彩色电视机电路，现在仅用一片或几片超大规模集成电路就可以代替，现代集成电路已经能够实现单片电子系统 SOC（System On a Chip）的功能。

现代电子设计技术的核心是 EDA（Electronic Design Automation）技术。EDA 技术就是依靠功能强大的电子计算机，在 EDA 软件工具平台上，对以硬件描述语言 HDL（Hardware Description Language）为系统逻辑描述手段完成的设计文件，自动地完成逻辑编译、化简、分割、综合、优化、仿真，直至下载到可编程逻辑器件 CPLD/FPGA 或专用集成电路 ASIC（Application Specific Integrated Circuit）芯片中，实现既定的电子电路设计功能。EDA 技术使得电子电路设计者的工作仅限于利用硬件描述语言和 EDA 软件平台来完成对系统硬件功能的实现，极大地提高了设计效率，缩短了设计周期，节省了设计成本。

EDA 是在 20 世纪 90 年代初从计算机辅助设计（CAD）、计算机辅助制造（CAM）、计算机辅助测试（CAT）和计算机辅助工程（CAE）的概念发展而来的。一般把 EDA 技术的发展分为 CAD、CAE 和 EDA 这 3 个阶段。

CAD（Computer Aided Design）是 EDA 技术发展的早期阶段，在这个阶段，人们开始利用计算机取代手工劳动。但当时的计算机硬件功能有限，软件功能较弱，人们主要借助计算机对所设计的电路进行一些模拟和预测，辅助进行集成电路版图编辑、印制电路板（Printed Circuit Board，PCB）布局布线等简单的版图绘制工作。

CAE（Computer Aided Engineering）是在 CAD 的工具逐步完善的基础上发展起来的，尤其是人们在设计方法学、设计工具集成化方面取得了长足的进步，可以利用计算机作为单点设计工具，并建立各种设计单元库，开始用计算机将许多单点工具集成在一起使用，大大提高了工作效率。

20 世纪 90 年代以来，微电子工艺有了惊人的发展，2006 年工艺水平已经达到了 60nm，2011 年达到 28nm，2016 年达到 14nm。在一个芯片上已经可以集成上百万只乃至数亿只晶体管，芯片速度达到了 Gb/s 量级。大容量的可编程逻辑器件陆续面世，对电子设计的工具提出了更高的要求，提供了广阔的发展空间，促进了 EDA 技术的形成。特别重要的是，世界各 EDA 公司致力推出兼容各种硬件实现方案和支持标准硬件描述语言的 EDA 工具软件，有效地将 EDA 技术推向成熟。

今天，EDA 技术已经成为电子设计的重要工具，无论是设计芯片还是设计系统，如果没有 EDA 工具的支持，都将是难以完成的。EDA 工具已经成为现代电路设计师的重要武器，正在发挥着越来越重要的作用。

1.2　EDA 设计流程

利用 EDA 技术进行电路设计的大部分工作是在 EDA 软件工作平台上进行的，EDA 设计流程如图 1.1 所示。EDA 设计流程包括设计准备、设计输入、设计处理和器件编程 4 个步骤，以及相应的功能仿真、时序仿真和器件测试 3 个设计验证过程。

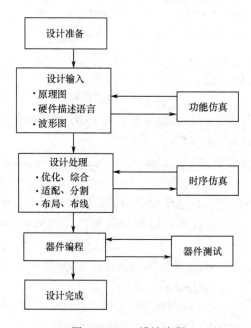

图 1.1　EDA 设计流程

1.2.1 设计准备

设计准备是设计者在进行设计之前,依据任务要求,确定系统所要完成的功能及复杂程度,器件资源的利用、成本等所要做的准备工作,如进行方案论证、系统设计和器件选择等。

1.2.2 设计输入

设计输入是将设计的电路或系统按照 EDA 开发软件要求的某种形式表示出来,并送入计算机的过程。设计输入有多种方式,包括采用硬件描述语言(如 VHDL 和 Verilog HDL)进行设计的文本输入方式、图形输入方式和波形输入方式,或者采用文本、图形两者混合的设计输入方式。也可以采用自顶向下(Top-Down)的层次结构设计方法,将多个输入文件合并成一个设计文件等。

1. 图形输入方式

图形输入也称为原理图输入,这是一种最直接的设计输入方式。它使用软件系统提供的元器件库及各种符号和连线画出设计电路的原理图,形成图形输入文件。这种方式大多用在对系统及各部分电路很熟悉的情况,或在系统对时间特性要求较高的场合。优点是容易实现仿真,便于信号的观察和电路的调整。

2. 文本输入方式

文本输入是采用硬件描述语言进行电路设计的方式。硬件描述语言有普通硬件描述语言和行为描述语言,它们用文本方式描述设计和输入。普通硬件描述语言有 AHDL、CUPL 等,它们支持逻辑方程、真值表、状态机等逻辑表达方式。

行为描述语言是目前常用的高层硬件描述语言,有 VHDL、Verilog HDL 等,它们具有很强的逻辑描述和仿真功能,可实现与工艺无关的编程与设计,可以使设计者在系统设计、逻辑验证阶段就确立方案的可行性,而且输入效率高,在不同的设计输入库之间转换也非常方便。运用 VHDL 或 Verilog HDL 硬件描述语言进行设计已是当前的趋势。

3. 波形输入方式

波形输入主要用于建立和编辑波形设计文件及输入仿真向量和功能测试向量。波形设计输入适合用于时序逻辑和有重复性的逻辑函数,系统软件可以根据用户定义的输入/输出波形自动生成逻辑关系。

波形编辑功能还允许设计者对波形进行复制、剪切、粘贴、重复与伸展,从而可以用内部节点、触发器和状态机建立设计文件,并将波形进行组合,显示各种进制的状态值。还可以通过将一组波形重叠到另一组波形上,对两组仿真结果进行比较。

1.2.3 设计处理

设计处理是 EDA 设计中的核心环节。在设计处理阶段,编译软件对设计输入文件进行逻辑化简、综合和优化,并适当地用一片或多片器件自动地进行适配,最后产生编程用的编程文件。设计处理主要包括设计编译和检查、设计优化和综合、适配和分割、布局和布线、生成编程数据文件等过程。

1. 设计编译和检查

设计输入完成之后,立即进行编译。在编译过程中,首先进行语法检验,如检查原理图的信号线有无漏接、信号有无双重来源、文本输入文件中关键词有无错误等各种语法错误，并及时标出错误的类型及位置，供设计者修改。然后进行设计规则检验，检查总的设计有无超出器件资源或规定的限制并将编译报告列出，指明违反规则和潜在不可靠电路的情况以供设计者纠正。

2. 设计优化和综合

设计优化主要包括面积优化和速度优化。面积优化的结果使得设计所占用的逻辑资源（门数或逻辑单元数）最少；时间优化的结果使得输入信号经历最短的路径到达输出，即传输延迟时间最短。综合的目的是将多个模块化设计文件合并为一个网表文件，并使层次设计平面化(即展平)。

3. 适配和分割

在适配和分割过程，确定优化以后的逻辑能否与下载目标器件 CPLD 或 FPGA 中的宏单元和 I/O 单元适配，然后将设计分割为多个便于适配的逻辑小块形式映射到器件相应的宏单元中。如果整个设计不能装入一片器件时，可以将整个设计自动分割成多块并装入同一系列的多片器件中去。

分割工作可以全部自动实现，也可以部分由用户控制，还可以全部由用户控制。分割时应使所需器件数目和用于器件之间通信的引脚数目尽可能少。

4. 布局和布线

布局和布线工作是在设计检验通过以后由软件自动完成的，它能以最优的方式对逻辑元件布局，并准确地实现元件间的布线互连。布局和布线完成后，软件会自动生成布线报告，提供有关设计中各部分资源的使用情况等信息。

5. 生成编程数据文件

设计处理的最后一步是产生可供器件编程使用的数据文件。对 CPLD 来说，是产生熔丝图文件，即 JEDEC 文件（电子器件工程联合会制定的标准格式，简称 JED 文件）；对 FPGA 来说，是生成位流数据文件（Bit-stream Generation，简称 BG 文件）。

1.2.4 设计校验

设计校验过程包括功能仿真和时序仿真，这两项工作是在设计处理过程中同时进行的。功能仿真是在设计输入完成之后，选择具体器件进行编译之前进行的逻辑功能验证，因此又称为前仿真。此时的仿真没有延时信息或者只有由系统添加的微小标准延时，这对于初步的功能检测非常方便。仿真前，要先利用波形编辑器或硬件描述语言等建立波形文件或测试向量（即将所关心的输入信号组合成序列），仿真结果将会生成报告文件和输出信号波形，从中便可以观察到各个节点的信号变化。若发现错误，则返回设计输入中修改逻辑设计。

时序仿真是在选择了具体器件并完成布局、布线之后进行的时序关系仿真，因此又称为后仿真或延时仿真。由于不同器件的内部延时不一样，不同的布局、布线方案也会给延时造成不同的影响，因此在设计处理以后，对系统和各模块进行时序仿真，分析其时序关系，估计设计的性能及检查和消除竞争冒险等，是非常有必要的。

1.2.5 器件编程

器件编程是指将设计处理中产生的编程数据文件通过软件植入具体的可编程逻辑器件中去的操作。对 CPLD 器件来说，是将 JED 文件下载（Down Load）到 CPLD 器件中；对 FPGA

来说,是将位流数据 BG 文件配置到 FPGA 中。

器件编程需要满足一定的条件,如编程电压、编程时序和编程算法等。普通的 CPLD 器件和一次性编程的 FPGA 需要专用的编程器来完成器件的编程工作。基于 SRAM 的 FPGA 可以由 EPROM 或其他存储体进行配置。在系统可编程器件(ISP-PLD)则不需要专门的编程器,只要一根与计算机互连的下载编程电缆就可以了。

1.2.6 器件测试和设计验证

在完成器件编程之后,可以用编译时产生的文件对器件进行检验、加密,或采用边界扫描测试技术进行功能测试,测试成功后设计工作才算告一段落。

设计验证可以在 EDA 硬件开发平台上进行。EDA 硬件开发平台的核心部件是一片可编程逻辑器件、FPGA 或 CPLD,再附加一些输入/输出设备,如按键、数码显示器、指示灯、扬声器等,还提供时序电路需要的脉冲源。将设计电路编程下载到 FPGA 或 CPLD 中后,根据 EDA 硬件开发平台的操作模式要求,进行相应的输入操作,然后检查输出结果,验证设计电路。

1.3 硬件描述语言

硬件描述语言 HDL 是 EDA 技术中的重要组成部分,常用的硬件描述语言有 AHDL、VHDL 和 Verilog HDL,而 VHDL 和 Verilog HDL 是当前最流行并已成为 IEEE 标准的硬件描述语言。

1.3.1 VHDL

VHDL 是超高速集成电路硬件描述语言(Very High Speed Integrated Circuit Hardware Description Language)的缩写,在美国国防部的支持下于 1985 年正式推出,是目前标准化程度最高的硬件描述语言。IEEE(The Institute of Electrical and Electronics Engineers)于 1987 年将 VHDL 采纳为 IEEE 1076 标准(VHDL 1987 版本),并于 1993 年和 2008 年分别升级为 VHDL 1993 版本和 VHDL 2008 版本。VHDL 经过 30 多年的发展、应用和完善,以其强大的系统描述能力、规范的程序设计结构、灵活的语言表达风格和多层次的仿真测试手段,在电子设计领域受到了普遍的认同和广泛的接受,成为现代 EDA 领域的首选硬件描述语言。目前,流行的 EDA 工具软件全部支持 VHDL,它在 EDA 领域的学术交流、电子设计的存档、专用集成电路(ASIC)设计等方面,担当着不可缺少的角色。专家认为,在 21 世纪,VHDL 与 Verilog HDL 语言将承担起几乎全部的数字系统设计任务。显然,VHDL 是现代电子设计师必须掌握的硬件设计计算机语言。

概括起来,VHDL 有以下几个特点。

① VHDL 具有强大的功能,覆盖面广,描述能力强。VHDL 支持门级电路的描述,也支持以寄存器、存储器、总线及运算单元等构成的寄存器传输级电路的描述,还支持以行为算法和结构的混合描述为对象的系统级电路的描述。

② VHDL 有良好的可读性。它可以被计算机接受,也容易被读者理解。用 VHDL 书写的源文件,既是程序又是文档;既可作为工程技术人员之间交换信息的文件,又可作为合同签约者之间的文件。

③ VHDL 具有良好的可移植性。作为一种已被 IEEE 承认的工业标准,VHDL 事实上已成

为通用的硬件描述语言，可以在各种不同的设计环境和系统平台中使用。

④ 使用 VHDL 可以延长设计的生命周期。用 VHDL 描述的硬件电路与工艺无关，不会因工艺变化而使描述过时。与工艺有关的参数可以通过 VHDL 提供的属性加以描述，工艺改变时，只需要修改相应程序中的属性参数即可。

⑤ VHDL 支持对大规模设计的分解和已有设计的再利用。VHDL 可以描述复杂的电路系统，支持对大规模设计的分解，由多人、多项目组来共同承担和完成。标准化的规则和风格，为设计的再利用提供了有力的支持。

⑥ VHDL 有利于保护知识产权。用 VHDL 设计的专用集成电路（ASIC），在设计文件下载到集成电路时可以采用一定的保密措施，使其不易被破译和窃取。

1.3.2 Verilog HDL

Verilog HDL 也是目前应用最为广泛的硬件描述语言，并被 IEEE 采纳为 IEEE 1364-1995 标准（Verilog-1995 版本），2001 年升级为 Verilog-2001 版本，2005 年升级为 System Verilog-2005 版本。Verilog HDL 可以用来进行各种层次的逻辑设计，也可以进行数字系统的逻辑综合、仿真验证和时序分析。Verilog HDL 适合算法级（Algorithm）、寄存器传输级（RTL）、逻辑级（Logic）、门级（Gate）和版图级（Layout）等各个层次的电路设计和描述。

采用 Verilog HDL 进行电路设计的最大优点是设计与工艺无关性，这使得设计者在进行电路设计时可以不必过多考虑工艺实现时的具体细节，只需要根据系统设计的要求施加不同的约束条件，即可设计出实际电路。实际上，利用计算机的强大功能，在 EDA 工具的支持下，把逻辑验证与具体工艺库相匹配，将布线及延迟计算分成不同的阶段来实现，可减少设计者的繁重劳动。

Verilog HDL 和 VHDL 都是用于电路设计的硬件描述语言，并且都已成为 IEEE 标准。Verilog HDL 也具有与 VHDL 类似的特点，稍有不同的是，Verilog HDL 早在 1983 年就已经推出，应用历史较长，拥有广泛的设计群体，设计资源比 VHDL 丰富。另外，Verilog HDL 是在 C 语言的基础上演化而来的，因此只要具有 C 语言的编程基础，设计者就很容易学会并掌握这种语言。

1.3.3 AHDL

AHDL（Altera Hardware Description Language）是 Altera 公司根据自己公司生产的 MAX 系列器件和 FLEX 系列器件的特点，专门设计的一套完整的硬件描述语言。

AHDL 是一种模块化的硬件描述语言，它完全集成于 Altera 公司的 MAX+PLUS II 和 Quartus II 的软件开发系统中。AHDL 特别适合于描述复杂的组合电路、组（group）运算及状态机、真值表和参数化的逻辑。用户可以通过 MAX+PLUS II 或 Quartus II 的软件开发系统对 AHDL 源程序进行编辑，并通过对源文件的编译建立仿真、时域分析和器件编程的输出文件。

AHDL 的语句和元素种类齐全、功能强大，而且易于应用。用户可以使用 AHDL 建立完整层次的工程设计项目，或者在一个层次的设计中混合其他类型的设计文件，如 VHDL 设计文件或 Verilog HDL 设计文件。

1.4 可编程逻辑器件

可编程逻辑器件（Programmable Logic Device，PLD）是一种半定制集成电路，在其内部集成了大量的门和触发器等基本逻辑单元电路（LEs），用户通过编程来改变 PLD 内部电路的逻辑关系或连线，就可以得到所需的设计电路。可编程逻辑器件的出现，改变了传统的数字系统设计方法，其设计方法为采用 EDA 技术开创了广阔的发展空间，并极大地提高了电路设计的效率。

在 PLD 没有出现之前，数字系统的传统设计往往采用"积木"式的方法进行，实质上是对电路板进行设计，通过标准集成电路器件搭建成电路板来实现系统功能，即先由器件搭成电路板，再由电路板搭成系统。数字系统的"积木块"就是具有固定功能的标准集成电路器件，如 TTL 的 74/54 系列、CMOS 的 4000/4500 系列芯片和一些具有固定功能的大规模集成电路等。用户只能根据需要选择合适的集成电路器件，按照此种器件推荐的电路搭成系统并调试成功。设计中，设计者没有灵活性可言，搭成的系统需要的芯片种类多且数目大。

PLD 的出现，给数字系统的传统设计法带来了新的变革。采用 PLD 进行的数字系统设计，是基于芯片的设计或称为"自底向上"（Bottom-Up）的设计，与传统的积木式设计有本质上的不同。它可以直接通过设计 PLD 芯片来实现数字系统功能，将原来由电路板设计完成的大部分工作放在 PLD 芯片的设计中进行。这种新的设计方法能够由设计者根据实际情况和要求定义器件的内部逻辑关系和引脚，通过芯片设计实现多种数字系统功能。同时，由于引脚定义的灵活性，不但大大减轻了系统设计的工作量和难度，提高了工作效率，而且还可以减少芯片数量，缩小系统体积，降低能源消耗，提高系统的稳定性和可靠性。

硬件描述语言（HDL）给 PLD 和数字系统的设计带来了新的设计方法和理念，产生了目前最常用且称为"自顶向下"（Top-Down）的设计法。自顶向下的设计采用功能分割的方法，从顶层设计开始，逐次向下将设计内容进行分块和细化。在设计过程中，采用层次化和模块化方式，将使系统设计变得简捷和方便。层次化设计是分层次、分模块地进行设计描述的。描述器件总功能的模块放在最上层，称为顶层设计；描述器件某一部分功能的模块放在下层，称为底层设计；底层模块还可以再向下分层，直至最后完成硬件电子系统电路的整体设计。

1.5 常用 EDA 工具

EDA 工具在 EDA 技术中占据极其重要的位置，EDA 的核心是利用计算机完成电路设计的全程自动化，因此，基于计算机环境的 EDA 工具软件的支持是必不可少的。

用 EDA 技术设计电路可以分为不同的技术环节，每个环节中必须由对应的软件包或专用的 EDA 工具独立处理。EDA 工具大致可以分为设计输入编辑器、仿真器、HDL 综合器、适配器（或布局布线器）及下载器 5 个模块。

1.5.1 设计输入编辑器

通常，专业的 EDA 工具供应商或各可编程逻辑器件厂商都提供 EDA 开发工具，在这些 EDA 开发工具中都含有设计输入编辑器，如 Xilinx 公司的 Foundation、Altera 公司的 Quartus II 和 MAX+PLUS II 等。

一般的设计输入编辑器都支持图形输入和 HDL 文本输入。图形输入通常包括原理图输入、状态图输入和波形图输入 3 种常用的方式。原理图输入方式沿用传统的数字系统设计方式，即根据设计电路的功能和控制条件，画出设计的原理图或状态图或波形图，然后在设计输入编辑器的支持下，将这些图形输入到计算机中，形成图形文件。

图形输入方式与 PROTEL 作图相似，设计过程形象直观，而且不需要掌握硬件描述语言，便于初学或教学演示。但图形输入方式存在没有标准化、图形文件兼容性差、不便于电路模块的移植和再利用等缺点。

HDL 文本输入方式与传统的计算机软件语言编辑输入基本一致，就是在设计输入编辑器的支持下，使用某种硬件描述语言（HDL）对设计电路进行描述，形成 HDL 源程序。HDL 文本输入方式克服了图形输入方式存在的所有弊端，为 EDA 技术的应用和发展打开了一片广阔的天地。

当然，在用 EDA 技术设计电路时，也可以利用图形输入与 HDL 文本输入方式各自的优势，将它们结合起来，实现一个复杂的电路系统的设计。

1.5.2 仿真器

在 EDA 技术中，仿真的地位非常重要，行为模型的表达、电子系统的建模、逻辑电路的验证及门级系统的测试，每一步都离不开仿真器的模拟检测。在 EDA 发展的初期，快速地进行电路逻辑仿真是当时的核心问题。即使在现在，各个环节的仿真仍然是整个 EDA 设计流程中最重要、最耗时的一个步骤。因此，仿真器的仿真速度、仿真的准确性和易用性成为衡量仿真器的重要指标。

按仿真器对硬件描述语言不同的处理方式，可以分为编译型仿真器和解释型仿真器。编译型仿真器速度较快，但需要预处理，因此不能及时修改；解释型仿真器的速度一般，但可以随时修改仿真环境和条件。

几乎每个 EDA 厂商都提供基于 VHDL 和 Verilog HDL 的仿真器。常用的仿真器有 Model Technology 公司的 ModelSim、Cadence 公司的 Verilog-XL 和 NC-Sim、Aldec 公司的 Active HDL、Synopsys 公司的 VCS 等。

1.5.3 HDL 综合器

硬件描述语言诞生的初衷是用于设计逻辑电路的建模和仿真，但直到 Synopsys 公司推出了 HDL 综合器，才使 HDL 直接用于电路设计。

HDL 综合器是一种将硬件描述语言转化为硬件电路的重要工具软件，在使用 EDA 技术实施电路设计中，HDL 综合器完成电路化简、算法优化、硬件结构细化等操作。HDL 综合器在把可综合的 HDL（VHDL 或 Verilog HDL）转化为硬件电路时，一般要经过两个步骤：第一步，HDL 综合器对 VHDL 或 Verilog HDL 进行处理分析，并将其转换成电路结构或模块，这时不考虑实际器件实现，即完全与硬件无关，这个过程是一个通用电路原理图形成的过程；第二步，对实际实现目标器件的结构进行优化，并使之满足各种约束条件，优化关键路径等。

HDL 综合器的输出文件一般是网表文件，是一种用于电路设计数据交换和交流的工业标准化格式的文件，或是直接用 HDL 表达的标准格式的网表文件，或是对应 FPGA/CPLD 器件厂商的网表文件。

HDL 综合器是 EDA 设计流程中的一个独立的设计步骤，它往往被其他 EDA 环节调用，以便完成整个设计流程。HDL 综合器的调用具有前台模式和后台模式两种。用前台模式调用时，可以从计算机的显示器上看到调用窗口界面；用后台模式（也称为控制模式）调用时，不出现图形窗口界面，仅在后台运行。

1.5.4 适配器（布局布线器）

适配也称为结构综合，适配器的任务是完成在目标系统器件上的布局布线。适配通常都由可编程逻辑器件厂商提供的专用软件来完成，这些软件可以单独存在，也可嵌入在集成 EDA 开发环境中。

适配器最后输出的是各厂商自己定义的下载文件，下载到目标器件后即可实现电路设计。

1.5.5 下载器（编程器）

下载器的任务是把电路设计结果下载到实际器件中，实现硬件设计。下载软件一般由可编程逻辑器件厂商提供，或嵌入到 EDA 开发平台中。

本 章 小 结

现代电子设计技术的核心是 EDA 技术。EDA 技术就是依靠功能强大的电子计算机，在 EDA 工具软件平台上，对以硬件描述语言（HDL）为系统逻辑描述手段完成的设计文件，自动地完成逻辑编译、化简、分割、综合、优化、仿真，直至下载到可编程逻辑器件、CPLD/FPGA 或专用集成电路 ASIC 芯片中，实现既定的电子电路设计功能。EDA 技术极大地提高了电子电路设计效率，缩短了设计周期，节省了设计成本。

EDA 技术包括硬件描述语言（HDL）、EDA 工具软件、可编程逻辑器件（PLD）等方面的内容。目前国际上流行的硬件描述语言主要有 VHDL、Verilog HDL 和 AHDL。EDA 工具在 EDA 技术应用中占据着极其重要的位置，利用 EDA 技术进行电路设计的大部分工作是在 EDA 软件工作平台上进行的。EDA 工具软件主要包括设计输入编辑器、仿真器、HDL 综合器、适配器（或布局布线器）及下载器 5 个模块。

今天，EDA 技术已经成为电子设计的重要工具，无论是设计芯片还是设计系统，如果没有 EDA 工具的支持，都将是难以完成的。EDA 工具已经成为现代电路设计师的重要武器，正在发挥着越来越重要的作用。

思考题和习题 1

1.1 简述 EDA 技术的发展历程，EDA 技术的核心内容是什么？
1.2 简述用 EDA 技术设计电路的设计流程。
1.3 VHDL 有哪些主要特点？
1.4 Verilog HDL 有哪些主要特点？
1.5 什么叫"综合"？一般综合包含哪些过程？
1.6 简述在 PLD 没有出现前，传统的数字系统设计的"积木"式过程。
1.7 简述"自顶向下"的设计流程。
1.8 EDA 工具大致可以分为哪几个模块？各模块的主要功能是什么？
1.9 目前被 IEEE 采纳的硬件描述语言有哪几种？
1.10 FPGA/CPLD 在 EDA 技术中有什么用处？

第 2 章　EDA 工具软件的使用方法

本章概要：本章以 Altera 公司的 Quartus II 13.0 为主，介绍 EDA 工具软件的使用方法，作为 EDA 设计的基础。通过本章的学习，读者可初步采用 Quartus II 软件的原理图输入法，设计数字电路和系统，掌握用实验开发系统或开发板对设计电路进行硬件验证的方法。

读者在具有数字逻辑电路知识的基础上，通过本章的学习，即可初步掌握 EDA 软件的使用方法，实现电路设计。

知识要点：（1）Quartus II（13.0 版本）的使用方法。
（2）Quartus II 的原理图输入法。
（3）University Program vwf 和 ModelSim-Altera 的仿真方法。
（4）Quartus II 的宏功能模块的使用方法。
（5）Quartus II 嵌入式逻辑分析仪的使用方法。
（6）Quartus II 嵌入式锁相环的使用方法。

教学安排：本章教学安排 4 学时，主要让读者掌握 Quartus II 的原理图输入法和实现多层次系统电路设计的方法，Quartus II 的宏功能模块、嵌入式逻辑分析仪和嵌入式锁相环的使用方法可作为选修内容。在本章的学习前，读者应具有数字逻辑电路方面的基础知识。

EDA 技术的核心是利用计算机完成电路设计的全程自动化，因此基于计算机环境下的 EDA 工具是不可缺少的。掌握 EDA 工具的使用方法，应该是 EDA 技术学习的第一步。

Quartus II 是 Altera 公司继 MAX+PLUS II 之后推出的新一代、功能强大的 EDA 工具，至今已公布了 16.0 版本。为了适应新的 PLD 芯片的推出，Altera 公司每年都有 Quartus II 新版本，版本号与当年的年号有关，例如 2009 年推出 Quartus II 9.0 版本、2010 年推出 Quartus II 10.0 版本等基本版本。此外，根据需要每年还会推出一些增补版，例如 Quartus II 10.1、Quartus II 10.2 等。Quartus II 软件提供了 EDA 设计的综合开发环境，是 EDA 设计的基础。Quartus II 集成环境支持 EDA 设计的设计输入、编译、综合、布局、布线、时序分析、仿真、编程下载等设计过程。

Quartus II 支持多种编辑输入法，包括图形编辑输入法、VHDL、Verilog HDL 和 AHDL 的文本编辑输入法，符号编辑输入法，以及内存编辑输入法。各种版本的 Quartus II 软件的使用方法基本相同，但自从 Quartus II 10.0 版本以后，Quartus II 软件中取消了自带的仿真工具（Waveform Editor），采用第三方软件 ModelSim 进行设计仿真。为了方便学习，Altera 公司在 Quartus II 13.0 版本以后，在 Quartus II 软件中增加了自带的大学计划仿真工具（university program vwf），该仿真工具也是基于 ModelSim 的，不过与 Waveform Editor 界面类似。考虑到目前国内大部分高校使用 Quartus II 软件的现状，下面以 Quartus II 13.01 版本为例介绍 Quartus II 软件的基本操作。

2.1　Quartus II 软件的主界面

在 Quartus II 13.0 的主界面如图 2.1 所示，主界面中包括菜单与工具栏、主窗口、工程引导窗口（Project Navigator）、任务窗口（Tasks）、信息（Messages）窗口等。

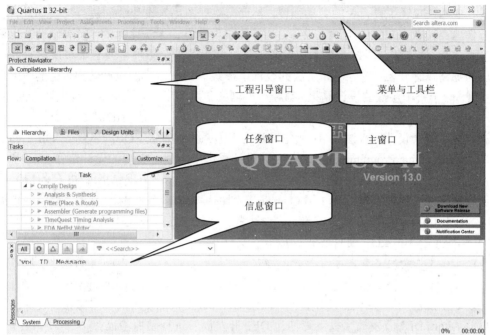

图 2.1　Quartus II 13.0 的主界面

菜单与工具栏中排列了 Quartus II 的全部菜单命令，每个命令都有对应按钮，这些命令按钮可以选择列在工具栏中。主窗口用于存放各种图形编辑窗口、文本编辑窗口、编译报告等内容。工程引导窗口用于列出设计工程名及与工程相关的各种程序名称。任务窗口用于显示编译过程的进度。信息窗口用于显示编译处理过程中的信息。以上是常用的窗口，还有一些不常用的窗口也可以打开。用鼠标右键单击（为了简化叙述，下面将"用鼠标右键单击"简称为"右击"）工具栏附近的空白处，弹出如图 2.2 所示的打开窗口和命令按钮快捷菜单。该快捷菜单用于打开或关闭（出现"√"为打开）工程引导（Project Navigator）、编译状态（Status）等窗口，也可以打开或关闭文件（File）、处理（Processing）等命令按钮。

图 2.2　打开窗口和命令按钮的快捷菜单

2.2　Quartus II 的图形编辑输入法

图形编辑输入法也称为原理图输入设计法。用 Quartus II 的原理图输入设计法进行数字系统设计时，不需要任何硬件描述语言知识，在具有数字逻辑电路基本知识的基础上，就可以使用 Quartus II 软件提供的 EDA 平台，设计数字电路或系统。

Quartus II 的原理图输入设计法可以与传统的数字电路设计法接轨，即把传统方法得到的设计电路的原理图，用 EDA 平台完成设计电路的输入、编译、仿真和综合，最后编程下载到可编程逻辑器件 FPGA/CPLD 或专用集成电路（ASIC）中。在 EDA 设计中，将传统电路设计过程的布局布线、绘制印制电路板、电路焊接、电路加电测试等过程取消，提高了设计效率，降低了设计成本，减轻了设计者的劳动强度。然而，原理图输入设计法的优点不仅如此，它可以极为方便地实现数字系统的层次化设计，这是传统设计方式无法比拟的。层次化设计也称为"自底向上"的设计方法，即将一个大的设计工程分解为若干个子项目或若干个层次来完成。先从底层的电路设计开始，然后在高层次的设计中逐级调用低层次的设计结果，直至顶层系统电路的实现。对于每个层次的设计结果，都经过严格的仿真验证，尽量减少系统设计中的错误。每个层次的设计可以用原理图输入法实现，也可以用其他方法（如用 HDL 文本输入法）实现，这种方法称为"混合设计输入法"。层次化设计为大型系统设计及 SOC（System On a Chip）或 SOPC（System On a Programmable Chip）的设计提供了方便、直观的设计路径。

在 Quartus II 平台上，使用图形编辑输入法设计电路的操作流程包括编辑（设计输入）、编译、仿真和编程下载等基本过程。用 Quartus II 图形编辑方式生成的图形文件默认的扩展名为.bdf（也可以用.gdf）。为了方便电路设计，设计者首先应当在计算机中建立自己的工程目录，例如在 D 盘上建立"myeda"文件夹来存放设计文件。

> **注意：** 工程文件夹的名称由字母开始，加若干字母、数字和单个下画线组成，最好不要使用汉字。

下面以 8 位加法器 adder8 的设计为例，介绍 Quartus II 软件使用的基本方法。设计结果用友晶公司的 Altera DE2 开发板（以下简称为 DE2 开发板）进行硬件验证。

2.2.1 编辑输入图形设计文件

使用 Quartus II 设计电路系统之前，需要先建立设计工程（Project）。例如，用图形编辑法设计 8 位加法器 adder8 时，需要先建立 adder8 的设计工程。在 Quartus II 集成环境下，执行"File"→"New Project Wizard"命令，弹出如图 2.3 所示的新建设计工程对话框的"Directory, Name,TOP-Level Entity [page 1 of 5]"页面（新建设计工程对话框共 5 个页面）。

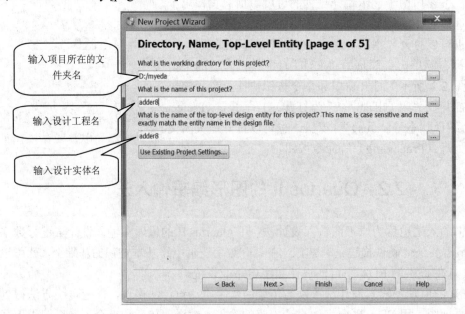

图 2.3　新建项目对话框（第 1 页面）

此页面用于登记设计文件的地址（文件夹）、设计工程的名称和顶层文件实体名。在对话框的第一栏中输入工程所在的文件夹名，如 D:/myeda；第二栏是设计工程名，需要输入新的设计工程名，如 adder8；第三栏是顶层文件实体名，需要输入顶层文件实体的名称。设计工程名和顶层文件实体名可以同名，一般在多层次系统设计中，以与设计工程同名的设计实体作为顶层文件名。

单击图 2.3 下方的"Next"按钮，进入如图 2.4 所示的新建工程对话框（第 2 页面）。此页面用于增加设计文件，包括顶层设计文件和其他底层设计文件。如果顶层设计文件和其他底层设计文件已经包含在工程文件夹中，则在此页面中将这些设计文件增加到新建工程中。

单击"Next"按钮，进入如图 2.5 所示的新建工程对话框（第 3 页面），此页面用于设置编程下载的目标芯片的类型与型号。

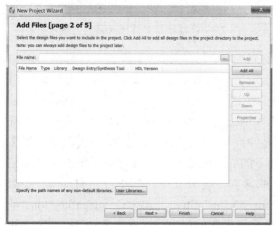
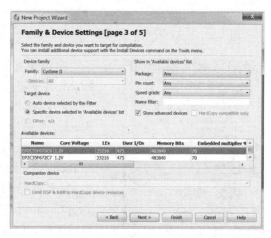

图 2.4 新建项目对话框（第 2 页面）　　　　图 2.5 新建项目对话框（第 3 页面）

在编译设计文件前，应先选择下载的目标芯片，否则系统将以默认的目标芯片为基础完成设计文件的编译。目标芯片选择应根据支持硬件开发和验证的开发板或试验开发系统上提供的可编程逻辑器件来决定。如果使用 DE2 开发板来完成实验验证，则应选择 Cyclone II 系列的 EP2C35F672C6 为目标芯片（详见附录 A）。

单击"Next"按钮，进入如图 2.6 所示的新建工程对话框（第 4 页面），此页面用于设置第三方 EDA 工具软件的使用，Quartus II 10.0 及以上版本使用 ModelSim 软件仿真，因此在该对话框的 Simulation（仿真）栏目中选择"ModelSim-Altera"为仿真工具，在格式（Format(s)）中选择 Verilog HDL 或 VHDL。选择 Verilog HDL，则系统编译后自动生成 Verilog HDL 仿真输出文件（即.vo 文件）；选择 VHDL，则生成 VHDL 仿真输出文件（即.vho 文件）。

单击"Next"按钮，进入如图 2.7 所示的新建工程对话框（第 5 页面），此页面用于显示新建设计工程的摘要（Summary）。单击此页面下方的"Finish"按钮，完成新设计工程的建立。

新的工程建立后，便可进行电路系统设计。在 Quartus II 集成环境下，执行"File"→"New"命令，弹出如图 2.8 所示的新文件（New）对话框，选择"Block Diagram/Schematic File"（模块/原理图文件）方式后单击"OK"按钮，或者直接单击主窗口上的"创建新的图形文件"命令按钮，进入 Quartus II 图形编辑方式的窗口界面。

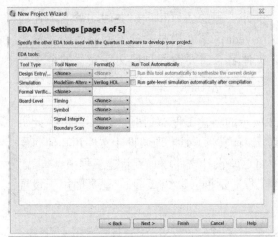

图 2.6 新建项目对话框（第 4 页面）　　　图 2.7 新建项目对话框（第 5 页面）

图 2.8 新文件（New）对话框

双击原理图编辑窗口中的任何一个位置，将弹出一个如图 2.9 所示的元件符号（Symbol）对话框，也可以在编辑窗口中右击，在弹出的快捷菜单中执行"Insert"→"Symbol as Block…"命令或"Insert"→"Symbol…"命令，弹出元件符号选择窗口。在元件符号对话框中，Quartus II 列出了存放在 d:/altera/13.0 路径下的/quartus/libraries/元件库。单击元件库左边的三角符号"▲"，展开下一层次的元件库，包括 megafunctions、others 和 primitives 元件库。megafunctions 是强函数库，包含参数可设置的门电路、计数器、存储器等元件的符号；others 是 MAX+PLUS II 老式宏函数子库，包括加法器、编码器、译码器、计数器、移位寄存器等 74 系列器件的元件符号；primitives 是基本元件子库，包括缓冲器和基本逻辑门，如门电路、触发器、电源、输入、输出等元件的符号。

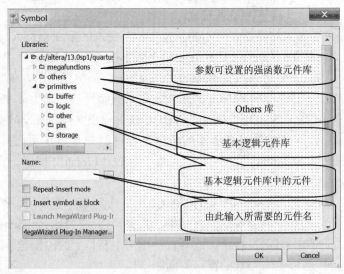

图 2.9 元件符号（Symbol）对话框

单击每个层次元件库左边的三角符号，可以进一步展开，直到各种具体元件的符号名称，如 and2（2 输入端的与门）、xor（异或门）、vcc（电源）、input（输入）、output（输出）、7400、74383 等。在元件符号对话框的"Name"栏中直接输入元件名，或者在"Libraries"栏目中单击元件名，可以调出相应的元件符号。元件选中后单击"OK"按钮，选中的元件符号将出现在原理图编辑窗口中。

在 8 位加法器 adder8 的设计中，用上述方法将电路设计需要的两个 4 位加法器 74283 及两个输入（input）、两个输出（output）和地（gnd）元件符号调入图形编辑窗口中，根据 8 位加法器设计的原理图，用鼠标完成电路内部的连接及与输入、输出和地元件的连接，并将相应的输入元件符号名分别更改为"A[7..0]"和"B[7..0]"，把输出元件的名称分更改为"SUM[7..0]"和"COUT"，如图 2.10 所示。其中，A[7..0]和 B[7..0]是两个 8 位加数输入端，SUM[7..0]是 8 位和数输出端，COUT 是向高位进位输出端。输入、输出元件（即引脚）更名的方法是：双击引脚元件符号，弹出如图 2.11 所示的引脚属性（Pin Properties）对话框，在对话框的"Pin name(s)"栏中输入引脚名称（如 A[7..0]），在"Default value"栏中保持"VCC"（逻辑"1"）值默认，"Default value"是端口的初值，除了"VCC"值外还有"GND"（逻辑"0"）值，单击"OK"按钮完成引脚属性的设置，其中 A[7..0]表示包含 A[7]～A[0]共 8 条输入线的总线。

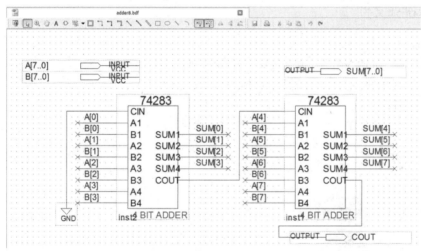

图 2.10 8 位加法器的原理图

在图 2.10 所示 8 位加法器电路中，A[7..0]输入端分别与两个 4 位加法器 74283（4 BIT ADDER）的 A1～A4 输入端连接，其中第（1）片 74283 的 A1～A4 分别与 A[7..0]输入端的 A[0]～A[3]连接，作为 A 输入端的低 4 位加数输入；第（2）片 74283 的 A1～A4 分别与 A[7..0]输入端的 A[4]～A[7]连接，作为 A 输入端的高 4 位加数输入。输入引脚与元件引脚的连接，是通过在元件引脚上加连线并编辑连线属性（Property）完成的。例如，在第（1）片 74283 的 A1 输入端前用鼠标画出一条与 A1 端连接的连线，然后右击该连线，在弹出的快捷菜单中选择"Properties"命令，弹出如图 2.12 所示的节点属性（Node Properties）对话框，在对话框的"Name"栏中输入"A[0]"，表示该输入端与 A[7..0]输入端的 A[0]连接，单击"OK"按钮后完成连线的属性编辑操作。按照此法，完成 A[7..0]、B[7..0]、SUM[7..0]和 COUT 端口与两片 74283 引脚的连接。另外，电路中第（1）片 74283 的低位进位 CIN 未使用，将其接"GND"（地、逻辑 0），以保证电路正常运行。

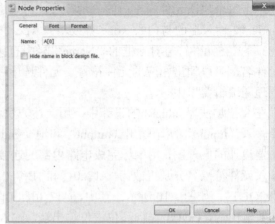

图 2.11　引脚属性对话框　　　　　　　　图 2.12　节点属性对话框

电路编辑完成后，用"adder8.bdf"为文件名保存在工程目录中（**注意：设计文件名与工程名必须相同**）。

2.2.2　编译设计文件

在 Quartus II 主窗口执行"Processing"→"Start Compilation"命令，或者单击"开始编译"命令按钮，对 adder8.bdf 文件进行编译。编译的进程可以在状态（Status）或者任务（Tasks）窗口上看到，如图 2.13 所示。编译过程包括分析与综合、适配、编程、时序分析和 EDA 网表文件生成等 5 个环节。

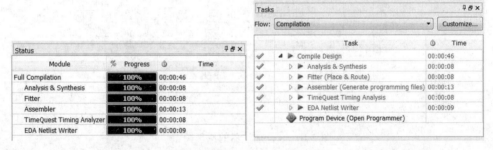

图 2.13　Quartus II 编译状态（Status）和任务（Tasks）窗口

1. 分析与综合（Analysis & Synthesis）

在编译过程中，首先对设计文件进行分析和检查，如检查原理图的信号线有无漏接、信号有无双重来源、文本输入文件中有无语法错误等，如果设计文件存在错误，则报告出错信息并标出错误的位置，供设计者修改。如果设计文件不存在错误（允许存在警告），接着进行综合。通过综合完成设计逻辑到器件资源的技术映射。

2. 适配（Fitter）

适配是编译的第 2 个环节，只有分析与综合成功完成之后才能进行。在适配过程中，完成设计逻辑在器件中的布局和布线、选择适当的内部互连路径、引脚分配、逻辑元件分配等操作。

3. 编程（Assembler）

成功完成适配之后，才能进入编程环节。本环节完成将设计逻辑下载到目标芯片中的编程文件。对 CPLD 来说，是产生熔丝图文件，即 JEDEC 文件（电子器件工程联合会制定的标准格式，简称 JED 文件）；对于 FPGA 来说，是生成位流数据文件 BG（Bit-stream Generation）。

4．时序分析（TimeQuestTiming Analyzer）

成功完成适配之后，设计编译还要进入时序分析环节。在时序分析中，计算给定设计与器件上的延时，完成设计分析的时序分析和所有逻辑的性能分析，并产生各种时序分析文件，供时序仿真之用。

5．EDA 网表文件生成（EDA Netlist Writer）

本环节完成第三方 EDA 软件的网表文件的生成，例如 ModelSim 软件的仿真输出网表文件（.vo 或.vho 文件）和标准延迟文件（.sdo 文件）等。

在编译开始后，软件自动弹出如图 2.14 所示的编译报告，报告工程文件编译的相关信息，如下载目标芯片的型号名称、占用目标芯片中逻辑元件 LE（Logic Elements）的数目、占用芯片的引脚数目等。

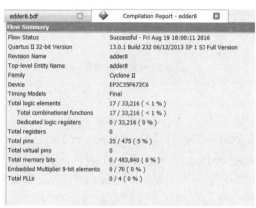

图 2.14 编译报告

2.2.3 仿真设计文件

在 Quartus II 10.0 版本以后，已经将 Quartus II 9.0 以及低版本中自带的仿真工具（Waveform Editor）取消，采用第三方软件 ModelSim 进行设计仿真。Quartus II 13.0 版本以后，Quartus II 软件中又增加了自带大学计划仿真工具（university program vwf）。下面以 Quartus II 13.01 版本为例介绍 Quartus II 软件仿真的基本操作。在安装 Quartus II 软件时就要求安装 ModelSim-Altera 软件，安装 Quartus II 9.0 时，自带的是 ModelSim-Altera 6.4a 版本软件；安装 Quartus II 10.0 时，自带的是 ModelSim-Altera 6.5e 版本软件；安装 Quartus II 11.0 时，自带的是 ModelSim-Altera 6.6d 版本软件；安装 Quartus II 12.0 时，自带的是 ModelSim-Altera 10.0d 版本软件；安装 Quartus II 13.0 时，自带的是 ModelSim-Altera 10.1d 版本软件。ModelSim-Altera 6.4a 和 ModelSim-Altera 6.5e 不需要单独注册，只要相应的 Quartus II 注册了就可以使用，而 ModelSim-Altera 6.6d 和 ModelSim-Altera 10.0d 需要单独注册（license）后才能使用。各种不同版本的 ModelSim 使用方法基本相同，而且 Quartus II 软件可以调用任何 ModelSim-Altera 版本执行仿真，下面分别简单介绍 Quartus II 13.0 自带的 ModelSim-Altera 10.1d 和大学计划仿真工具（university program vwf）的使用方法。university program vwf 也是基于 ModelSim 仿真工具的，不过它与 Waveform Editor 仿真界面类似，建议读者主要使用 ModelSim 仿真。

1．大学计划仿真工具（university program vwf）

用 Quartus II 13.0 自带大学计划仿真工具（university program vwf）仿真，需要经过建立

波形文件、输入信号节点、设置波形参量、编辑输入信号、波形文件存盘、运行仿真器和分析仿真波形等过程。

（1）建立波形文件

执行 Quartus II 主窗口的"File"→"New"命令，在弹出编辑文件类型对话框中选择"university program vwf"方式后单击"OK"按钮，或者直接单击主窗口上的"创建新的波形文件"命令按钮，进入 Quartus II 波形编辑方式，弹出如图 2.15 所示的新建波形文件编辑窗口界面。

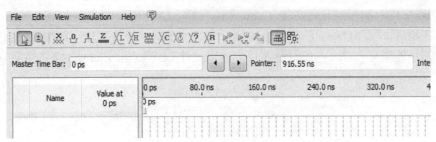

图 2.15　新建波形文件编辑窗口界面

（2）输入信号节点

在波形编辑方式下，执行"Edit"→"Insert Node or Bus…"命令，或右击波形编辑窗口的"Name"栏，在弹出的快捷菜单中执行"Insert Node or Bus…"命令，弹出如图 2.16 所示的插入节点或总线（Insert Node or Bus…）对话框。在该对话框中，首先单击"Node Finder…"按钮，弹出如图 2.17 所示的节点发现者（Node Finder）对话框。在该对话框的"Filter"栏中，选中"Pins:all"项后，再单击"List"按钮，这时在窗口左边的"Nodes Found"（节点建立）框中将列出该设计工程的全部信号节点。若在仿真中需要观察全部信号的波形，则单击窗口中间的">>"按钮；若在仿真中只需要观察部分信号的波形，则首先将信号名选中，然后单击窗口中间的">"按钮，选中的信号即进入窗口右边的"Selected Nodes"（被选择的节点）框中。如果需要删除"Selected Nodes"框中的节点信号，也可以将其选中，然后单击窗口中间的"<"按钮。节点信号选择完毕后，单击"OK"按钮。在 8 位加法器的设计中，仅选择了输入 A 和 B 及输出 SUM 和 COUT 节点信号。

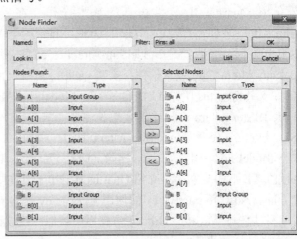

图 2.16　插入节点对话框　　　　　　　图 2.17　节点发现者对话框

(3) 设置波形参量

Quartus Ⅱ 默认的仿真时间域是 1μs,如果需要更长时间观察仿真结果,可执行"Edit"→"End Time..."命令,弹出如图 2.18 所示的"End Time"(设置仿真时间域)对话框,在对话框中输入适当的仿真时间域(如 10us),单击"OK"按钮完成设置。

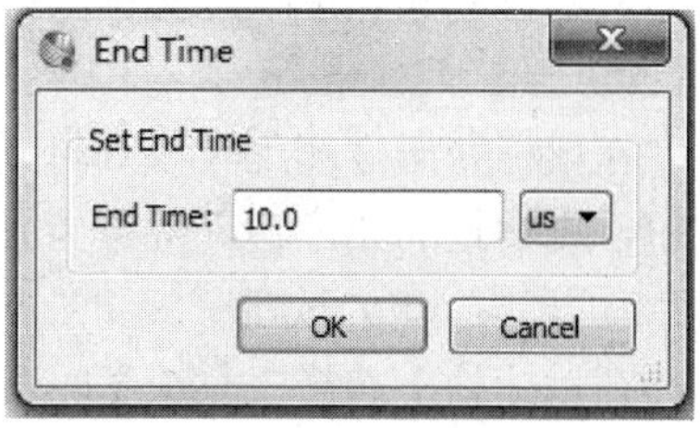

(4) 编辑输入信号

编辑输入信号测试电平或数据的示意图如图 2.19 所示。在仿真编辑窗口的左侧列出了各种功能选择按钮,主要分为工具按钮和数据按钮两大类。工具按钮(如文本工具、编辑工具等)用于完成诸如增加波形的注释、选择某段波形区域等操作,数据按钮用于为波形设置不同的数据,便于观察仿真结果。按钮的主要功能及使用方法(按按钮位置由上至下的顺序)叙述如下。

① 选择工具(Selection tool)按钮

按下此按钮后,使鼠标处于选择工具状态,可以用鼠标将波形编辑窗口中的某个波形选中,便于该波形的数据设置。另外,当其他工具按钮(如文本工具按钮、编辑工具按钮等)按下后(按钮呈下陷状态),用此按钮退出这些工具按钮的工作状态(使下陷的按钮恢复原状),恢复鼠标作为选择工具的状态。

图 2.18 设置仿真时间域对话框

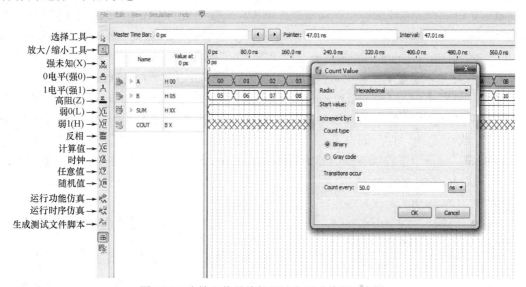

图 2.19 为输入信号编辑测试电平或数据示意图

② 放大/缩小镜(Zoom)按钮

当按下此按钮时,可以对波形编辑窗口中的输入波形进行放大或缩小操作。单击使波形放大,右击使波形缩小。

③ 强未知(X)按钮

在鼠标处于选择工具或编辑工作状态时,用鼠标左键将需要编辑的输入信号选中,按下此按钮,则设置的相应输入数据为强未知数据。

④ 强 0(0)按钮

在鼠标处于选择工具或编辑工作状态时,用鼠标左键将需要编辑的输入信号选中,按下此按钮，则设置的相应输入数据为强 0 数据。

⑤ 强 1（1）按钮

在鼠标处于选择工具或编辑工作状态时，用鼠标左键将需要编辑的输入信号选中，按下此按钮，则设置的相应输入数据为强 1 数据。

⑥ 高阻（Z）按钮

在鼠标处于选择工具或编辑工作状态时，用鼠标左键将需要编辑的输入信号选中，按下此按钮，则设置的相应输入数据为高阻态。

⑦ 弱 0（L）按钮

在鼠标处于选择工具或编辑工作状态时，用鼠标左键将需要编辑的输入信号选中，按下此按钮，则设置的相应输入数据为弱 0 数据。

⑧ 弱 1（H）按钮

在鼠标处于选择工具或编辑工作状态时，用鼠标左键将需要编辑的输入信号选中，按下此按钮，则设置的相应输入数据为弱 1 数据。

⑨ 反相（INV）按钮

在鼠标处于选择工具或编辑工作状态时，用鼠标左键将需要编辑的输入信号选中，按下此按钮，则设置的相应输入数据与原数据的相位相反。

⑩ 计数值（Count value）按钮

在鼠标处于选择工具或编辑工作状态时，单击将需要编辑的输入信号选中，按下此按钮，则弹出"Count Value"对话框（如图 2.19 的中部所示）。Count Value 对话框有"Counting"和"Timing"两个页面，Counting 页面用于设置相应输入的数据类型、起始值和增加值。在此页面的"Radix"栏中，通过下拉菜单可以选择二进制数（Binary）、十六进制数（Hexadecimal）、八进制数（Octal）、有符号十进制数（Signed Decimal）和无符号十进制数（Unsigned Decimal）。例如，在对 8 位加法器的输入 A 波形参数的设置中，可以选择十六进制数（Hexadecimal），起始值为"0"，增加值为"1"，则设置完毕的 A 输入数据按"00"→"01"→"02"→…的顺序变化。Timing 页面用于设置波形的起始时间（Start time）、结束时间（End time）和每个计数状态的周期（Count every）。

⑪ 时钟（Overwrite clock）按钮

在鼠标处于选择工具工作状态时，单击将需要编辑的输入时钟信号选中，按下此按钮，则设置相应输入时钟信号的波形参数。

⑫ 任意值（Arbitrary Value）按钮

在鼠标处于选择工具或编辑工作状态时，单击将需要编辑的输入信号选中，按下此按钮，则弹出"Arbitrary Value"对话框，用于设置被选中输入波形的某个（如 20、30 等）固定不变的数值。

⑬ 随机值（Random Value）按钮

在鼠标处于选择工具或编辑工作状态时，单击将需要编辑的输入信号选中，按下此按钮后，将设置输入波形为随机变化的数值。

⑭ 运行功能仿真（Run Functional Simulation）按钮

在鼠标处于选择工具工作状态时，按下此按钮后，进行功能仿真。

⑮ 运行时序仿真（Run Timing Simulation）按钮

在鼠标处于选择工具工作状态时，按下此按钮后，进行时序仿真。

⑯ 生成测试文件脚本（Generate Modelsim Testbench and Script）按钮

在鼠标处于选择工具工作状态时，按下此按钮后，将生成测试文件脚本。

（5）波形文件存盘

执行"File"→"Save"命令，在弹出的"Save as"对话框中单击"OK"按钮，完成波形文件的存盘。在波形文件存盘操作中，系统自动将波形文件名设置与设计文件名同名，但文件类型是.vwf。例如，波形文件存盘时，系统将 8 位加法器设计电路的波形文件名自动设置为"adder8.vwf"，因此可以直接单击"OK"按钮存盘。

（6）运行仿真器

执行"Simulation"→"Run Functional Simulation"命令，或单击"Run Functional Simulation"命令按钮，进行功能仿真。执行"Simulation"→"Run Timing Simulation"命令，或单击"Run Timing Simulation"命令按钮，进行时序仿真。对 8 位加法器设计电路进行时序仿真，仿真波形如图 2.20 所示，仿真结果验证了设计的正确性。

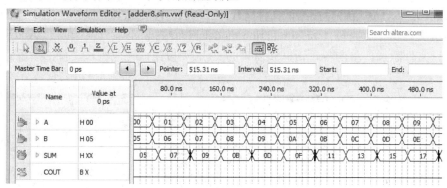

图 2.20 8 位加法器的仿真波形

2. ModelSim-Altera 仿真

（1）设置 ModelSim 的安装路径

在 Quartus II 13.0 版本首次使用 ModelSim 软件进行仿真时，需要设置 ModelSim-Altera 的安装路径（仅设置一次即可）。在 Quartus II 13.0 主界面窗口执行"Tools"→"Options…"命令，弹出如图 2.21 所示的"Options"对话框，单击选中"EDA Tool Options"选项，在 ModelSim-Altera 栏中指定 ModelSim-Altera 10.1d 的安装路径，其中的"D:/Altera/13.0sp1/modelsim_ae /win32aloem"是计算机中 ModelSim-Altera 10.1d 的安装路径。

（2）设置和添加仿真测试文件

用 ModelSim-Altera 可以进行功能仿真和时序仿真，功能仿真也叫前仿真，是不考虑设计电路内部的时间延迟的仿真，主要验证电路的功能；时序仿真也叫后仿真，是结合设计电路内部的时间延迟的仿真。基于 Quartus II 13.0 的 ModelSim-Altera 10.1d 的时序仿真是将新工程建立时选择的目标芯片的传输延迟时间，加到系统生成的标准延迟（.sdo）文件中，仿真时 Verilog HDL 或 VHDL 输出网表文件（.vo 或.vho）调用 SDO 标准延迟文件，将设计电路的输出信号与输入条件之间的延迟在 ModelSim-Altera 的波形窗口展示出来，实现时序仿真。.vo（或.vho）和.sdo 文件在 Quartus II 编译时自动生成，并存放在工程文件夹的"/simulation/modelsim/"路径中。

ModelSim-Altera 仿真时需要设置和添加测试文件，添加的测试文件是输出网表文件 adder8.vo。在 Quartus II 13.0 界面执行"Assignments"→"Settings"命令，弹出如图 2.22 所示设置（Settings）对话框，单击选中"EDA Tool Settings"项，对"Simulation"栏下的仿真测试文件进行设置。其中，在"Tool name"中选择 ModelSim-Altera；在"Format for output netlist"中选择开发语言的类型 Verilog（或者 VHDL）（上述两项若在建立新工程时已设置，则保持默认）；在"Time scale"中指定时间单位级别（时序仿真不用指定）；在"Output directory"中指定测试文件的输出路径（即测试文件 adder8.vo 或 adder8.vho 存放的路径"simulation/modelsim/"）。

单击"Test Benches"按钮，弹出如图 2.23 所示的添加 Test Benches 文件对话框。在对话框中单击"New"按钮，弹出如图 2.24 所示的"New Test Bench Settings"对话框，对新的测试文件进行设置。在生成新的测试文件设置（Create new test bench settings）项的"Test bench name"栏中输入测试文件名"adder8"（注意不要加后缀），该测试文件名也会同时出现在"Top module in test bench"栏中。在仿真周期（Simulation period）项中保持"Run simulation until all vector stimuli are used"默认，如果选中"End simulation at"（前面出现"⊙"），则需要输入仿真周期（s 或 ms、us、ns、ps）。在测试文件（Test bench and simulation files）项的"File name"栏中找到测试文件和存放路径（如 simulation/modelsim/adder8.vo），然后单击"Add"按钮，完成新的测试文件添加。单击各对话框和窗口的"OK"按钮，完成测试文件的设置。

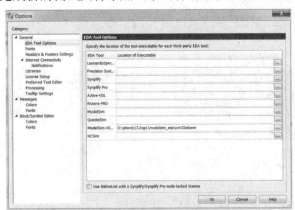

图 2.21 "Options"对话框

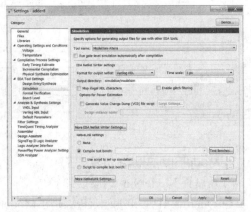

图 2.22 设置（Settings）对话框

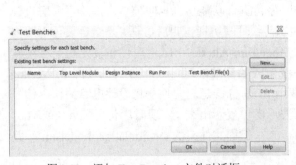

图 2.23 添加 Test Benches 文件对话框

图 2.24 New Test Bench Settings 对话框

(3) 执行仿真测试文件

Quartus II 调用 ModelSim 软件进行仿真时有寄存器传输级（RTL）和门级（Gate level）两种方式，一般用硬件描述语言（VHDL 或 Verilog HDL）编写的设计程序，采用寄存器传输级仿真方式，而用 Quartus II 的宏功能模块或用门电路实现的原理图设计，采用门级仿真方式。

在 Quartus II 主窗口执行"Tools"→"Run Simulation Tool"→"Gate Level Simulation…"命令，开始对设计文件的门级仿真。命令执行后，系统会自动打开如图 2.25 所示的 ModelSim-Altera 10.1d 主界面和相应的窗口，如结构（Structure）、命令（Transcript）、目标（Objects）、波形（Wave）、进程（Processes）等窗口，这些窗口可以用主界面上的"View"菜单中的命令打开或关闭。

图 2.25　ModelSim-Altera 10.1d 主界面

ModelSim-Altera 的时序仿真操作主要在波形（Wave）窗口进行。将波形窗口从 ModelSim 的主界面展开成独立界面，如图 2.26 所示，并将与设计电路输入、输出端口无关的信号删除，仅保留 A、B、SUM 和 COUT，便于观察仿真过程与结果。波形窗口中的主要按钮及功能已在图中标注，包括放大（Zoom In）、缩小（Zoom Out）、全程（Zoom All）、重新开始（Restart）、运行步长（Run Length）、运行（Run）、继续运行（Continue Run）、运行全程（Run-All）、停止（Break）、添加光标（Inset Cursor）、删除光标（Delete Cursor）等。

仿真操作步骤如下：

① 仿真开始前的准备

首先单击"重新开始"按钮（这一步很必要），清除波形窗口中的所有波形，然后将"运行步长"中的时间单位更改为"ns"（默认时间单位为"ps"），使每按一次"运行"按钮的执行时间为 100ns。

② 创建输入波形

仿真时可以预先为输入信号创建波形，然后再执行仿真。右击 ModelSim-Altera 10.1d 主界面的目标（Objects）窗口中需创建波形的输入信号（如"A"），弹出如图 2.27 所示的 Objects 设置快捷菜单。执行菜单中的"Modify"→"Apply Wave…"命令，弹出如图 2.28 所示的创

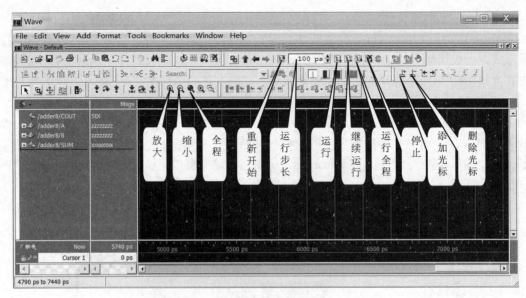

图 2.26 波形窗口

建模式向导（Create Pattern Wizard）窗口，为选中的信号创建和设置波形模式。创建的波形模式包括 Clock（时钟）、Constant（常数）、Random（随机）、Repeater（重复）和 Counter（计数）。

首先为输入信号 A 创建 Counter（计数）波形模式，并保持波形窗口中"Start Time"（开始时间）的默认值"0"，将"End Time"（结束时间）的值更改为"1"，将"Time Unit"（时间单位）更改为"us"（默认值是 ps）。单击"Next"按钮，进入输入 A 波形模式设置的下一个窗口，如图 2.29 所示。在这个窗口中，保持"Start Value"（开始值）的默认值"00000000"，保持"End Value"（结束值）的默认值"11111111"，将"Time Period"（周期）的值更改为"10"，

图 2.28 创建模式向导对话框

图 2.27 Object 设置快捷菜单

图 2.29 设置计数型波形模式窗口

· 24 ·

将"Time Unit"更改为"ns",其他选项保持默认。单击"Finish"按钮,结束对输入 A 的波形创建,为输入 A 创建了计数型波形模式,波形自 0us 开始至 1us 结束,A 中的数值自"00000000"(8 位二进制数)开始至"11111111"变化,每次变化数值递增 1,变化周期为 10ns。由于目标芯片的传输延迟在 10ns 左右,因此变化周期小于 10ns 时将无法看到设计电路时序仿真的输出波形。

然后为输入 B 创建 Constant(常数)波形模式,开始时间、结束时间、时间单位与输入 A 相同,单击图 2.28 中的"Next"按钮,进入 Constant 设置的下一个窗口(图略),将窗口中"Value"的值更改为"11110000",单击"Finish"按钮完成输入 B 的波形创建,为输入 B 创建了常数型波形模式,波形自 0us 开始至 1us 结束,B 中的数值保持"11110000"(8 位二进制数)不变。

执行 Object 设置快捷菜单中的"Radix…"命令,可以为每个信号的波形选择一种显示数制,这些数制主要有"symbolic"(符号)、"binary"(二进制)、"octal"(八进制)、"decimal"(十进制)、"unsigned"(无符号十进制)、"hexadecimal"(十六进制)等。本例是 8 位二进制的加法器设计,用十六进制(hexadecimal)显示数据便于观察,将输入 A、B 和输出 SUM 选择十六进制数制,为输出 COUT 选择二进制数制。

③ 运行仿真

单击"运行全程"按钮运行仿真,8 位加法器的仿真结果如图 2.30 所示。为了从时序仿真波形中观察到电路的延迟,在波形窗口单击"添加光标"按钮(参见图 2.26),在波形窗口添加一根时间光标。用鼠标将光标移动到输入波形(如 A)的数值变化处,光标的下方显示出变化处的时间。再添加一根光标,放置在输出波形(如 SUM)的数值变化处,则两根光标的时间差值表示输入信号变化到输出响应之间的传输延迟时间。本例的设计使用 Cyclone II 系列的 EP2C35F672C6 芯片,传输延迟时间小于 10ns;若使用 Cyclone 系列 EP1C6Q240C8 芯片,传输延迟时间在 15ns 左右。

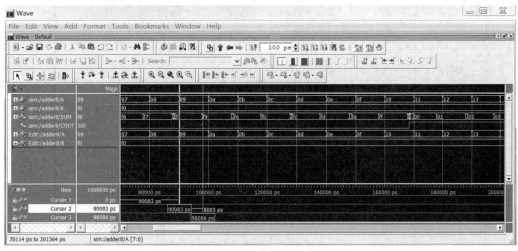

图 2.30 8 位加法器的仿真波形

2.2.4　编程下载设计文件

编程下载是指将设计处理中产生的编程数据文件通过 EDA 软件植入具体的可编程逻辑器件中去的过程。对 CPLD 器件来说是将 JED 文件下载(Down Load)到 CPLD 器件中,对 FPGA

来说是将位流数据 BG 文件配置到 FPGA 中。

编程下载需要可编程逻辑器件的开发板或试验开发系统支持。目前，开发板或试验开发系统的种类很多，实验开发系统不同，编程选择操作也不同。为了方便具有不同开发板或试验开发系统的读者学习，下面以 DE2 开发板为例介绍编程下载设计文件的操作过程。

DE2 开发板的结构与功能可参见本书附录 A 的叙述，这里仅以 8 位加法器的设计实例，介绍基于 DE2 开发板的编程下载过程。DE2 开发板的操作过程包括选择外部设备、引脚锁定、编程下载和硬件验证 4 个部分。

不同的开发板具有不同的电路结构，因此编程下载的操作存在区别。在 DE2 开发板中，外部设备（如按钮、电平开关、发光二极管、七段数码管、LCD 等）与目标芯片的连接是固定的（目标芯片与外部设备的连接参考附录 A 中的表 A.1～表 A.10），也就是说 DE2 开发板只有一种实验模式，设计者只能根据这个固定模式来完成硬件验证。DE2 开发板的目标芯片是 Cyclone II 系列的 EP2C35F672C6，因此在设计 8 位加法器时，应选择 EP2C35F672C6 作为目标芯片。

1. 选择外部设备

DE2 开发板有 18 只电平开关 SW0～SW17，可以选择电平开关 SW7～SW0 作为 8 位加法器的 8 位加数 A[7..0]的输入，选择 SW15～SW8 作为 8 位加数 B[7..0]的输入。DE2 开发板有 18 只红色发光二极管 LEDR17～LEDR0，可以选择 LEDR7～LEDR0 作为 8 位加法的 8 位和输出 SUM[7..0]，选择 LEDR8 作为向高位进位 COUT 输出。

2. 引脚锁定

根据外部设备的选择，参考附录 A 中的表 A.1（电平开关 SW 与目标芯片引脚的连接表）和表 A.2（红色 LED 与目标芯片引脚的连接表），确定 8 位加法器的输入/输出端口与目标芯片的连接关系见表 2.1。

表 2.1　8 位加法器与 DE2 中的目标芯片引脚的连接关系表

端口名称	PIO 名称	芯片引脚	端口名称	PIO 名称	芯片引脚
A[0]	SW0	PIN_N25	B[4]	SW12	PIN_P2
A[1]	SW1	PIN_N26	B[5]	SW13	PIN_T7
A[2]	SW2	PIN_P25	B[6]	SW14	PIN_U3
A[3]	SW3	PIN_AE14	B[7]	SW15	PIN_U4
A[4]	SW4	PIN_AF14	SUM[0]	LEDR0	PIN_AE23
A[5]	SW5	PIN_AD13	SUM[1]	LEDR1	PIN_AF23
A[6]	SW6	PIN_AC13	SUM[2]	LEDR2	PIN_AB21
A[7]	SW7	PIN_C13	SUM[3]	LEDR3	PIN_AC22
B[0]	SW8	PIN_B13	SUM[4]	LEDR4	PIN_AD22
B[1]	SW9	PIN_A13	SUM[5]	LEDR5	PIN_AD23
B[2]	SW10	PIN_N1	SUM[6]	LEDR6	PIN_AD21
B[3]	SW11	PIN_P1	SUM[7]	LEDR7	PIN_AC21
			COUT	LEDR8	PIN_AA14

执行 Quartus II 的"Assignments"→"Pin"命令，在弹出的引脚策划对话框（参见图 2.31）中，根据表 2.1 中的内容完成 8 位加法器设计电路的引脚锁定。例如，由于用电平开关 SW0 作为 A 加数的 A[0]输入端，而 SW0 是与目标芯片的 PIN_25 引脚连接的，因此将 A[0]锁定在 PIN_25 引脚，以此类推。

3. 编程下载

在首次下载设计文件时，应将 Quartus II 硬件下载驱动程序安装好。目前 Quartus II 有两种硬件下载方式，一种是利用 25 针并口（即打印口）下载方式，另一种是 USB 串口下载方式。Quartus II 9.0 及以下版本支持并口和 USB 串口下载方式，而 Quartus II 10.0 及以上版本仅支持 USB 串口下载方式。如果读者使用 Quartus II 13.0 版本软件开发设计，而用并口下载到开发板或试验开发系统，则需要在 Quartus II 9.0 或以下版本环境下安装并口下载驱动程序软件。USB 串口下载的硬件驱动程序在第一次插入开发板或实验开发系统的 USB 口时，计算机的操作系统会自动提示安装 USB 下载驱动程序，USB 下载驱动程序在安装盘的\altera\13.0\quartus\drivers\usb-blaster 目录下。当并口和串口下载驱动程序安装完毕后，打开如图 2.32 所示的计算机"设备管理器"窗口，在"声音、视频和游戏控制器"栏下可以看到并口下载驱动程序"Altera ByteBlaster"，而在"通用串行总线控制器"栏中可以看到串口下载驱动程序"Altera USB-Blaster"。

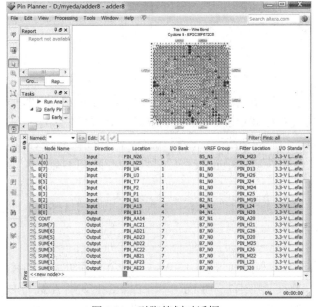
图 2.31 引脚策划对话框

图 2.32 "设备管理器"窗口

用电缆将 DE2 实验开发系统的 FPGA/EPLD 编程下载接口"Blaster"与计算机的 USB 接口连接好，打开实验开发系统的电源。在 Quartus II 软件界面上执行"Tools"→"Programmer"命令，或者单击"Programmer"命令按钮，弹出如图 2.33 所示的设置编程方式窗口。

下载设计文件之前需要设定编程方式。在图 2.33 中，单击"Hardware Setup..."（硬件设置）按钮，弹出"Hardware Setup"硬件设置对话框（见图 2.33 中部所示）。如果 USB 下载硬件驱动程序已安装，而且计算机通过电缆与开发板连接，则在对话框的"Available hardware items"（可用硬件项目）框内出现硬件驱动程序的名称"USB-Blaster[USB-0]"，双击"USB-Blaster[USB-0]"名称，则在"Currently selected hardware"（当前选中的硬件）栏内出现"USB-Blaster[USB-0]"，单击"Close"按钮。关闭硬件设置对话框后，在图 2.33 的"Hardware Setup..."按钮右边出现"USB-Blaster[USB-0]"，完成硬件设置。

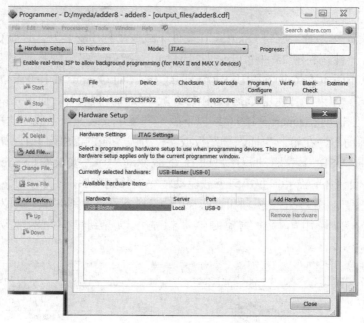

图 2.33 设置编程方式窗口

在图 2.33 的 "Mode" 栏保持原有的 "JTAG" 模式，JTAG（Joint Test Action Group，即联合测试行为组织）于 1990 年被 IEEE 批准为 IEEE1149.1-1990 测试访问端口和边界扫描结构标准，主要应用于电路的边界扫描测试和可编程芯片的在线系统编程。另外，还有"Passive Serial"模式，该模式适用于 Altera 公司的可编程逻辑器件，如果选用该公司早期生产的 PLD 芯片（如FLEX10K10），则使用该模式。

完成上述操作后，单击图 2.33 左边的开始编程按钮 "Start"，实现设计电路到目标芯片的编程下载。

4．硬件验证

完成 8 位加法器的编程下载后，在 DE2 开发板上通过扳动 SW15～SW0 电平开关，组成加数 A 和加数 B 的不同组合，在红色发光二极管 LEDR7～LEDR0 和 LEDR8 上观察 A 数与 B 数相加的和数 SUM 与向高位的进位 COUT 的结果，验证 8 位加法器的设计。

2.3　Quartus II 宏功能模块的使用方法

使用 Quartus II 的 MegaWizard Plug-In Manager 中的宏功能模块可以帮助用户完成一些复杂系统的设计，并可以方便地对现有的设计文件进行修改。这些宏功能模块包括 LPM（Library Parameterized Megafunction）、MegaCore（例如 FFT、FIR 等）和 AMPP（Altera Megafunction Partners Program，如 PCI、DDS 等）。下面以波形发生器的设计为例，介绍 Quartus II 宏功能模块的使用方法。

2.3.1　设计原理

波形发生器的原理图如图 2.34 所示。其中，lpm_counter0 是 LPM 计数器，LPM_ROM 是 LPM 只读存储器（ROM）。ROM 中保存的是某种波形信号（如锯齿波或正弦波）的数据，其地址由计数器 lpm_counter0 提供。lpm_counter0 是一个 8 位加法计数器，在时钟的控制下，计数器的输出 q[7..0]由"00000000"到"11111111"循环变化，使 ROM 输出周期性的波形信号的数据。

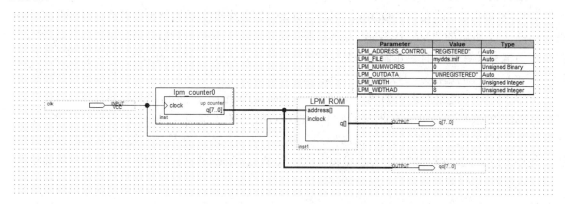

图 2.34　波形发生器的原理图

2.3.2　编辑输入顶层设计文件

设计开始时，应首先为波形发生器建立新的设计工程，本例的设计工程名为"mydds"，并选择 Cyclone II 系列的 EP2C35F672C6（DE2 的目标芯片）作为设计工程的下载目标芯片。新的工程建立后，在 Quartus II 集成环境下，执行"File"→"New"命令，打开一个新的"Block Diagram/Schematic File"（模块/原理图文件）编辑窗口。

1. 加入计数器元件

双击原理图编辑窗口，在弹出的元件选择窗口的"Libraries"栏中展开"megafunction"的"arithmetic"库，选中库中的"lpm_counter"（计数器）LPM 元件，如图 2.35 所示。LPM 是参数化的多功能库元件，每种 LPM 元件都具有许多端口和参数，通过对端口的选择与参数的设置得到设计需要的元件。例如，从图 2.35 所示计数器元件上可以看到许多端口，而实际设计只需要时钟输入 clock 和数据输出 q[]端口。通过参数设置就可以将不用的端口消去，并对使用端口的参数进行设置，如时钟的有效边沿、输出数据的位数等。LPM 元件参数的设置一般要经过若干个对话框才能完成。

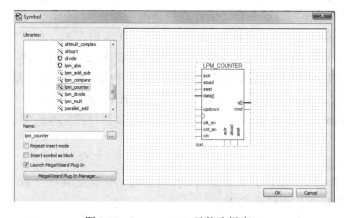

图 2.35　lpm_counter 元件选择窗口

图 2.36　"MegaWizard Plug-In Manager[page 2c]"对话框

选定计数器元件后单击"OK"按钮,弹出如图 2.36 所示的"MegaWizard Plug-In Manager[page 2c]"对话框。在该对话框中,选择 VHDL(或 Verilog HDL 或 AHDL)作为输出文件的类型,并在"What name do you want for the output file?"栏中选择或输入生成的计数器名称及保存的文件夹(如 D:\myeda\lpm_counter0)。完成上述操作后,单击"Next"按钮,进入如图 2.37 所示的"MegaWizard Plug-In Manager [page 3 of 7] LPM_COUNTER"对话框。在此对话框中设置计数器的 q 输出位数为 8bit,时钟输入 clock 的有效边沿为"Up only"(上升沿有效)。时钟的边沿还可以选择"Down only"(下降沿有效)或"Updown"(双边沿有效)。

单击"Next"按钮,进入如图 2.38 所示的"MegaWizard Plug-In Manager [page 4 of 7] LPM_COUNTER"对话框。在此对话框中,选择计数器的类型为"Plain binary"(二进制)。计数器的类型除了二进制外,还可以选择任意模值,如 5、10、60 等。另外,计数器还可以增加一些输入或输出端口,如"Clock Enable"(时钟使能)、"Carry-in"(进位输入)、"Count Enable"(计数器使能)和"Carry-out"(进位输出)。

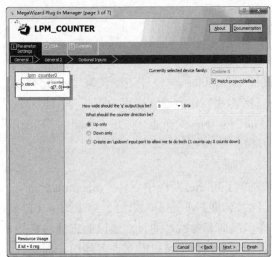
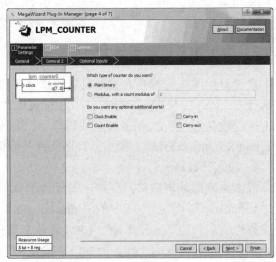

图 2.37　LPM_COUNTER[page 3of 7]对话框　　　　图 2.38　LPM_COUNTER[page 4 of 7]对话框

单击"Next"按钮,进入如图 2.39 所示的"MegaWizard Plug-In Manager [page 5 of 7]LPM_COUNTER"对话框。此对话框用于为计数器添加同步或异步输入控制端,如"Clear"(清除)、"Load"(预置)等。本例的设计不使用这些端口,因此直接单击"Next"按钮,进入如图 2.40 所示的"MegaWizard Plug-In Manager [page 6 of 7] LPM_COUNTER"对话框。此对话框显示的是仿真库的列表文件,保持默认后单击"Next"按钮,进入如图 2.41 所示的"MegaWizard Plug-In Manager [page 7 of 7] LPM_COUNTER"对话框。这是计数器参数设置的最后一个对话框,主要用于选择生成计数器的输出文件,如 VHDL 的文本文件"lpm_counter0.vhd"、图形符号文件"lpm_counter0.bsf"等。至此,计数器参数设置完成,单击"Finish"按钮结束设置。

2. 建立存储器初值设定文件

为了将数据装入 ROM 中,在加入 ROM 之前,首先应建立一个存储器初值设定文件(或称为.mif 格式文件)。建立存储器初值设定文件的操作如下:

图 2.39　LPM_COUNTER[page 5 of 7]对话框　　　图 2.40　LPM_COUNTER[page 6 of 7]对话框

① 在 Quartus II 集成环境下，执行"File"→"New"命令，打开一个新的存储器初值设定文件（Memory initialization file）编辑窗口，在弹出如图 2.42 所示的存储器参数设置对话框中输入存储器的字数（Number of words）为 256，字长（Word size）为 8 位。

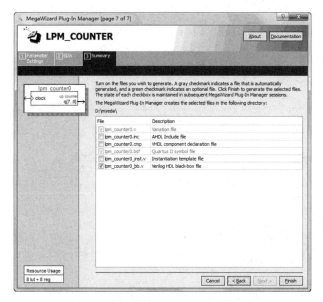 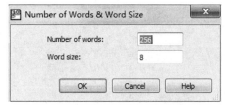

图 2.41　LPM_COUNTER[page 7 of 7]对话框　　　图 2.42　存储器参数设置对话框

② 参数设置结束后单击"OK"按钮，弹出如图 2.43 所示存储器初值设定文件的界面，将此文件以.mif 为类型属性（如 mydds.mif）保存在工程目录中。在存储器初值设定文件的界面中，右击存储器的某个地址（如 0），弹出 Address Radix（地址基数）和 Memory Radix（存储器基数）选择快捷菜单（见图 2.43 上部所示）。执行"Address Radix"命令，可对存储器的地址基数进行选择，地址基数有 Binary（二进制）、Decimal（十进制）、Octal（八进制）和 Hexadecimal（十六进制）4 种选择，本例的设计选择地址基数为"Decimal"。执行"Memory Radix"命令，可对存储器单元中的数据基数进行设置，数据基数有 Binary（二进制）、Hexadecimal（十六进制）、Octal（八进制）、Signed Decimal（带符号十进制）和 Unsigned Decimal（无符号

十进制）5 种选择，本例的设计选择"Unsigned Decimal"。

③ 将数据加入存储器初值设定文件中。新建的存储器初值设定文件中的数据全部为 0，在存储器初值设定文件的界面可以直接输入每个存储器字的数据，也可以右击文件，在弹出如图 2.44 所示的格式文件操作快捷菜单提示下，完成数据输入。

例如，在弹出的格式文件操作快捷菜单中选择"Custom Fill Cells"（块填充）项，弹出如图 2.45 所示的"Custom Fill Cells"对话框。在对话框的"Starting address"栏内输入起始地址（如 00），在"Ending address"栏内输入结束地址（如 255）；将"Incrementing/Decrementing"选中（由"〇"符号变成"⊙"符号）后，在"Starting Value"栏中输入起始值（如 0），在"Increment by"（或 Decrement by）栏中输入增加（或减少）值（如 1）。完成上述操作后，单击"OK"按钮，结束.mif 格式文件中的数据填充。数据填充的结果为：从 00 地址开始输入"0"值，并将数值递增 1 后输入下一个存储单元，如果递增的值大于 8 位二进制数的最大值（即 255）后，数据又从 0 值开始重新填写，直至结束地址为止，得到一个锯齿波数据。

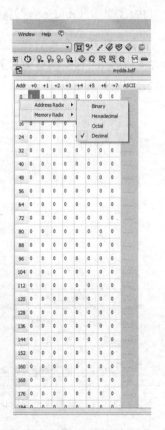

图 2.44 格式文件操作快捷菜单

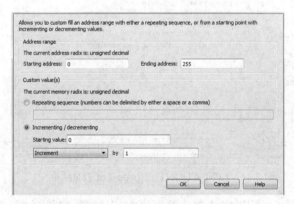

图 2.43 存储器初值设定文件的界面　　　　图 2.45 "Custom Fill Cells"对话框

根据图 2.44 所示的快捷菜单，还可以对格式文件中的数据进行复制、粘贴、填充 0、填充 1 等操作。生成的存储器初值设定文件（mydds.mif）的格式如下：

```
WIDTH=8;
DEPTH=256;
ADDRESS_RADIX=UNS;
DATA_RADIX=UNS;
CONTENT BEGIN
```

```
    //存储器的地址与数据
        0   :   0;
        1   :   1;
        2   :   2;
    //以下252行数据省略
        254 :   254;
        255 :   255;
END;
```

用上述方法只能生成一些简单的波形数据，对于复杂的波形（如正弦波）的数据，需要在存储器初值设定文件的界面上一个一个地将数据输入。利用 C 语言程序也可以生成存储器初值设定文件（.mif）中的数据，例如生成正弦波数据的 C 语言源程序（myram.c）如下：

```c
#include <stdio.h>
#include "math.h"
main()
{int i,k;
for(i=0;i<256;i++)
{k=128+128*sin(360.0*i/256.0*3.1415926/180);
printf("%d : %d;\n",i,k);
}
return;
}
```

在源程序中，i 表示 8 位计数器提供的地址（从 0 到 255 变化），由于正弦波的一个周期是 0～359 度，因此 i 对应的角度是"360*i/256"。另外，存储器中的数据是 8 位无符号数，因此在正弦函数前增加了 128 的倍数和 128 的增量，使 0 度对应的 8 位无符号数的值为 128（表示正弦值 0），90 度对应的值为 255（表示正弦值 1），270 度对应的值为 0（表示正弦值-1），以此类推。

在 C 语言编译软件环境下将 myram.c 文件通过编译并运行后，在 DOS（Windows 的命令提示符）环境下执行命令：

```
myram > myram_1.mif
```

则将 myram 文件运行的结果保存在 myram_1.mif 文件（该文件可以任意命名，也可以不加文件属性）中。以"记事本"方式打开 myram_1.mif 文件，将其地址和数据部分的内容（共256 行）复制到以记事本方式打开的存储器初值设定文件（mydds.mif）中，替换源文件中的地址和数据。

> **注意**：如果原来的存储器初值设定文件（.mif）中的地址基数选用"Hexadecimal"（十六进制），而用 C 语言程序生成的地址基数是十进制的，因此需要把 mydds.mif 中的"ADDRESS_RADIX=HEX;"语句修改为"ADDRESS_RADIX=DEC;"，表示地址基数为十进制，而原来的存储器初值设定文件中的地址基数选用十进制，则不需要修改。在 Quartus II 环境下打开修改后的 mydds.mif，其存储的数据即为正弦波的数据。

3. 加入只读存储器 ROM 元件

双击原理图编辑窗口，在弹出的元件选择窗口的"Libraries"栏目中展开"megafunction"的"storage"库，选中库中的"lpm_rom"（只读存储器 ROM））元件，如图 2.46 所示。单击"OK"按钮完成 LPM_ROM 元件符号的加入。加入后的 LPM_ROM 元件符号如图 2.46 所示，双击元件符号右上角属性(property)框，弹出如图 2.47 所示的元件符号属性（Symbol Properties）

窗口的 General 页面。元件符号属性窗口有 General（常规）、Port（端口）、Parameter（参数）和 Format（格式）4 个页面，General 页面用于符号名称（Symbol name）和实例名称（Instance name）的设置；Port 页面用于使用或不使用端口的设置；Parameter 页面用于参数的设置；Format 用于格式的设置，如元件符号的线条、字体的颜色等。

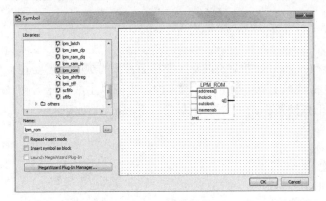

图 2.46 ROM 元件选择窗口

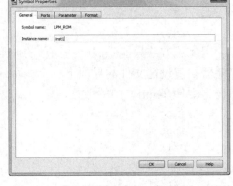

图 2.47 元件符号属性窗口的 General 页面

在 General 页面保持默认的符号名称 LPM_ROM 和实例名称 inst1。单击元件符号窗口上方的"Port"按钮，进入如图 2.48 所示的 Port 页面。LPM_ROM 共提供了 address（地址）、inclock（时钟输入）、memenab（存储器使能）、outclock（时钟输出）和 q[]（数据输出）5 个端口，在 Port 页面的 status（状态）栏中设置使用或不使用这些端口，在本例的设计中，将 address、inclock 和 q[]设置为"Used"（使用），将 memenab 和 outclock 设置为"Unused"（不使用）。

单击元件符号窗口的"Parameter"按钮，进入如图 2.49 所示的 Parameter 页面。该页面有 6 项参数需要设置。

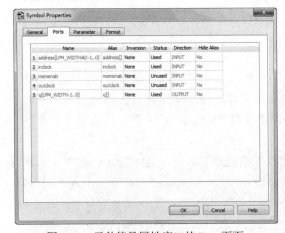

图 2.48 元件符号属性窗口的 Port 页面

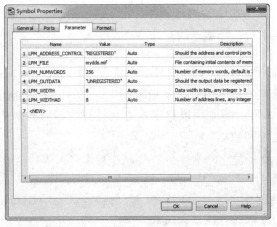

图 2.49 元件符号属性窗口的 Parameter 页面

① 在名称为"LPM_ADDRESS_CONTROL"项的 Value（值）框中选择""REGISTERED""（注册），在 Type（数据类型）框中选择 Auto（自动）为数据类型。数据类型有多种，如"Signed Binary"（带符号整型）、"Unsigned Integer"（无符号整型）、"Octal"（八进制）、"Float"（浮点）等，这些数据类型都可以用"Auto"替代。

② 在名称为"LPM_FILE"项的 Value 框中输入存储器初值文件的名称，本例设计的名称

为"mydds.mif",在 Type 框中选择 Auto 为数据类型。

③ 在名称为"LPM_NUMWORDS"项的 Value 框中输入存储器的字数,本例设计的字数为 256(即 2^8),在 Type 框中选择 Auto 为数据类型。

④ 在名称为"LPM_OUTDATA"项的 Value 框中选择""UNREGISTERED""(未注册),在 Type 框中选择 Auto 为数据类型。

⑤ 在名称为"LPM_WIDTH"项的 Value 框中输入存储器的字长,本例设计的字长为"8",在 Type 框中选择 Auto 为数据类型。

⑥ 在名称为"LPM_WIDTHAD"项的 Value 框中输入存储器地址的位数,本例设计的地址位数为"8",在 Type 框中选择 Auto 为数据类型。

单击元件属性窗口下方的"OK"按钮,结束 LPM_ROM 参数属性的设置。

4. 编辑和编译顶层设计文件

在新建的图形编辑窗口中加入计数器 lpm_counter0 和只读存储器 LPM_ROM 元件后,还需要加入一个输入(input)元件和两个输出(output)元件。输入元件接于 lpm_counter0 的 clock 端,并更名为"clk",作为电路的时钟输入;一个输出元件接于 LPM_ROM 的 q[]端,并更名为"q[7..0]",作为 8 位波形数据输出;一个输出元件接于 lpm_counter0 的输出 q[7..0]端,并更名为"qc[7..0]",作为另一个 8 位数据输出端口。由于存储器的地址是从"00000000"递增到"11111111"不断循环,因此这个数据端口输出的是一种锯齿波。参照图 2.34 所示的波形发生器原理图,完成设计电路的内部连接,然后以"mydds.bdf"为文件名保存在工程目录中,并通过 Quartus II 的编译。

2.3.3 仿真顶层设计文件

在 Quartus II 13.0 界面执行"Assignments"→"Settings"命令,弹出设置(Settings)窗口(见图 2.22),单击"EDA Tool Settings"选项,对"Simulation"栏下的仿真测试文件进行设置和新的测试文件 mydds.vho 的添加。

在 Quartus II 主窗口执行"Tools"→"Run EDA Simulation Tool"→"RTL Simulation"命令,开始对设计文件的寄存器传输级时序仿真,命令执行后,系统会自动打开 ModelSim-Altera 10.1d 主界面和波形窗口。为了便于观察,将波形窗口(见图 2.26)中 q、clk 和 qc 信号保留,其余信号删除,然后右击信号 q,执行弹出的 Object 快捷菜单(见图 2.27)的"Properties…"命令,弹出波形模式窗口(见图 2.29)。在模式窗口将将 q 的数制基数设置为十六进制(hexadecimal),单击波形模式窗口上方的"Format"按钮,进入如图 2.50 所示的波形格式页面。在该页面选中"Analog"(模拟)格式,并在"Max"栏中输入"300"作为模拟波形显示幅度的最大值,单击"OK"按钮,结束 q 信号的波形格式设置。用同样的方法设置 qc 信号为十六进制的模拟波形输出格式。

右击信号 clk,执行弹出的 Object 快捷菜单中的"clock…"命令,弹出定义时钟(Define Clock)对话框,如图 2.51 所示。在窗口的 Period(周期)栏中将时钟周期改写为 10000(默认单位为 ps),由于目标芯片的传输延迟在 10ns 左右,因此时钟周期小于 10000ps 时将无法看到设计电路时序仿真的输出波形。窗口中其他栏保持默认,单击"OK"按钮,结束 clk 信号的设置。

单击波形窗口的"运行全程"按钮,数秒后单击"停止"按钮结束仿真,然后单击"全程"按钮,展开仿真波形,用"缩小"或"放大"按钮调整波形窗口,得到如图 2.52 所示的便于观察的正弦波和锯齿波仿真波形，仿真波形上的微小"尖峰"是设计电路的竞争-冒险现象。

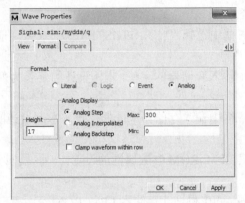

图 2.50　波形格式页面

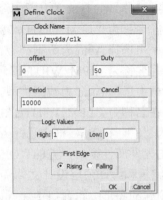

图 2.51　定义时钟对话框

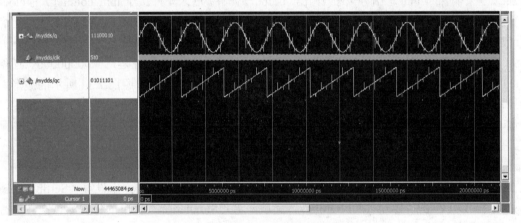

图 2.52　设计电路的仿真波形

2.3.4　图形文件的转换

图 2.53　生成 HDL 文件对话框

为了使利用 Quartus II 宏功能模块设计的电路能在其他软件平台运行和验证，可将其转换为硬件描述语言（HDL）文件。执行 Quartus II 主窗口的"File"→"Create/Update"→"Create HDL Design File for Current File"命令，弹出如图 2.53 所示的生成 HDL 文件对话框，选择生成 Verilog HDL 或 VHDL 类型文件。HDL 文件类型确定后，单击"OK"按钮，即可为当前的设计生成 Verilog HDL 或 VHDL 文件。

为波形发生器（mydds）生成的 Verilog HDL 文件 mydds.v 如下：

```
module mydds(clk,   q,qc);
input wire  clk;
output wire [7:0] q;
output wire [7:0] qc;
wire    [7:0] SYNTHESIZED_WIRE_0;
assign  qc = SYNTHESIZED_WIRE_0;
```

```verilog
    lpm_counter0    b2v_inst(
        .clock(clk),
        .q(SYNTHESIZED_WIRE_0));
    lpm_rom_0   b2v_inst1(
        .inclock(clk),
        .address(SYNTHESIZED_WIRE_0),
        .q(q));
endmodule
module lpm_rom_0(inclock,address,q);
/* synthesis black_box */
input inclock;
input [7:0] address;
output [7:0] q;
endmodule
```

为波形发生器生成的 VHDL 文件 mydds.vhd 如下：

```vhdl
LIBRARY ieee;
USE ieee.std_logic_1164.all;
LIBRARY work;
ENTITY mydds IS
    port
    (
        clk :  IN  STD_LOGIC;
        cnt_q :  OUT  STD_LOGIC_VECTOR(7 downto 0);
        q :  OUT  STD_LOGIC_VECTOR(7 downto 0)
    );
END mydds;
ARCHITECTURE bdf_type OF mydds IS
component lpm_counter1
    PORT(clock : IN STD_LOGIC;
         q : OUT STD_LOGIC_VECTOR(7 downto 0)
    );
end component;
component lpm_rom0
    PORT(clock : IN STD_LOGIC;
         address : IN STD_LOGIC_VECTOR(7 downto 0);
         q : OUT STD_LOGIC_VECTOR(7 downto 0)
    );
end component;
signal  SYNTHESIZED_WIRE_0 :  STD_LOGIC_VECTOR(7 downto 0);
BEGIN
cnt_q <= SYNTHESIZED_WIRE_0;
b2v_inst : lpm_counter1
PORT MAP(clock => clk,
         q => SYNTHESIZED_WIRE_0);
b2v_inst1 : lpm_rom0
PORT MAP(clock => clk,
         address => SYNTHESIZED_WIRE_0,
         q => q);
END;
```

2.4 嵌入式逻辑分析仪的使用方法

Quartus II 的嵌入式逻辑分析仪 SignalTap II 是一种高效的硬件测试手段,它可以随设计文件一并下载到目标芯片中,捕捉目标芯片内部系统信号节点处的信息或总线上的数据流,而又不影响原硬件系统的正常工作。在实际监测中,SignalTap II 将测得的样本信号暂存于目标芯片的嵌入式 RAM 中,然后通过器件的 JTAG 端口将采到的信息传出,送到计算机进行显示和分析。

下面以波形发生器(mydds)为例,介绍嵌入式逻辑分析仪 SignalTap II 的使用方法。在使用逻辑分析仪之前,需要锁定一些关键的引脚,例如在 mydds 的设计中,需要锁定时钟输入 clk 的引脚,为逻辑分析仪提供时钟源,否则将得不到逻辑分析的结果。如果用 DE2 开发板来实现分析验证,DE2 开发板上 50MHz 时钟频率输出是接在目标芯片 EP2C35F672C6 的"PIN_N2"引脚上,因此需要将 clk 锁定在"PIN_N2"引脚。

嵌入式逻辑分析仪 SignalTap II 的设置分为打开 SignalTap II 编辑窗口、调入节点信号、SignalTap II 参数设置、文件存盘、编译、下载和运行分析等操作过程。

2.4.1 打开 SignalTap II 编辑窗口

在波形发生器工程(mydds)完成引脚锁定并通过编译后,执行 Quartus II 主窗口的"File"→"New"命令,在弹出的新文件(New)对话框中(见图 2.8),选择打开"SignalTap II Logic Analyzer File"文件,弹出如图 2.54 所示的 SignalTap II 编辑窗口。SignalTap II 编辑窗口包含实例(Instance)、信号观察、顶层文件观察、数据日志观察等窗口,另外还有一些命令按钮与工作栏,主要命令按钮和工作栏在图中加有注解,其用途说明如下(根据按钮与工作栏的排列自左至右、由上到下说明):

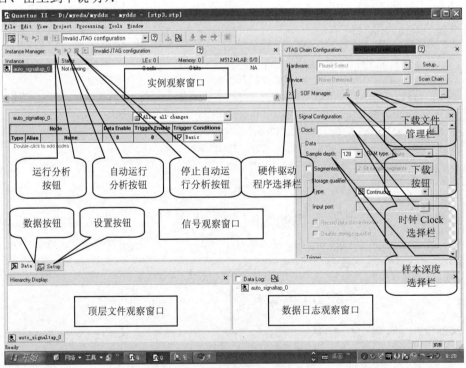

图 2.54 SignalTap II 编辑窗口

① 运行分析（Run Analysis）按钮。在 SignalTap II 完成节点调入、参数设置、存盘、编译与下载后，单击该按钮则运行一个样本深度结束，并在数据窗口显示分析结果。

② 自动运行分析（Autorun Analysis）按钮。该按钮有两种功能：其一是在完成 SignalTap II 的节点调入、参数设置与存盘后，单击此按钮则对工程进行编译；其二是完成下载后，单击此按钮开始自动运行分析，并在数据窗口实时显示分析结果。

③ 停止自动运行分析（Stop Analysis）按钮。在自动运行分析时，单击此按钮，结束自动运行分析，并在数据窗口显示结束时刻的分析结果。

④ 硬件驱动程序（Hardware）选择栏。该栏用于选择目标芯片下载的硬件驱动程序。

⑤ 下载文件（SOF）管理（SOF Manager）栏。该栏用于选择目标芯片的下载程序。

⑥ 下载按钮。单击该按钮完成设计文件到目标芯片的下载。

⑦ 时钟（Clock）选择栏。该栏用于选择设计文件的时钟信号。

⑧ 样本深度（Sample depth）选择栏。该栏用于选择占用目标芯片中的嵌入式 RAM 的容量，从 0B（Byte，字节）到 128KB，选择容量越大，则存储的分析数据越多。例如，波形产生器（mydds）工程中的存储器容量为 256B，如果样本深度为 2KB，则可以存放（2×1024B/256B=）8 个周期的波形。但样本深度的选择不能超过目标芯片中的嵌入式 RAM 的容量。例如，目标芯片是 Cyclone II 系列的 EP2C35F672C6，其内部嵌入式 RAM 的容量是 483840b（bit，位），则其容量为（483840/8/1024=）59.0625KB；如果目标芯片是 Cyclone 系列的 EP1C6Q240C8，其内部嵌入式 RAM 的容量是 92160b（bit，位），则其容量为（92160/8/1024=）11.25KB。

⑨ 数据按钮（Data）。单击该按钮则打开分析数据窗口。

⑩ 设置按钮（Setup）。单击该按钮则打开设置窗口。

2.4.2 调入节点信号

在实例观察窗口，默认的实例名为"auto_signaltap_0"，双击该实例名可以更改，也可以保持默认。运行时该窗口还显示运行的状态、设计文件占用的逻辑单元数（LEs）和占用的嵌入式 RAM 的位数（bit）。

双击信号观察窗口，弹出如图 2.55 所示的节点发现者（Node Finder）对话框，在对话框的 Filter 栏中选择"SignalTap II Per-Synthesis"选项后，单击"List"按钮，在"Nodes Found"栏内列出了设计工程全部节点，单击选中需要观察的节点 q 和 qc，并将它们移至右边的"Selected Nodes"栏中，单击"OK"按钮，选中的节点就会出现在信号观察窗口中。

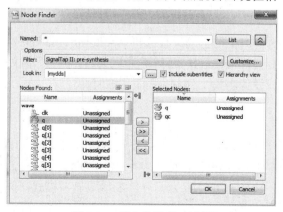

图 2.55　节点发现者对话框

2.4.3 参数设置

参数设置包含以下几个操作。

① 单击硬件驱动程序选择栏（Hardware）右边的"Setup"按钮，弹出如图 2.56 所示硬件设置对话框。在对话框中选择编程下载的硬件驱动程序，如果采用计算机的并口下载，选择"ByteBlaster"；如果采用串口下载，则选择"USB-Blaster"。

② 单击下载文件管理栏（SOF Manager）右边的查阅按钮，弹出如图 2.57 所示的选择编程文件对话框，在对话框中选择工程的下载文件（如 mydds.sof）。

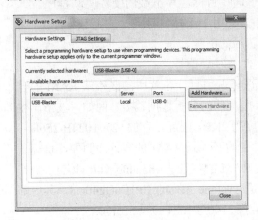 

图 2.56 硬件设置对话框　　　　　　　　图 2.57 选择编程文件对话框

③ 单击时钟（Clock）栏右边的查阅按钮，弹出节点发现者对话框（见图 2.55），在对话框中将设计工程文件的时钟信号选中（如 clk）。

④ 展开样本深度（Sample depth）选择栏的下拉菜单，将样本深度选择为 2K（或其他深度）。

2.4.4 文件存盘

完成上述的加入节点信号和参数设置操作后，执行"File"→"Save"命令，将 SignalTap II 文件存盘，默认的存盘文件名是"stp1.stp"，为了便于记忆，可以用"mydds_stp1.stp"名字存盘。

2.4.5 编译与下载

单击 SignalTap II 编辑窗口上的自动运行分析（Autorun Analysis）按钮或执行 Quartus II 主窗口上的"编译"命令，编译 SignalTap II 文件。编译完成后，单击下载文件管理（SOF Manager）栏中的"下载"按钮，完成设计工程文件到目标芯片的下载。

2.4.6 运行分析

单击数据按钮，展开信号观察窗口。右击被观察的信号名（如 q），弹出如图 2.58 所示的选择信号显示模式的快捷菜单，在快捷菜单中选择"Bus Display Format"（总线显示方式）中的"Unsigned Line Chart"，将输出 q 设置为无符号线型图显示模式，同样也将 qc 设置为无符号线型图显示模式。

单击运行分析（Run Analysis）按钮或自动运行分析（Autorun Analysis）按钮，在信号观察窗口上可以看到波形发生器设计（mydds）的输出 q 和 qc 的波形，如图 2.59 所示，由于本例的样本深度为 2K，因此一个样本深度可以采样到 8 个周期的波形数据。

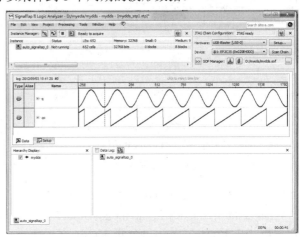

图 2.58　选择信号显示模式的快捷菜单　　　　　图 2.59　波形发生器的输出波形

2.5　嵌入式锁相环的设计方法

锁相环 PLL 可以实现与输入时钟信号同步，并以其作为参考，输出一个至多个同步倍频或分频的时钟信号。基于 SOPC 技术的 FPGA 片内包含嵌入式锁相环，其产生的同步时钟比外部时钟的延迟时间少，波形畸变小，受外部干扰也少。下面介绍嵌入式锁相环的使用方法。

2.5.1　嵌入式锁相环的设计

首先为嵌入式锁相环的设计建立一个新工程（如 mypll），然后在 Quartus II 软件的主界面执行"Tools"→"MegaWizard Plug-In Manager…"命令，弹出如图 2.60 所示的"MegaWizard Plug-In Manager[page 1]"（MegaWizard 插件管理器）对话框的第 1 页面。在对话框中，选中"Create a new custom megafunction variation"选项，创建一个新的强函数定制。在此对话框中还可以选择"Edit an existing custom megafunction variation"（编辑一个现有的强函数定制），或者选择"Copy an existing custom megafunction variation"（复制一个现有的强函数定制）。

单击"Next"按钮，弹出如图 2.61 所示的"MegaWizard Plug-In Manager[page 2a]"对话框。在该对话框中，选中强函数列表中的"I/O"选项下的"ALTPLL"选项，表示将创建一个新的嵌入式锁相环设计工程。在对话框中的"Which device family will you be using?"栏中，选择编程下载目标芯片的类型，如"Cyclone II"。在对话框的"Which type of output file do you want to create?"栏下选择生成设计文件的类型，有 AHDL、VHDL 和 Verilog HDL 三种 HDL 文件类型可选。例如，选择"VHDL"，则可生成嵌入式锁相环的 VHDL 设计文件。在对话框的"What name do you want for the output file？"栏中输入设计文件的路径和文件名，例如"D:\myeda\mypll.vhd"。

单击"Next"按钮，弹出如图 2.62 所示的"MegaWizard Plug-In Manager page [3 of 10] ALTPLL"对话框。在对话框的左边呈现了嵌入式锁相环的元件图，元件上包括外部时钟输入

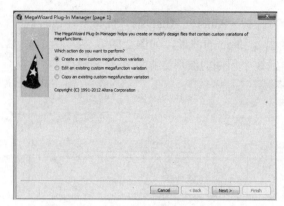
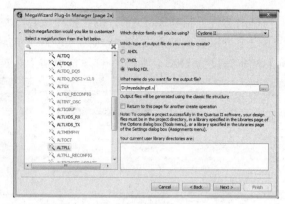

图 2.60 "MegaWizard Plug_In Manager [page1]"对话框

图 2.61 "MegaWizard Plug-In Manager [page 2a]"对话框

端 inclk0、复位输入端 areset、倍频（或分频）输出端 c0 和相位锁定输出端 locked。在对话框的"What is the frequency of the inclk0 input?"栏中输入输入时钟的频率，此频率需要根据选择的目标芯片来决定，不能过低也不能过高，对于 Cyclone II 系列芯片，输入时钟的频率可选择 50MHz。对话框其他栏中的内容可以选择默认。

单击"Next"按钮，弹出如图 2.63 所示的"MegaWizard Plug-In Manager [page 4 of 10] ALTPLL"对话框。此对话框主要用于添加其他控制输入端，如添加相位/频率选择控制端 pfldna、锁相环使能控制输入端 pllena 等，本设计增加了 pllena 输入端。

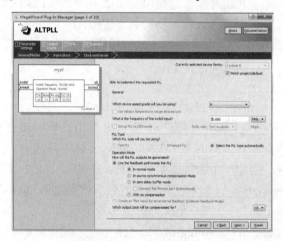
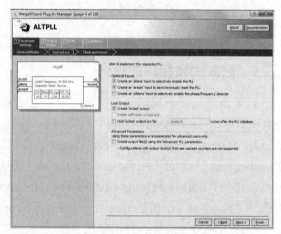

图 2.62 "MegaWizard Plug-In Manager [page 3 of 10]ALTPLL"对话框

图 2.63 "MegaWizard Plug-In Manager [page 4 of 10]ALTPLL"对话框

单击"Next"按钮，弹出如图 2.64 所示的"MegaWizard Plug-In Manager [page 5 of 10]ALTPLL"对话框，此对话框用于增加第 2 个时钟输入 inclk1 和时钟开关控制输入 clkswitch，本例设计将此项设置忽略。

单击"Next"按钮，弹出如图 2.65 所示的"MegaWizard Plug-In Manager [page 6 of 10] ALTPLL"对话框，此对话框主要用于设置输出时钟 c0 的相关参数，如倍频数、分频比、占空比等。在对话框的"Clock multiplication factor"栏中可选择时钟的倍频数，例如选择"2"倍频，则 c0 的时钟频率为 100MHz。也可以在"Clock division factor"栏中选择 c0 的分频比，例如选择"2"分频，则 c0 的输出频率为 25MHz。

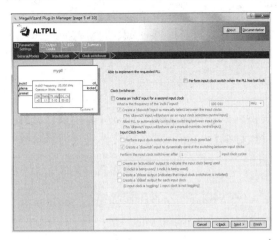

图 2.64 "MegaWizard Plug-In Manager [page 5 of 10]ALTPLL"对话框

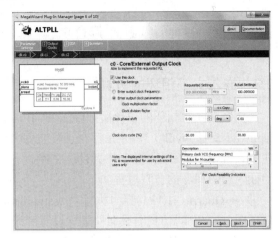

图 2.65 "MegaWizard Plug-In Manager [page 6 of 10]ALTPLL"对话框

单击"Next"按钮，弹出"MegaWizard Plug-In Manager [page 7 of 10] ALTPLL"对话框，该对话框与图 2.65 相同，因此将图省略。此对话框主要用于设置输出时钟 c1 的相关参数。在对话框中，首先单击"Use this clock"栏前方的方框（框中出现"√"），选中 c1 时钟输出，然后在倍频或分频栏中选择倍频数或分频比，如果倍频比选择"3"，则 c1 的输出频率为 150MHz。

单击"Next"按钮，弹出"MegaWizard Plug-In Manager [page 8 of 10] ALTPLL"对话框，该对话框与图 2.65 相同，主要用于设置输出时钟 c2 的相关参数，设置方法与 c1 相同，本设计设置 c2 的分频数为"2"，其输出频率为 25MHz。

单击"Next"按钮，弹出如图 2.66 所示的"MegaWizard Plug-In Manager [page 9 of 10] ALTPLL"对话框，该对话框给出仿真库的列表文件，保持默认后单击"Next"按钮，弹出如图 2.67 所示的"MegaWizard Plug-In Manager [page 10 of 10] ALTPLL"对话框，这是嵌入式锁相环设计的最后一个对话框，用于选择输出设计文件，此框设置可保持默认。单击"Finish"按钮，完成嵌入式锁相环的设计。

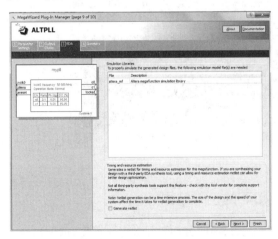

图 2.66 "MegaWizard Plug-In Manager [page 9 of 10]ALTPLL"对话框

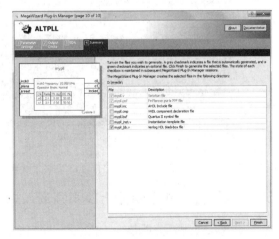

图 2.67 "MegaWizard Plug-In Manager [page 10 of 10]ALTPLL"对话框

> **注意**：在锁相环参数的设置过程中，应注意每个对话框上方出现的提示信息，如果出现"Able to implement the requested PLL"信息，则说明设置的参数是可以接受的；如果出现红色"Cannot implement the requested PLL"信息，则表示设置的参数是不可接受的，需要及时更正或修改。

2.5.2 嵌入式锁相环的仿真

完成嵌入式锁相环的设计后，Quartus II 系统为嵌入式锁相环的设计生成 HDL 设计文件（mypll.vhd 或者 mypll.v），并保存在工程文件夹中。执行编译命令，对设计文件进行编译，然后在 ModelSim-Altera 环境下仿真设计文件。

嵌入式锁相环的仿真过程如下：

① 在 Quartus II 13.0 界面执行 "Assignments" → "Settings" 命令，在弹出的 Settings 窗口（见图 2.22），对仿真测试文件进行设置和添加新的测试文件 mypll.vho。

② 在 Quartus II 13.0 界面执行 "Tools" → "Run Simulation Tool" → "RTL Simulation" 命令，对设计文件进行 RTL（寄存器传输）级仿真。

③ 在弹出的 ModelSim-Altera 10.1d 软件界面的波形窗口（见图 2.26）中，将"运行步长"改为 20ns；设置复位输入信号 areset 的 "Force" 值为 1（复位信号是高电平有效）；设置使能输入信号 pllena 的 "Force" 值为 1（使能信号是高电平有效）；设置时钟输入信号 inclk0 的周期为 20ns（20000ps）。在设置仿真输入时钟的频率时，其频率不应与实际设计电路的输入时钟频率有太大的差异。例如，设计电路时钟频率为 50MHz，则仿真输入时钟的频率也应选择在 50MHz（周期为 20ns）范围内，否则将得不到仿真结果。

④ 单击波形窗口的"运行"按钮，执行一个步长（20ns）时间让嵌入式锁相环复位，使倍频和分频输出 c0、c1、c2 置"0"，然后设置 areset 的 "Force" 值为 0，结束复位操作。

⑤ 单击波形窗口的"运行全程"按钮，数秒后单击"停止"按钮结束运行。

⑥ 单击波形窗口的"全程"按钮，展开仿真波形，使用"放大"或"缩小"按钮调整波形窗口，最后得到的嵌入式锁相环的仿真波形如图 2.68 所示。

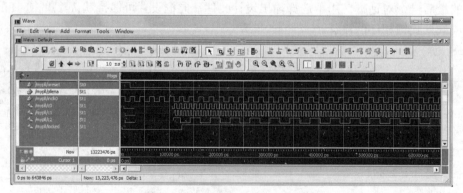

图 2.68　嵌入式锁相环的仿真波形

2.5.3 使用嵌入式逻辑分析仪观察嵌入式锁相环的设计结果

使用嵌入式逻辑分析仪在 DE2 开发板完成嵌入式锁相环的分析验证，需要锁定 inclk0（时钟）、areset（复位）和 pllena（使能）输入端的引脚。根据 DE2 开发板上引脚安排（见附录 A），将 inclk0 锁定在 "PIN_N2" 引脚上，与 DE2 的 50MHz 时钟输出连接，作为锁相环的时钟输入；将 areset 锁定在"PIN_N25"引脚上，与 DE2 的电平开关 SW[0]连接，作为锁相环的复位开关；将 pllena 锁定在"PIN_N26"引脚上，与 DE2 的电平开关 SW[1]连接，作为锁相环的使能开关。另外，由于嵌入式逻辑分析仪的时钟是 DE2 的 50MHz 的时钟，因此不能观察频率高于 50MHz 的波形，因此需要修改输出 c0、c1 和 c2 的倍频数或分频比参数，本例设计将 c0 修改为 2 分频，输出频率为 25MHz 的波形；将 c1 修改为 3 分频，输出频率为 16.67MHz 的波形；将 c3 修改为 4 分频，输出频率为 12.5MHz 的波形。

执行 Quartus II 主窗口的"File"→"New"命令，打开"SignalTap II Logic Analyzer File"文件的 SignalTap II 编辑窗口（见图 2.54），在节点发现者（Node Finder）对话框（见图 2.55）中，选中需要观察的节点信号 c0、c1、c2 和 locked；在硬件驱动程序选择栏（Hardware）选择"USB-Blaster"作为编程下载的硬件驱动程序；在下载文件管理栏（SOF Manager）的对话框（见图 2.57）中选择"mypll.sof"作为工程的下载文件；在时钟（Clock）栏目选择 inclk0 作为时钟信号；将样本深度选择为 2K。完成上述操作后用"mypll_stp1.stp"名称存盘并通过 Quartus II 的编译和目标芯片的下载。

单击自动运行分析（Autorun Analysis）按钮，并将 DE2 上的 SW[1]电平开关拨到"1"位置（使能有效）；将 SW[0]先拨到"1"位置（复位）后再拨到"0"位置，在信号观察窗口上可以见到嵌入式锁相环设计（mypll）的输出 c0、c1、c3 和 locked 的波形，如图 2.69 所示。

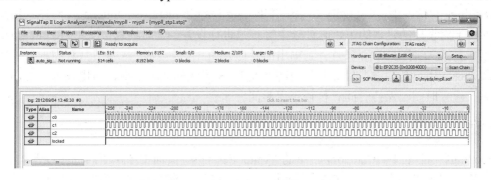

图 2.69 嵌入式锁相环的输出波形

2.6 设计优化

在基于可编程逻辑器件（PLD）的设计中，设计优化是一个很重要的课题，设计优化主要包括节省设计电路占用 PLD 的面积和提高设计电路的运行速度两方面内容。这里的"面积"是指一个设计所消耗 FPGA/CPLD 的逻辑资源数量，一般以设计占用的等价逻辑门数来衡量。"速度"是指设计电路在目标芯片上稳定运行时能够达到的最高频率，它与设计满足的时钟周期、时钟建立时间、时钟保持时间、时钟到输出端口的延迟时间等诸多因素有关。

2.6.1 面积与速度的优化

在 Quartus II 软件环境下，对设计优化已进行了预设置，在预设置中，软件默认的是综合考虑了面积和速度两方面的优化。一般情况下，不需要设置就可以对设计电路进行编译。如果设计需要偏重面积或速度方面的优化，在对设计文件进行分析与综合之前，可以预先设置。打开一个工程（如 mydds），然后执行主窗口"Assignment"→"Settings"命令，弹出 Settings 对话框（见图 2.22），在对话框左边的 Category（种类）栏中列出了各种设置对象，包括 EDA

Tool Settings（EDA 工具设置）、Compilation Process Settings（编译过程设置）、Analysis & Synthesis Settings（分析与综合设置）、Fitter Settings（适配设置）、PowerPlay Power Synthesis Settings（功率分析设置）和 Software Build Settings（软件构造设置）。单击设置对象名称（如 Analysis & Synthesis Settings），设置的选项和参数就呈现在对话框的右边，允许设置或修改。

Settings 对话框的 Analysis & Synthesis Settings（分析与综合设置）页面，用于对设计电路在分析与综合时的优化设置。在该页面的"Optimization Technique"栏中，提供了"Speed"（速度）、"Balanced"（适度）和"Area"（面积）3 种优化选择，其中 Balanced 是软件默认的优化选择，如果在对设计电路的分析与综合之前不进行设置，Quartus II 软件则自动采取面积和速度两方面平衡的设计优化；若需要偏重面积或速度方面的设计优化，可以单击相关参数前方的圆点（出现黑点）后，单击"OK"按钮完成设置。

在 Analysis & Synthesis Settings 对象中，还包括对 VHDL 和 Verilog HDL 语言的设置页面。在"VHDL input"的设置中，可以选择 VHDL 语言的"VHDL 1987"、"VHDL 1993"或 VHDL 2008 标准（VHDL 1993 是默认设置）。在"Verilog HDL input"的设置中，可以选择 Verilog HDL 语言的"Verilog-1995"或"Verilog-2001"标准（Verilog-2001 是默认设置）。

2.6.2 时序约束与选项设置

在 Settings 对话框中，Category 栏中的"Timing Requirements & Options"（时序约束与选项）页面用于对设计的延迟约束、时钟频率等参数进行设置。延迟约束（Delay Requirements）设置包括 tsu（建立时间）、tco（时钟到输出的延迟）、tpd（传输延迟）和 th（保持时间）的设置。一般来说，用户必须根据目标芯片的特性及 PCB 走线的实际情况，给出设计需要满足的时钟频率、建立时间、保持时间和传输延迟时间。

2.6.3 Fitter 设置

在 Settings 对话框中，Category 栏中的"Fitter Settings"页面主要用于布局布线器的控制。布局布线器的努力级别有 Standard Fit（标准）、Fast Fit（快速）和 Auto Fit（自动）3 种。在标准模式下，布局布线器的努力程度最高；在快速模式下，可以节省大约 50%的编译时间，但可能使最高频率（fmax）降低；在自动模式下，Quartus II 软件在达到设计要求的条件下，自动平衡最高频率和编译时间。

关于 Settings 窗口中其他对象的设置可以参考 Quartus II 软件的使用说明。

2.7　Quartus II 的 RTL 阅读器

Quartus II 的 RTL 阅读器为用户提供在调试和优化过程中，观察自己设计电路的综合结果，观察的对象包括硬件描述语言（VHDL 和 Verilog HDL）设计文件、原理图设计文件和网表文件对应的电路 RTL 结构。下面以本章设计的波形发生器（mydds 工程）电路为例，介绍 RTL 阅读器的功能和使用方法。

当波形发生器设计电路通过编译后，执行 Quartus II 主界面的"Tools"→"Netlist Viewers"→"RTL Viewer"命令，弹出如图 2.70 所示的 RTL 阅读器窗口。RTL 阅读器窗口的右边是观察设计结构的主窗口，包括设计电路的模块和连线。图中列出的是构成波形发生器电路设计电路的计数器（lpm_counter0）、存储器（lpm_rom0）模块及电路连线和 I/O 端。

RTL 阅读器窗口的左边有一个 Netlist Navigator（网表引导）窗口，在窗口中以树状形式列出了各层次的设计单元，层次单元内容包括：

① Instance（实例）。Instance 是能够被展开成低层次的模块或实例，如 lpm_counter0 和 LPM_ROM 模块。

② Primitives（原语）。Primitives 是不能被展开为任何低层次模块的低层次节点，包括寄存器和逻辑门。

③ Pins（引脚）。Pins 是当前层次（顶层或被展开的低层次）的 I/O 端口，如果这个端口是总线时，也可以将其展开，观察到总线中的每个端口信号。

④ Nets（网线）。Nets 是连接节点（实例、原语和引脚）的连线，当网线是总线时，也可以展开，观察每条网线。

双击 RTL 阅读器中实例（如 lpm_counter0 或 LPM_ROM 模块），可以展开实例的低层次结构图，如果被展开的低层次结构还是实例，仍然可以继续展开，直至不能被展开为任何低层次模块的低层次节点（即原语）为止。计数器 lpm_counter0 模块展开的第 1 层次的 RTL 电路结构如图 2.71 所示。

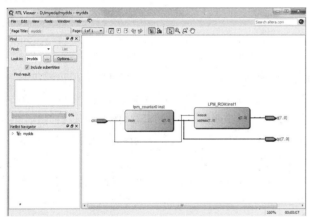
图 2.70　RTL 阅读器窗口

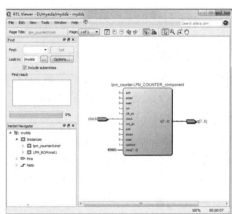
图 2.71　计数器 lpm_counter0 模块
展开的 RTL 电路结构图

本 章 小 结

Quartus II 是 Altera 公司近几年推出的新一代、功能强大的可编程逻辑器件设计环境。Quartus II 软件提供了 EDA 设计的综合开发环境，是 EDA 设计的基础。Quartus II 集成环境支持系统级设计、嵌入式系统设计和可编程器件设计的设计输入、编译、综合、布局、布线、时序分析、仿真、编程下载等 EDA 设计过程。

Quartus II 支持多种编辑输入法，包括图形编辑输入法，VHDL、Verilog HDL 和 AHDL 的文本编辑输入法，符号编辑输入法，以及内存编辑输入法。

Quartus II 的原理图输入设计法可以与传统的数字电路设计法接轨，即把传统方法得到设计电路的原理图，用 EDA 平台对设计电路进行设计输入、仿真验证和综合，最后编程下载到可编程逻辑器件 FPGA/CPLD 或专用集成电路（ASIC）中。在 EDA 设计中，将传统电路设计过程的电路布线、绘制印制电路板、电路焊接、电路加电测试等过程取消，提高了设计效率，降低了设计成本，减轻了设计者的劳动强度。

原理图输入设计法可以极为方便地实现数字系统的层次化设计，将一个大的设计工程分解为若干个子工程或若干个层次来完成。先从底层的电路设计开始，然后在高层次的设计中逐级调用低层次的设计结果，直至顶层系统电路的实现。层次化设计为大型系统设计及 SOC 或 SOPC 的设计提供了方便、直观的设计路径。

使用 Quartus II 的 MegaWizard Plug-In Manager 中的宏功能模块可以帮助用户完成一些复杂系统的设计。这些宏功能模块包括 LPM（Library Parameterized Megafunction）、MegaCore（例如 FFT、FIR 等）和 AMPP（Altera Megafunction Partners Program，例如 PCI、DDS 等）。利用宏功能模块设计的图形电路可以转换为 VHDL 或 Verilog HDL 文件，被其他 EDA 工具调试和运行。

思考题和习题 2

2.1 简述 Quartus II 的特点。

2.2 简述 Quartus II 的原理图输入法的特点。

2.3 简述 Quartus II 的原理图输入法的设计流程。

2.4 简述 Quartus II 的文本输入法的设计流程。

2.5 如何用 Quartus II 的原理图输入法实现多层次系统电路的设计？

2.6 用两片 4 位二进制加/减计数器 74191 设计 8 位二进制加/减计数器，并仿真和硬件验证设计结果。

2.7 用 4 位移位寄存器 74194、8D 锁存器 74273、D 触发器等器件构成 8 位串入并出转换电路，要求在转换过程中数据不变，只有当 8 位一组数据全部转换结束后，输出变化一次。仿真和硬件验证设计结果。

2.8 使用 Quartus II 的 MegaWizard Plug-In Manager 宏功能模块中的参数设置的绝对值运算模块 lpm_abs 实现 8 位二进制数的绝对值运算电路，并仿真和硬件验证设计结果。

2.9 使用 Quartus II 的 MegaWizard Plug-In Manager 宏功能模块中的参数设置的计数器模块 lpm_counter 实现 8 位二进制数可预置的加减的计数器电路，并仿真和硬件验证设计结果。

第 3 章 VHDL

本章概要：本章介绍硬件描述语言 VHDL 的语言要素、程序结构及描述风格，并介绍最基本、最典型的数字逻辑电路的 VHDL 描述，作为 VHDL 工程设计的基础。

知识要点：（1）VHDL 设计实体的基本结构；
（2）VHDL 的语言要素；
（3）用 VHDL 实现各种类型电路及系统的方法；
（4）VHDL 设计流程；
（5）VHDL 的仿真。

教学安排：本章教学安排 8 学时。通过本章的学习，使读者熟悉 VHDL 设计实体的基本结构和 VHDL 的语言要素，进而掌握 VHDL 的编程方法，并使读者在第 2 章学习的基础上，进一步掌握 EDA 技术的 VHDL 文本输入设计法。

3.1 VHDL 设计实体的基本结构

一个完整的 VHDL 程序，或者说设计实体，是指能被 VHDL 综合器接受，并能作为一个独立的设计单元，即以元件形式存在的 VHDL 程序。这里所谓的"综合"，是将给定电路应实现的功能和实现此电路的约束条件（如速度、功耗、成本及电路类型等），通过计算机的优化处理，获得一个满足上述要求的设计方案。简单地说，"综合"就是依靠 EDA 工具软件，自动完成电路设计的整个过程。因此，VHDL 程序设计必须完全适应 VHDL 综合器的要求，使 VHDL 程序能够在 PLD 或专用集成电路（ASIC）中得到硬件实现。这里所谓的"元件"，既可以被高层次的系统调用，成为系统的一部分，也可以作为一个电路的功能块，独立存在和独立运行。

VHDL 设计实体的基本结构如图 3.1 所示。它由库（LIBRARY）、程序包（PACKAGE）、实体（ENTITY）、结构体（ARCHITECTURE）和配置（CONFIGURATION）等部分构成。其中，实体和结构体是设计实体的基本组成部分，它们可以构成最基本的 VHDL 程序。

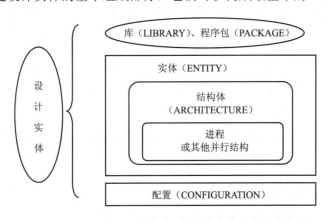

图 3.1 VHDL 设计实体的基本结构图

3.1.1 库、程序包

IEEE 于 1987 年和 1993 年先后公布了 VHDL 的 IEEE STD 1076-1987（即 VHDL 1987）、IEEE STD 1076-1993（即 VHDL 1993）和 IEEE STD 1076-2008（即 VHDL 2008）语法标准。根据 VHDL 语法规则，在 VHDL 程序中使用的文字、数据对象、数据类型都需要预先定义。为了方便用 VHDL 编程，IEEE 将预定义的数据类型、元件调用声明（Declaration）及一些常用子程序收集在一起，形成程序包，供 VHDL 设计实体共享和调用。若干个程序包则形成库，常用的库是 IEEE 标准库。因此，在每个设计实体开始都有打开库和程序包的语句。例如，语句：

```
LIBRARY IEEE;
USE IEEE.STD_LOGIC_1164.ALL;
```

表示设计实体中被描述器件的输入/输出端口和数据类型将要用到 IEEE 标准库中的 STD_LOGIC_1164 程序包。

3.1.2 实体

实体（ENTITY）是设计实体中的重要组成部分，是一个完整的、独立的语言模块。它相当于电路中的一个器件或电路原理图上的一个元件符号。实体由实体声明部分和结构体组成。实体声明部分指定了设计单元的输入/输出端口或引脚，它是设计实体对外的一个通信界面，是外界可以看到的部分。结构体用来描述设计实体的逻辑结构和逻辑功能，它由 VHDL 语句构成，是外界看不到的部分。一个实体可以拥有一个或多个结构体。

实体声明部分的语句格式为（语句后面用"--"引导的是注释信息）：

```
ENTITY 实体名 IS
        GENERIC(类属表);           --类属参数声明
        PORT(端口表);              --端口声明
    END 实体名;
```

其中，类属参数声明必须放在端口声明之前，用于指定如矢量位数、器件延迟时间等参数。例如：

```
GENERIC(m: TIME:=1 ns):
```

声明 m 是一个值为 1ns 的时间参数。这样，在程序中，语句

```
tmp1<=d0 AND se1 AFTER m:
```

表示 d0 AND se1 经 1ns 延迟后才送到 tmp1。

端口声明是描述器件的外部接口信号的声明，相当于器件的引脚声明。端口声明语句格式为：

```
PORT (端口名,端口名,……: 方向 数据类型名;
 ……
    端口名,端口名,……: 方向 数据类型名);
```

例如：

```
PORT (a,b: IN STD_LOGIC;        --声明a、b是标准逻辑位类型的输入端口
      s: IN STD_LOGIC;          --声明s是标准逻辑位类型的输入端口
      y: OUT STD_LOGIC);        --声明y是标准逻辑位类型的输出端口
```

端口方向包括：

IN——输入，原理图符号如图 3.2（a）所示。

OUT——输出，原理图符号如图 3.2（b）所示。

INOUT——双向，既可作为输入也可作为输出，原理图符号如图3.2（c）所示。

BUFFER——具有读功能的输出，原理图符号如图 3.2（d）所示。图 3.2（e）给出一个 BUFFER 端口的图例子，它是一个触发器的输出，同时可将它的信号读出送到与门的输入端。

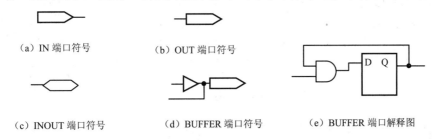

(a) IN 端口符号　　(b) OUT 端口符号

(c) INOUT 端口符号　　(d) BUFFER 端口符号　　(e) BUFFER 端口解释图

图3.2　各种端口的原理图符号及解释图

计数器设计时，一般需要使用 BUFFER 类型输出端口。对于加法计数器来说，当计数脉冲到来时，输出状态加1，即 Q = Q + 1（Q 为计数器的输出端口），表示计数器的输出应具有读功能。

3.1.3　结构体

结构体（ARCHITECTURE）用来描述设计实体的内部结构和实体端口之间的逻辑关系，在电路上相当于器件的内部电路结构。结构体由信号声明部分和功能描述语句部分组成。信号声明部分用于结构体内部使用的信号名称及信号类型的声明；功能描述部分用来描述实体的逻辑行为。

结构体语句格式为：

```
ARCHITECTURE 结构体名 OF 实体名 IS
[信号声明语句];            --为内部信号名称及类型声明
BEGIN
[功能描述语句]
END ARCHITECTURE 结构体名；
```

例如，设 a、b 是或非门的输入端口，z 是输出端口，y 是结构体内部信号，则用 VHDL 描述的两输入端或非的结构体为：

```
ARCHITECTURE nor1 OF temp1 IS
SIGNAL y: STD_LOGIC;
BEGIN
    y<=a OR b;
    z<=NOT y;
END ARCHITECTURE nor1;
```

说明："nor1"是结构体名，用于区分设计实体中的不同结构体，结构体结束语句"END ARCHITECTURE nor1;"可以省略为"END nor1;"或"END;"。另外，VHDL 程序中的标点符号全部是半角符号，使用全角标点符号被视为非法。

3.1.4　配置

配置（CONFIGURATION）用来把特定的结构体关联到（指定给）一个确定的实体，为一个大型系统的设计提供管理和工程组织。

3.1.5 基本逻辑器件的 VHDL 描述

在对 VHDL 的设计实体结构有一定了解后，通过以下几个基本逻辑器件的 VHDL 描述示例，使读者对 VHDL 程序设计有初步的理解。

【例3.1】或门的描述。

图 3.3 是根据端口的原理图符号规则画出的 2 输入端或门的逻辑符号，其中 a、b 是输入信号，y 是输出信号，输出与输入的逻辑关系表达式为

$$y = a + b \tag{3.1}$$

在 VHDL 语法中，或运算符号是"OR"，赋值符号是"<="，因此在 VHDL 程序中，式（3.1）应写为

$$y <= a \text{ OR } b \tag{3.2}$$

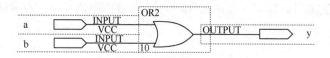

图 3.3 或门逻辑符号

下面是按照 VHDL 语法规则编写出来的或门设计电路的 VHDL 源程序，或者称为"或门的 VHDL 描述"。它是一个完整的、独立的语言模块，相当于电路中的一个"或"器件或电路原理图上的一个"或"元件符号。它能够被 VHDL 综合器接受，形成一个独立存在和独立运行的元件，也可以被高层次的系统调用，成为系统中的一部分。

```
LIBRARY IEEE;
USE IEEE.STD_LOGIC_1164.ALL;        --IEEE 库使用声明
ENTITY or1 IS
PORT (a,b: IN STD_LOGIC;            --实体端口声明
      y: OUT STD_LOGIC);
END or1;
ARCHITECTURE example1 OF or1 IS
BEGIN
    y<=a OR b;                      --结构体功能描述语句
END example1;
```

【例3.2】半加器的描述。

半加器的逻辑图如图 3.4 所示，其中 a、b 是输入信号，so、co 是输出信号。用 VHDL 语法规则推导出输出信号与输入信号之间的逻辑表达式为：

$$so <= a \text{ XOR } b$$
$$co <= a \text{ AND } b$$

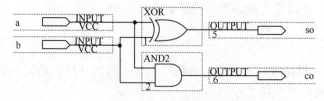

图 3.4 半加器的逻辑图

半加器的 VHDL 描述为：
```
LIBRARY IEEE;
USE IEEE.STD_LOGIC_1164.ALL;
ENTITY h_adder IS
PORT (a,b: IN STD_LOGIC;
         so,co: OUT STD_LOGIC);
END h_adder ;
ARCHITECTURE example2 OF h_adder IS
  BEGIN
so<=a XOR b;
     co<=a AND b;
END example2;
```

VHDL 有多种描述风格，按照原理图的结构进行的描述属于 VHDL 的结构描述风格。结构描述可以从最基本的元件描述开始，然后用结构描述方式将这些基本元件组合起来，形成一个小系统元件，再用结构描述或其他描述方式将一些小系统元件组合起来，形成复杂数字系统。

半加器电路的仿真波形如图 3.5 所示（本章的仿真波形采用 Quartus II 9.0 仿真得到）。在仿真波形中，输入波形的变化是需要经过一定的延迟时间后，才能到达输出端的。另外，从 so 的输出波形可以看到两个极窄的脉冲，这是组合逻辑电路的竞争-冒险现象。

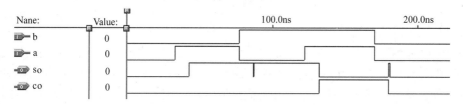

图 3.5 半加器电路的仿真波形

【例 3.3】2 选 1 数据选择器的描述。

2 选 1 数据选择器的逻辑符号如图 3.6 所示，其中 a、b 是数据输入信号，s 是控制输入信号，y 是输出信号。2 选 1 数据选择器的功能由表 3.1 给出。表中反映出数据选择器的功能是：如果 s=0 则 y=a，否则（s=1）y=b。用 VHDL 描述 y 与 s 和 a、b 之间的功能关系语句为：

```
y<=a WHEN s=0 ELSE
    b;
```

这是 VHDL 另一种描述风格，称为行为描述。行为描述只描述所设计电路的功能或电路行为，而没有直接指明或涉及实现这些行为的硬件结构。完整的 2 选 1 数据选择器的 VHDL 描述为：

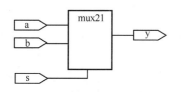

图 3.6 2 选 1 数据选择器的逻辑符号

表 3.1 2 选 1 数据选择器功能表

s	y
0	a
1	b

```
LIBRARY IEEE;
USE IEEE.STD_LOGIC_1164.ALL;
ENTITY mux21 IS
PORT (a,b: IN STD_LOGIC;
        s: IN STD_LOGIC;
        y: OUT STD_LOGIC);
END mux21;
ARCHITECTURE example3 OF mux21 IS
  BEGIN
    y<=a WHEN s='0' ELSE
        b;
END example3;
```

2 选 1 数据选择器的仿真波形如图 3.7 所示。

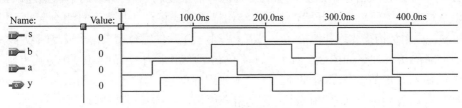

图 3.7　2 选 1 数据选择器的仿真波形

【例 3.4】锁存器的描述。

上面列举了组合逻辑电路的 VHDL 描述示例，下面以锁存器为例，让读者对时序逻辑电路的 VHDL 描述有一定的了解。1 位数据锁存器的逻辑符号如图 3.8 所示，其中 d 是数据输入信号，ena 是使能信号（或称时钟信号），q 是输出信号。锁存器的功能是：如果 ena=1，则 q=d；否则（即 ena=0）q 保持原来状态不变。

用 VHDL 描述锁存器功能的语句是：

```
IF ena='1' THEN
q<=d;
END IF;
```

完整的锁存器 VHDL 描述如下：

```
LIBRARY IEEE;
USE IEEE.STD_LOGIC_1164.ALL;
ENTITY latch1 IS
PORT ( d   :IN STD_LOGIC;
       ena :IN STD_LOGIC;
       q   :OUT STD_LOGIC);
END latch1;
ARCHITECTURE example4 OF latch1 IS
BEGIN
  PROCESS (d,ena)
      BEGIN
        IF ena='1' THEN
           q<=d;
        END IF;
  END PROCESS;
END example4;
```

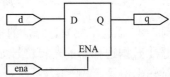

图 3.8　1 位数据锁存器的逻辑符号

在这个程序的结构体中,用了一个进程(PROCESS)来描述锁存器的行为,其中,输入信号 d 和 ena 是进程的敏感信号,当它们中的任何一个信号发生变化时,进程中的语句就要重复执行一次。

锁存器电路的仿真波形如图 3.9 所示。在仿真波形中,输出 q 的初始输出波形是模糊的,表示锁存器的初态为未知状态,输入 ena 是进程的敏感信号,当 ena 发生变化时,输出 q 才能得到一个确定的状态值。

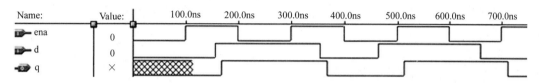

图 3.9 锁存器电路的仿真波形

3.2 VHDL 语言要素

VHDL 具有计算机编程语言的一般特性,其语言要素是编程语句的基本元素。准确无误地理解和掌握 VHDL 语言要素的基本含义和用法,对正确地完成 VHDL 程序设计十分重要。

3.2.1 VHDL 文字规则

任何一种程序设计语言都规定了自己的一套符号和语法规则,程序就是用这些符号按照语法规则写成的。在程序中使用的符号若超出规定的范围或不按语法规则书写,都视为非法,计算机不能识别。与其他计算机高级语言一样,VHDL 也有自己的文字规则,在编程中需要认真遵循。

1. 数字型文字

数字型文字包括整数文字、实数文字、以数制基数表示的文字和物理量文字。

(1) 整数文字

整数文字由数字和下画线组成。例如,5、678、156E2 和 45_234_287(相当于 45 234 287)都是整数文字。其中,下画线用来将数字分组,便于读出。

(2) 实数文字

实数文字由数字、小数点和下画线组成。例如,188.993 和 88_670_551.453_909(相当于 88 670 551.453 909)都是实数文字。

(3) 以数制基数表示的文字

在 VHDL 中,允许使用十进制、二进制、八进制和十六进制等不同基数的数制文字。以数制基数表示的文字的格式为:

数制#数值#

例如:

```
10#170#;          --十进制数值文字
16#FE#;           --十六进制数值文字
2#11010001#;      --二进制数值文字
8#376#;           --八进制数值文字
```

（4）物理量文字

物理量文字用来表示时间、长度等物理量。例如，60s、100m 都是物理量文字。

2. 字符串文字

字符串文字包括字符和字符串。字符是以单引号括起来的数字、字母和符号。例如，'0'、'1'、'A'、'B'、'a'、'b'都是字符。字符串包括文字字符串和数值字符串。

（1）文字字符串

文字字符串是用双引号括起来的一维字符数组。例如，"ABC"、"A BOY."、"A"都是文字字符串。

（2）数值字符串

数值字符串也称为矢量，其格式为：

数制基数符号 "数值字符串";

例如：

```
B"111011110";     --二进制数数组，位矢量组长度是 9
O"15";            --八进制数数组，等效 B"001101"，位矢量组长度是 6
X"AD0";           --十六进制数数组，等效 B"101011010000"，位矢量组长度是 12
```

其中，B 表示二进制基数符号，O 表示八进制基数符号，X 表示十六进制基数符号。

3. 关键词

关键词是 VHDL 预先定义的单词，它们在程序中有不同的使用目的，例如，ENTITY（实体）、ARCHITECTURE（结构体）、TYPE（类型）、IS、END 等都是 VHDL 的关键词。VHDL 的关键词允许用大写字母或小写字母书写，也允许大、小写字母混合书写。

4. 标识符

标识符是用户给常量、变量、信号、端口、子程序或参数定义的名字。标识符命名规则是：以字母（大、小写均可）开头，后面跟若干个字母、数字或单个下画线，但最后不能为下画线。例如：

h_adder，mux21，example 为合法标识符；

2adder，_mux21，ful__adder，adder_ 为错误的标识符。

VHDL1993 标准支持扩展标识符，即以反斜杠来定界，允许以数字开头，允许使用空格及两个以上的下画线。例如，\74LS193\，\A BOY\等为合法的标识符。

5. 下标名

下标名用于指示数组型变量或信号的某一元素。下标名的格式为：

标识符(表达式);

例如，b(3)，a(m)都是下标名。

6. 段名

段名是多个下标名的组合。段名的格式为：

标识符（表达式 方向 表达式）

其中，方向包括：

```
TO              --表示下标序号由低到高
DOWNTO          --表示下标序号由高到低
```

例如：

```
D(7 DOWNTO 0)   --可表示数据总线 D_7～D_0
D(0 TO 7)       --可表示数据总线 D_0～D_7
```

3.2.2 VHDL 数据对象

VHDL 数据对象是指用来存放各种类型数据的容器，包括变量、常数和信号。

1. 变量

在 VHDL 语法规则中，变量（VARIABLE）是一个局部量，只能在进程（PROCESS）、函数（FUNCTION）和过程（PROCEDURE）中声明和使用。变量不能将信息带出对它定义的当前设计单元。变量的赋值是一种理想化的数据传输，即传输是立即发生的，不存在任何延时的行为。

任何变量都要声明后才能使用，变量声明的语法格式为：

  VARIABLE 变量名:数据类型[:=初始值];

例如，变量声明语句：

  VARIABLE a: INTEGER;
  VARIABLE b: INTEGER:=2;

分别声明变量 a、b 为整型变量，变量 b 赋有初值 2。

变量在声明时，可以赋初值，也可以不赋值，到使用时才用变量赋值语句赋值，因此，变量语句中的":=初始值"部分内容用方括号括起来表示任选。变量赋值语句的语法格式为：

  目标变量名:=表达式;

例如，下面在变量声明语句后，列出的都是变量赋值语句：

```
VARIABLE x,y: INTEGER;
VARIABLE a,b: BIT_VECTOR(0 TO 7);
x:=100;
y:=15+x;
a:= "10101011";
a(3 TO 6):= ('1','1','0','1');
a(0 TO 5):=b(2 TO 7);
```

2. 信号

信号（SIGNAL）是描述硬件系统的基本数据对象。它作为一种数值容器，不仅可以容纳当前值，也可以保持历史值，这一属性与触发器的记忆功能有很好的对应关系。信号又类似于连接线，可以作为设计实体中各并行语句模块间的信息交流通道。

信号要在结构体中声明后才能使用。信号声明语句的语法格式为：

  SIGNAL 信号名: 数据类型[:=初值];

例如，信号声明语句：

  SIGNAL temp: STD_LOGIC:=0;
  SIGNAL flaga,flagb: BIT;
  SIGNAL data: STD_LOOGIC_VECTOR(15 DOWNTO 0);

分别声明 temp 为标准逻辑位（STD_LOGIC）信号，初值为 0；flaga，flagb 为位（BIT）信号，未赋初值；data 为标准逻辑位矢量（STD_LOOGIC_VECTOR），矢量长度为 16。

当信号声明了数据类型后，在 VHDL 设计中就能对信号赋值了。信号赋值语句的格式为：

  目标信号名<=表达式;

例如：

  x<=9;

这里的表达式可以是一个运算表达式，也可以是数据对象（变量、信号或常数）。符号"<="表示赋值操作，即将数据信息传入。信号的数据传入不是即时的，它类似实际器件的数

据传送，即目标信号是需要一定延迟时间，才能接收到源信号的数据。为了给信息传输的先后具有符合逻辑的排序，VHDL 综合器在信号赋值时，自动设置一个微小的延迟量，或者在信号赋值语句中用关键词"AFTER"设置延迟量。例如：

```
z<=x AFTER 5ns;
```

信号与变量是有区别的。首先，它们声明的场合不同，变量在进程、函数和过程中声明，而信号在结构体中声明。其次，变量用":="号赋值，其赋值过程无时间延迟，而信号用"<="赋值，其赋值过程附加有时间延迟。请读者注意，在信号声明语句中，给信号赋初值的符号是":="。

3. 常数

常数（CONSTANT）的声明和设置主要是为了使设计实体中的常数更容易阅读和修改。例如，将代表数据总线矢量的位宽量声明为一个常数，随着器件功能的扩展，只要修改这个常数，就很容易修改矢量位宽，从而改变硬件的结构。常数一般在程序前部声明，在程序中，常数是一个恒定不变的值。常数声明格式为：

```
CONSTANT 常数名: 数据类型:=初值;
```

例如：

```
CONSTANT fbus: BIT_VECTOR(7 DOWNTO 0):="11010111";
CONSTANT Vcc: REAL:=5.0;
CONSTANT delay: TIME:=25ns;
```

都是为常数赋值的语句。

3.2.3 VHDL 数据类型

VHDL 是一种很注重数据类型的编程语言，对参与运算和赋值的数据对象的数据类型有严格的要求。因此，在数据对象的声明中，数据类型的声明是不可缺少的部分，而且在程序中，只有数据类型相同的量才能互相传递或赋值。VHDL 这种注重数据类型的特点，使得 VHDL 编译和综合工具很容易找出程序设计中常见的错误。

VHDL 的数据类型包括标量型、复合类型、存取类型和文件类型。

1. 标量型

标量型（Scalar Type）是单元素的最基本数据类型，通常用于描述一个单值的数据对象。标量型包括实数类型、整数类型、枚举类型和时间类型。

2. 复合类型

复合类型（Composite Type）可由最基本数据类型，如标量型复合而成。它包括数组型（Array）和记录型（Record）。

3. 存取类型

存取类型（Access Type）为给定的数据对象提供存取方式。

4. 文件类型

文件类型（Files Type）用于提供多值存取类型。

3.2.4 VHDL 的预定义数据类型

上述的 4 种数据类型可以作为预定义数据类型，存放在现成的程序包中，供程序设计时调用，也可以由用户自己定义。预定义的 VHDL 数据类型是 VHDL 最常用、最基本的数据类型，这些数据类型已在 IEEE 库中的标准程序包 STANDARD 和 STD_LOGIC_1164 及其他标准程序包中预先做了定义。下面介绍 VHDL 预定义的数据类型，这些数据类型都可在编程时调用。

1. BOOLEAN（布尔）数据类型

布尔数据类型包括 FALSE（假）和 TRUE（真）。它是以枚举类型预定义的枚举类型数据，其定义语句为：

```
TYPE BOOLEAN IS(FALSE,TRUE);
```

2. BIT（位）数据类型

位数据类型包括"0"和"1"，它们是二值逻辑中的两个值。其定义语句为：

```
TYPE BIT IS('0', '1');
```

3. BIT_VECTOR（位矢量）数据类型

位矢量是用双引号括起来的数字序列，如"0011"，X"00FD"等。位矢量数据类型的定义语句为：

```
TYPE BIT_VECTOR IS ARRAY(Natural Range<>) OF BIT;
```

其中，"<>"表示数据范围未定界。

在使用位矢量时，必须注明位宽，例如：

```
SIGNAL a: BIT_VECTOR(7 DOWNTO 0);
```

在此语句中，声明 a 由 a(7)～a(0)构成矢量，左为 a(7)，权值最高，右为 a(0)，权值最低。

4. CHARACTER（字符）数据类型

字符是用单引号括起来的 ASCII 码字符，如'A','a','0','9'等。字符数据类型的定义语句为：

```
TYPE CHARACTER IS（…,'0','1',…,'A','B',…）;
```

其中，圆括号中是用单引号括起来的 ASCII 码字符表中的全部字符，这里没有一一列出。

5. INTEGER（整数）数据类型

整数是 VHDL 标准库中预定义的数据类型。整数包括正整数、负整数和零。整数是 32 位的带符号数，因此，其数值范围是 -2 147 483 647～+2 147 483 647，即 $-(2^{31}-1)$～$+(2^{31}-1)$。

6. NATURAL（自然数）和 POSITIVE（正整数）数据类型

自然数是整数的一个子集，包括 0 和正整数。正整数也是整数的一个子集，它是不包括 0 的正整数。

7. REAL（实数）数据类型

实数是 VHDL 标准库中预定义的数据类型。它由正、负、小数点和数字组成，例如，-1.0，+2.5，-1.0E38 都是实数。实数的范围是：-1.0E+38～+1.0E+38。

8. STRING（字符串）数据类型

字符串也是 VHDL 标准库中预定义的数据类型。字符串是用双引号括起来的字符序列，也称字符矢量或字符串数组。例如，"A BOY."，"10100011"等是字符串。

9. TIME（时间）数据类型

时间是物理量数据，它由整数数据和单位两部分组成。时间 TIME 数据定义语句为：

```
TYPE TIME IS RANGE -2147483647 TO 2147483647
    units
        fs;              --飞秒，VHDL 中的最小时间单位
        ps=1000fs;       --皮秒
        ns=1000ps;       --纳秒
```

```
        us=1000ns;        --微秒
        ms=1000us;        --毫秒
        sec=1000ms;       --秒
        min=60sec;        --分
        hr=60min;         --时
        END units;
```

10. Severity Level（错误等级）

在 VHDL 标准库中，预定义了错误等级枚举数据类型。错误等级数据用于表征系统的状态，以及编译源程序时的提示。错误等级包括 NOTE（注意），WARNING（警告），ERROR（出错）和 FAILURE（失败）。

3.2.5 IEEE 预定义的标准逻辑位和矢量

在 IEEE 标准库的程序包 STD_LOGIC_1164 中，定义了两个非常重要的数据类型，即标准逻辑位 STD_LOGIC 和标准逻辑矢量 STD_LOGIC_VECTOR。在数字逻辑电路的描述中，经常用到这两种数据类型。

1. STD_LOGIC（标准逻辑位）数据类型

在 VHDL 中，标准逻辑位数据有 9 种逻辑值（即九值逻辑），它们是'U'（未初始化的）、'X'（强未知的）、'0'（强 0）、'1'（强 1）、'Z'（高阻态）、'W'（弱未知的）、'L'（弱 0）、'H'（弱 1）和'-'（忽略）。它们在 STD_LOGIC_1164 程序包中的定义语句如下：

```
        TYPE STD_LOGIC IS('U','X','0','1','Z','W','L','H','-');
```

注意：STD_LOGIC 数据类型中的数据是用大写字母定义的，使用中不能用小写字母代替。

2. STD_LOGIC_VECTOR（标准逻辑矢量）数据类型

标准逻辑矢量数据类型在数字电路中常用于表示总线。它们在 STD_LOGIC_1164 程序包中的定义语句如下：

```
        TYPE STD_LOGIC_VECTOR IS ARRAY(Natural Range<>) OF STD_LOGIC;
```

3.2.6 用户自定义数据类型方式

除了上述一些标准的预定义数据类型外，VHDL 还允许用户自己定义新的数据类型。用户自定义数据类型分为基本数据类型定义和子类型数据定义两种格式。基本数据类型定义的语句格式为：

```
        TYPE 数据类型名 IS 数据类型定义；
        TYPE 数据类型名 IS 数据类型定义 OF 基本数据类型；
```

子类型数据定义格式为：

```
        SUBTYPE 子类型名 IS 类型名 RANGE 低值 TO 高值；
```

用户自定义的数据类型可以有多种，如整数类型、枚举类型、时间类型、数组类型和记录类型等。例如，用户可以用如下的语句定义 week（星期）枚举类型数据：

```
        TYPE st1 IS ARRAY(0 TO 15) OF STD_LOGIC;
        TYPE week IS (sun,mon,tue,wed,thu,fri,sat);
```

3.2.7 VHDL 操作符

与传统的计算机程序设计语言一样，VHDL 各种表达式中的基本元素也是由不同的运算符号连接而成的。这里的基本元素称为操作数（Operands），运算符称为操作符（Operator）。操作数和操作符相结合就构成了 VHDL 中的算术运算表达式和逻辑运算表达式。VHDL 的操作符包括逻辑操作符（Logic Operator）、关系操作符（Relational Operator）、算术操作符（Arithmetic Operator）和符号操作符（Sign Operator）4 类。表 3.2 列出了 VHDL 各种操作符的类型、符号、功能和它们的操作数数据类型。

表 3.2 VHDL 操作符列表

类 型	操作符	功 能	操作数数据类型
算术操作符	+	加	整数
	-	减	整数
	&	并置	一维数组
	*	乘	整数和实数
	/	除	整数和实数
	MOD	取模	整数
	REM	求余	整数
	SLL	逻辑左移	BIT 或布尔型一维数组
	SRL	逻辑右移	BIT 或布尔型一维数组
	SLA	算术左移	BIT 或布尔型一维数组
	SRA	算术右移	BIT 或布尔型一维数组
	ROL	逻辑循环左移	BIT 或布尔型一维数组
	ROR	逻辑循环右移	BIT 或布尔型一维数组
	**	乘方	整数
	ABS	取绝对值	整数
关系操作符	=	等于	任何数据类型
	/=	不等于	任何数据类型
	<	小于	枚举与整数及对应的一维数组
	>	大于	枚举与整数及对应的一维数组
	<=	小于等于	枚举与整数及对应的一维数组
	>=	大于等于	枚举与整数及对应的一维数组
逻辑操作符	AND	与	BIT、BOOLEAN、STD_LOGIC
	OR	或	BIT、BOOLEAN、STD_LOGIC
	NAND	与非	BIT、BOOLEAN、STD_LOGIC
	NOR	或非	BIT、BOOLEAN、STD_LOGIC
	XOR	异或	BIT、BOOLEAN、STD_LOGIC
	NXOR	异或非	BIT、BOOLEAN、STD_LOGIC
	NOT	非	BIT、BOOLEAN、STD_LOGIC
符号操作符	+	正	整数
	-	负	整数

1. 算术操作符

算术操作符包括"+"（加）、"-"（减）、"&"（并置）、"*"（乘）、"/"（除）、"MOD"（取模）、"REM"（求余）、"SLL"（逻辑左移）、"SRL"（逻辑右移）、"SLA"（算术左移）、"SRA"（算术右移）、"ROL"（逻辑循环左移）、"ROR"（逻辑循环右移）、"**"（乘方）和"ABS"（取绝对值）。部分算术操作符的功能解释如下。

（1）&（并置）操作符

VHDL 中的并置运算操作符"&"用来完成一维数组的位扩展。例如，将两个 1 位一维数组 s1，s2 扩展为一个 2 位的一维数组的语句是：s<=s1& s2。

（2）MOD（取模）操作符

MOD 操作符完成取模运算，例如，表达式：

  10 MOD 3;

的结果为 3。

（3）REM（求余）操作符

REM 操作符用于得到整除运算的余数，例如，表达式：

  10 REM 3;

的结果为 1。

（4）SLL（逻辑左移）操作符

SLL 操作符表达式的格式为：

  操作数 SLL n;

其中，n 是移位的位数（其他移位操作符的格式均与 SLL 相同）。

SLL 控制操作数向左方向移位，在移位过程中，最低位（最右边的数）用"0"来补充，最高位（最左边的数）移出数据而丢失。例如，设操作数 A="11010001"，则语句：

  A SLL 1;

的结果为："10100010"。

（5）SRL（逻辑右移）操作符

SRL 控制操作数向右方向移位，在移位过程中，最高位（最左边的数）用"0"来补充，最低位（最右边的数）移出数据而丢失。例如，设操作数 A="11010001"，则语句：

  A SRL 1;

的结果为："01101000"。

（6）SLA（算术左移）操作符

SLA 操作符的功能与 SLL（逻辑左移）操作符相同。

（7）SRA（算术右移）操作符

SRA 控制操作数向右方向移位，在移位过程中，最高位（最左边的数）保持不变，并将其数值移向次低位，最低位（最右边的数）移出数据而丢失。例如，设操作数 A="11010001"，则语句：

  A SRA 1;

的结果为："11101000"。

（8）ROL（逻辑循环左移）操作符

ROL 控制操作数向左方向移位，在移位过程中，最低位（最右边的数）接收最高位（最左边的数）。例如，设操作数 A="11010001"，则语句：

  A ROL 1;

的结果为："10100011"。

（9）ROR（逻辑循环右移）操作符

ROR 控制操作数向右方向移位，在移位过程中，最高位（最左边的数）接收最低位（最右边的数）。例如，设操作数 A="11010001"，则语句：

```
A ROR 1;
```

的结果为："11101000"。

2．关系操作符

关系操作符包括"="（等于）、"/="（不等于）、"<"（小于）、">"（大于）、"<="（小于等于）和">="（大于等于）。关系操作符完成关系运算，其结果为布尔值（真或假），常用于流程控制语句（if、case、loop 等）中。

3．逻辑操作符

逻辑操作符包括"AND"（与）、"OR"（或）、"NAND"（与非）、"NOR"（或非）、"XOR"（异或）、"NXOR"（异或非）和"NOT"（非）。逻辑操作符完成各种不同的逻辑运算，它们构成数字电路与系统设计的基本语句。

4．符号操作符

符号操作符包括"+"（正）和"-"（负），它们代表整数数值的符号。

关于表 3.2 中列出的 VHDL 操作符的几点说明。

① 每种操作符都具有优先级，它们的优先级依次为：（ ）→（NOT，ABS，**）→（REM，MOD，/，*）→（+，-）→（关系运算符）→（逻辑运算符：XOR，NOR，NAND，OR，AND）。记住操作符的优先级是困难的，在包含多种操作符的表达式中，最好用圆括号（优先级最高）来区分运算的优先级。

② 要严格遵循操作数的数据类型必须与操作符要求的数据类型完全一致。

3.2.8　VHDL 的属性

VHDL 中预定义的属性描述语句有许多实际的应用，例如，对类型、子类型、过程、函数、信号、变量、常量、实体、结构体、配置、程序包、元件及语句标号等项目的特性进行检测或统计。在数字电路设计中，可用于检出时钟边沿、完成定时检查、获得未约束的数据类型的范围等。

表 3.3 列出 VHDL 常用的预定义的属性函数功能表。其中，综合器支持的有：LEFT、RIGHT、HIGH、LOW、RANGE、REVERS_RANGE、LENGTH、EVENT、STABLE。

表3.3　VHDL 常用的预定义的属性函数功能表

属　性　名	功能与含义	适　用　范　围
LEFT[(n)]	返回类型或子类型的左边界，用于数组时，n 表示二维数组行序号	类型、子程序
RIGHT[(n)]	返回类型或子类型的右边界，用于数组时，n 表示二维数组行序号	类型、子程序
HIGH[(n)]	返回类型或子类型的上限值，用于数组时，n 表示二维数组行序号	类型、子程序
LOW[(n)]	返回类型或子类型的下限值，用于数组时，n 表示二维数组行序号	类型、子程序
LENGTH[(n)]	返回类型或子类型的总长度（范围个数），用于数组时，n 表示二维数组行序号	数组
STRUCTURE[(n)]	如果块或结构体只含有元件具体装配语句或被动进程时，属性'STRUCTURE 返回 TRUE	块、结构
BEHAVIOR	如果由块标志指定块或构造名指定结构体，又不含有元件具体装配语句，则属性'BEHAVIOR 返回 TRUE	块、结构

(续表)

属 性 名	功能与含义	适用范围
POS(value)	参数 value 的位置序号	枚举类型
VAL(value)	参数 value 的位置值	枚举类型
SUCC(value)	比 value 的位置序号大的一个相邻位置值	枚举类型
PRED(value)	比 value 的位置序号小的一个相邻位置值	枚举类型
LEFTOF(value)	在 value 左边位置的相邻值	枚举类型
RIGHTOF(value)	在 value 右边位置的相邻值	枚举类型
EVENT	如果当前的 Δ 期间内发生了事件，则返回 TRUE，否则返回 FALSE	信号
ACTIEV	如果当前的 Δ 期间内信号有效，则返回 TRUE，否则返回 FALSE	信号
LAST_EVENT	从信号最近一次的发生至今所经历的时间	信号
LAST_VALUE	最近一次事件发生之前的信号值	信号
LAST_ACTIVE	返回自信号前面一次事件处理至今所经历的时间	信号
DELAYED[(time)]	建立与参考信号同类型的信号，该信号紧跟在参考信号之后，并有一个可选的时间表达式指定的延迟时间	信号
STABLE[(time)]	当在可选的时间表达式指定的时间内信号无事件时，该属性建立一个值为 TRUE 的布尔型信号	信号
QUIET[(time)]	当参考信号在可选的时间内无事项处理时，该属性建立一个为 TRUE 的布尔型信号	信号
TRANSACTION	在此信号上有事件发生或每个事项处理中，它的值翻转时，该属性建立一个 BIT 型的信号（信号有效时，重复返回 0 和 1 的值）	信号
RANGE[(n)]	返回按指定排序范围，参数 n 指定二维数组的第 n 行	数组
REVERSE_RANGE[(n)]	返回按指定逆序范围，参数 n 指定二维数组的第 n 行	数组

预定义的属性描述语句的格式为：

  属性测试项目名'属性标识符

其中，属性测试项目即属性对象，可用相应的标识符表示；属性标识符是列于表 3.3 中的有关属性名。例如，对于定义的一个范围为 9 到 0 的整型数 number，可用如下属性描述语句测试它的相关属性值：

```
TYPE number IS INTEGER RANGE 9 DOWNTO 0;
I:=number'LEFT;        --返回 number 的左边界, I=9
I:=number'RIGTH;       --返回 number 的右边界, I=0
I:=number'HIGH;        --返回 number 的上限值, I=9
I:=number'LOW;         --返回 number 的下限值, I=0
```

  在对数字逻辑电路的描述中，信号类属性测试尤其重要。例如，属性 EVENT 用来对当前的一个极小的时间段内发生事件的情况进行检测，常用于时序逻辑电路中对时钟的边沿的测试。假设 clock 是电路的时钟信号，则语句 "clock'EVENT;" 表示检测 clock 当前的一个极小的时间段内发生事件，即时钟信号的边沿。而语句 "clock'EVENT AND clock='1'" 表示检测 clock 的上升沿；"clock'EVENT AND clock='0'" 表示检测 clock 的下降沿。

  另外，属性 LAST_EVENT 是用来对从信号最近一次的发生至今所经历的时间的测试，常用于检查定时时间、建立时间、保持时间和脉冲宽度等。

3.3 VHDL 的顺序语句

  VHDL 的基本描述语句包括顺序语句（Sequential Statements）和并行语句（Concurrent

Statements)。在数字逻辑电路系统设计中,这些语句从多侧面完整地描述了系统的硬件结构和基本逻辑功能。

顺序语句只能出现在进程(PROCESS)、过程(PROCEDURE)和函数(FUNCTION)中,其特点与传统的计算机编程语句类似,按程序书写的顺序自上而下、一条一条地执行。利用顺序语句可以描述数字逻辑系统中的组合逻辑电路和时序逻辑电路。VHDL 的顺序语句有赋值语句、流程控制语句、WAIT 语句、断言语句、空操作语句和子程序调用语句 6 类。

3.3.1 赋值语句

赋值语句的功能是将一个值或一个表达式的运算结果传递给某一个数据对象,如变量、信号或它们组成的数组。

1. 变量赋值语句

变量赋值语句的格式为:

    目标变量名:=赋值源(表达式);

例如,x:=5.0;。

2. 信号赋值语句

信号赋值语句的格式为:

    目标信号名<=赋值源;

例如,y<='1';。

信号赋值语句可以出现在进程或结构体中,若出现在进程或子程序中,则是顺序语句;若出现在结构体中,则是并行语句。

对于数组元素赋值,可以采用下列格式:

```
SIGNAL a,b:STD_LOGIC_VECTOR(1 TO 4);
     a<="1101";              --为信号 a 整体赋值
     a(1 TO 2)<= "10";       --为信号 a 中的部分位赋值
     a(1 TO 2)<=b(2 TO 3);
```

3.3.2 流程控制语句

流程控制语句通过条件控制来决定是否执行一条语句或几条语句、重复执行一条语句或几条语句,或者跳过一条语句或几条语句。流程控制语句有 IF 语句、CASE 语句、LOOP 语句、NEXT 语句和 EXIT 语句 5 种。

1. IF 语句

IF 语句的格式有 3 种。

格式 1 为:
```
IF 条件句 Then
顺序语句;
END IF;
```

格式 2 为:
```
IF 条件句 Then
顺序语句;
ELSE
顺序语句;
END IF;
```

格式 3 为:
```
IF 条件句 Then
顺序语句;
ELSIF 条件句 Then
顺序语句;
……;
ELSE
顺序语句;
END IF;
```

IF 语句中至少应有 1 个条件句，条件句必须由 BOOLEAN 表达式构成。IF 语句根据条件句产生的判断结果 TRUE 或 FALSE，有条件地选择执行其后的顺序语句。

【例 3.5】用 VHDL 语言描述图 3.10 所示的硬件电路。

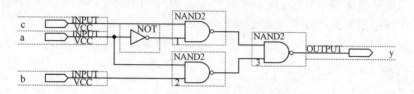

图 3.10 例 3.5 的硬件实现电路

图 3.10 所示的硬件电路的 VHDL 描述如下：
```
LIBRARY IEEE;
USE IEEE.STD_LOGIC_1164.ALL;
ENTITY control1 IS
PORT(a,b,c: IN BOOLEAN;
          y:OUT BOOLEAN);
END control1;
ARCHITECTURE example5 OF control1 IS
  BEGIN
       PROCESS(a,b,c)
          VARIABLE n: BOOLEAN;
       BEGIN
          IF a THEN n:=b
            ELSE
             N:=c;
          END IF;
          y<=n;
     END PROCESS;
END example5;
```

在本例的结构体中，用了一个进程来描述图 3.10 所示的硬件电路，其中，输入信号 a、b、c 是进程的敏感信号。进程中 IF 语句的条件是信号 a，它属于 BOOLEAN 类型，其值只有 TRUE 和 FALSE 两种。如果 a 为 TRUE（真）时，执行"n:=b"语句，为 FALSE（假）时，则执行"n:=c"语句。n 是在进程中声明的 BOOLEAN 型变量。

【例 3.6】8 线-3 线优先编码器的设计。

8 线-3 线优先编码器的功能见表 3.4。$a_0 \sim a_7$ 是 8 个信号输入端，a_7 的优先级最高，a_0 的优先级最低。当 a_7 有效时（低电平 0），其他输入信号无效，编码输出 $y_2y_1y_0$=111（a_7 输入的编码）；如果 a_7 无效（高电平 1），而 a_6 有效，则 $y_2y_1y_0$= 110（a_6 输入的编码）；其余类推。在传统的电路设计中，优先编码器的设计是一个相对困难的课题，而采用 VHDL 的 IF 语句，此类难题迎刃而解，充分体现了硬件描述语言在数字电路设计方面的优越性。

表 3.4 8 线-3 线优先编码器的功能表

输入								输出		
a0	a1	a2	a3	a4	a5	a6	a7	y2	y1	y0
×	×	×	×	×	×	×	0	1	1	1
×	×	×	×	×	×	0	1	1	1	0

(续表)

输入									输出		
a0	a1	a2	a3	a4	a5	a6	a7		y2	y1	y0
×	×	×	×	×	×	0	1		1	0	1
×	×	×	×	×	0	1	1		1	0	0
×	×	×	×	0	1	1	1		0	1	1
×	×	×	0	1	1	1	1		0	1	0
×	×	0	1	1	1	1	1		0	0	1
×	0	1	1	1	1	1	1		0	0	0
0	1	1	1	1	1	1	1		0	0	0

8 线-3 线优先编码器设计电路的 VHDL 源程序 coder.vhd 如下：

```
LIBRARY IEEE;
USE IEEE.STD_LOGIC_1164.ALL;
ENTITY coder IS
PORT(a: IN STD_LOGIC_VECTOR(7 DOWNTO 0);
     y: OUT STD_LOGIC_VECTOR(2 DOWNTO 0));
END coder;
ARCHITECTURE example6 OF coder IS
  BEGIN
    PROCESS (a)
    BEGIN
      IF    (a(7)='0') THEN y<="111";
      ELSIF (a(6)='0') THEN y<="110";
      ELSIF (a(5)='0') THEN y<="101";
      ELSIF (a(4)='0') THEN y<="100";
      ELSIF (a(3)='0') THEN y<="011";
      ELSIF (a(2)='0') THEN y<="010";
      ELSIF (a(1)='0') THEN y<="001";
      ELSIF (a(0)='0') THEN y<="000";
      ELSE              y<="000";
      END IF;
END PROCESS;
END example6;
```

2．CASE 语句

CASE 语句根据表达式的值，从多项顺序语句中选择满足条件的一项执行。CASE 语句的格式为：

```
CASE 表达式 IS
When 选择值 =>顺序语句；
When 选择值 =>顺序语句；
......
When OTHERS =>顺序语句；
END CASE；
```

执行 CASE 语句时，首先计算表达式的值，然后执行在条件句中找到的"选择值"与其值相同的"顺序语句"。当所有的条件句的"选择值"与表达式的值不同时，则执行"OTHERS"后的"顺序语句"。条件句中的"=>"不是操作符，它只相当于"THEN"的作用。

【例 3.7】 用 CASE 语句描述 4 选 1 数据选择器。4 选 1 数据选择器的逻辑符号如图 3.11 所示，其逻辑功能见表 3.5。由表 3.5 可知，数据选择器在控制输入信号 s1 和 s2 的控制下，使输入数据信号 a、b、c、d 中的一个被选中传送到输出。s1 和 s2 有 4 种组合值，可以用 CASE

语句实现其功能。

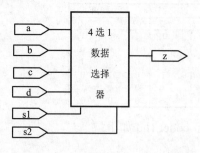

表 3.5　4 选 1 数据选择器功能

s1	s2	z
0	0	a
0	1	b
1	0	c
1	1	d

图 3.11　4 选 1 数据选择器的逻辑符号

4 选 1 数据选择器电路设计的 VHDL 源程序 mux41.vhd 如下：

```
LIBRARY IEEE;
USE IEEE.STD_LOGIC_1164.ALL;
ENTITY mux41 IS
PORT(s1,s2: IN STD_LOGIC;
        a,b,c,d: IN STD_LOGIC;
        z: OUT STD_LOGIC);
END mux41;
ARCHITECTURE example7 OF mux41 IS
SIGNAL s: STD_LOGIC_VECTOR(1 DOWNTO 0);
  BEGIN
        s<=s1&s2;                    --将 s1 和 s2 并为 s
    PROCESS(s1,s2,a,b,c,d)
        BEGIN
            CASE s IS
                WHEN "00"=>z<=a;
                WHEN "01"=>z<=b;
                WHEN "10"=>z<=c;
                WHEN "11"=>z<=d;
                WHEN OTHERS=>z<='X';--当 s 的值不是选择值时，z 作未知处理
            END CASE;
    END PROCESS;
END example7;
```

3. LOOP 语句

LOOP 是循环语句，它可以使一组顺序语句重复执行，执行的次数由设定的循环参数确定。LOOP 语句有 3 种格式，每种格式都可以用"标号"来给语句定位，但也可以不使用，因此，用方括号将"标号"括起来，表示它为任选项。

（1）FOR_LOOP 语句

FOR_LOOP 语句的语法格式为：

```
[标号:] FOR 循环变量 IN 范围 LOOP
顺序语句组;              --循环体
END LOOP[标号];
```

FOR_LOOP 循环语句适用于循环次数已知的程序设计。语句中的循环变量是一个临时变量，属于 LOOP 语句的局部变量，不必事先声明。这个变量只能作为赋值源，而不能被赋值，

它由 LOOP 语句自动声明。使用时应当注意，在 LOOP 语句范围内不要使用与其同名的其他标识符。

在 FOR_LOOP 语句中，用 IN 关键词指出循环的次数（即范围）。循环范围有两种表示方法：其一为"初值 TO 终值"，要求初值小于终值；其二为"初值 DOWNTO 终值"，要求初值大于终值。

FOR_LOOP 语句中的循环体由一条语句或多条顺序语句组成，每条语句后用";"结束。

FOR_LOOP 循环的操作过程是：循环从循环变量的"初值"开始，到"终值"结束，每执行 1 次循环体中内的顺序语句后，循环变量的值递增或递减 1。由此可知，循环的次数为

$$循环次数=|终值-初值|+1$$

【例 3.8】8 位奇偶校验器的描述。

本例用 a 表示输入信号，它是一个长度为 8 的标准逻辑位矢量。在程序中，用 FOR_LOOP 语句对 a 的值逐位进行模 2 加（即异或 XOR）运算，循环变量 n 控制模 2 加的次数。循环变量的初值为 0，终值为 7，因此，循环共执行了 8 次。8 位奇偶校验器设计电路的 VHDL 源程序 p_check.vhd 如下：

```
LIBRARY IEEE;
USE IEEE.STD_LOGIC_1164.ALL;
ENTITY p_check IS
    PORT(a:IN STD_LOGIC_VECTOR(7 DOWNTO 0);
         y:OUT STD_LOGIC);
END p_check;
ARCHITECTURE example8 OF p_check IS
  BEGIN
    PROCESS(a)
      VARIABLE temp:STD_LOGIC;
      BEGIN
        temp:='0';
        FOR n IN 0 TO 7 LOOP
          temp:=temp XOR a(n);
        END LOOP;
        y<=temp;
    END PROCESS;
END example8;
```

8 位奇偶校验器的仿真波形如图 3.12 所示。在仿真波形图中，输出 y 的波形出现了一些"毛刺"现象，这是因为输入发生变化时，产生竞争-冒险现象的结果。例如，当 8 位输入信号为 01H（即"00000001"）和 02H（即"00000010"）时，电路检测到输入"1"的个数都是奇数，输出 y=1。但输入状态从"00000001"状态变化到"00000010"状态时，可能出现瞬间"00000000"状态或"00000011"状态，此时电路检测到输入"1"的个数是偶数，因而使输出 y 出现了瞬间为低电平的毛刺。

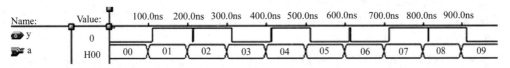

图 3.12　8 位奇偶校验器的仿真波形

(2) WHILE_LOOP 语句

WHILE_LOOP 语句的语法格式为：

  [标号：] WHILE 循环控制条件 LOOP

  顺序语句；--循环体

  END LOOP[标号]；

与 FOR_LOOP 循环不同的是，WHILE_LOOP 循环并没有给出循环次数，没有自动递增循环变量的功能，而只是给出循环执行顺序语句的条件。这里的循环控制条件可以是任何布尔表达式，如 a=0、a>b 等。当条件为 TRUE 时，继续循环；为 FALSE 时，跳出循环，执行"END LOOP"后的语句。用 WHILE_LOOP 语句实现例 3.8 奇偶校验器的描述如下：

```
LIBRARY IEEE;
USE IEEE.STD_LOGIC_1164.ALL;
ENTITY p_check_1 IS
PORT (a: IN STD_LOGIC_VECTOR(7 DOWNTO 0);
          y: OUT STD_LOGIC);
END p_check_1;
ARCHITECTURE example8 OF p_check_1 IS
  BEGIN
    PROCESS(a)
      VARIABLE temp:STD_LOGIC;
      VARIABLE n   :INTEGER;
        BEGIN
           temp:='0';
             n:=0;
              WHILE n<8 LOOP
                temp:=temp XOR a(n);
                   n:=n+1;
              END LOOP;
             y<= temp;
    END PROCESS;
END example8;
```

(3) 单个 LOOP 语句

单个 LOOP 语句的语法格式为：

  [标号：] LOOP

    顺序语句； --循环体

    END LOOP[标号]；

这是最简单的 LOOP 语句循环方式，它的循环方式需要引入其他控制语句（如 NEXT、EXIT 等）后才能确定。

4. NEXT 语句

NEXT 语句主要用在 LOOP 语句执行中，进行有条件或无条件的转向控制。其语法格式为：

  NEXT [标号][WHEN 条件表达式]；

根据 NEXT 语句中的可选项，有 3 种 NEXT 语句格式。

格式 1：NEXT；

这是无条件结束本次循环语句，当 LOOP 内的顺序语句执行到 NEXT 语句时，即无条件终止本次循环，跳回到循环体的开始位置，执行下一次循环。

格式 2：NEXT LOOP 标号；

这种语句格式功能与 NEXT 语句的功能基本相同，区别在于结束本次循环时，跳转到"标号"规定的位置继续循环。

格式 3：NEXT WHEN 条件表达式；

这种语句的功能是，当"条件表达式"的值为 TRUE 时，才结束本次循环，否则继续循环。

5. EXIT 语句

EXIT 语句主要用在 LOOP 语句执行中，进行有条件或无条件的跳转控制。其语法格式为：
EXIT [标号][WHEN 条件]；

根据 EXIT 语句中的可选项，有 3 种 EXIT 语句格式。

格式 1：EXIT；

这是无条件结束本次循环语句，当 LOOP 内的顺序语句执行到 EXIT 语句时，即无条件跳出循环，执行 END LOOP 语句下面的顺序语句。

格式 2：EXIT 标号；

这种语句格式的功能与 EXIT 语句的功能基本相同，区别在于跳出循环时，转到"标号"规定的位置执行顺序语句。

格式 3：EXIT WHEN 条件表达式；

这种语句的功能是，当"条件表达式"的值为 TRUE 时，才跳出循环，否则继续循环。

注意：EXIT 语句和 NEXT 语句的区别。EXIT 语句用来从整个循环中跳出而结束循环；而 NEXT 语句用来结束循环执行过程的某一次循环，重新执行下一次循环。

3.3.3 WAIT 语句

WAIT 语句在进程（包括过程）中，用来将程序挂起暂停执行，直到满足此语句设置的结束挂起条件后，才重新执行程序。WAIT 语句的语法格式为：

```
WAIT [ON 敏感信号表][ UNTIL 条件表达式][FOR 时间表达式];
```

根据 WAIT 语句中的可选项，有 4 种 WAIT 语句格式。

格式 1：WAIT；

这种语句未设置将程序挂起的结束条件，表示将程序永远挂起。

格式 2：WAIT ON 敏感信号表；

这种语句称为敏感信号挂起语句，其功能是将运行的程序挂起，直至敏感信号表中的任一信号发生变化时结束挂起，重新启动进程，执行进程中的顺序语句。例如：

```
SIGNAL s1,s2: STD_LOGIC;
PROCESS
       ...;
WAIT ON s1,s2;
END PROCESS;
```

注意：含 WAIT 语句的进程 PROCESS 的括号中不能再加敏感信号，否则是非法的。例如，在程序中写 PROCESS(s1,s2)是非法的。

格式 3：WAIT UNTIL 条件表达式；

这种语句的功能是，将运行的程序挂起，直至表达式中的敏感信号发生变化，而且满足表达式设置的条件时结束挂起，重新启动进程。例如：

```
WAIT UNTIL enable='1';
```

格式4：WAIT FOR 时间表达式；

这种 WAIT 语句格式称为超时等待语句，在此语句中声明了一个时间段，从执行到当前的 WAIT 语句开始，在此时间段内，进程处于挂起状态，当超过这一时间段后，进程自动恢复执行。

3.3.4 ASSERT（断言）语句

ASSERT 语句只能在 VHDL 仿真器中使用，用于在仿真、调试程序时的人机对话。ASSERT 语句的语法格式为：

```
ASSERT 条件表达式 [ REPORT 字符串][ SEVERITY 错误等级];
```

ASSERT 语句的功能是：当条件为 TRUE 时，向下执行另一个语句；条件为 FALSE 时，则输出"字符串"信息并指出"错误等级"。例如：

```
ASSERT (S='1' AND R='1')
    REPORT "Both values of S and R are equal '1'"
    SEVERITY ERROR;
```

语句中的错误等级包括：**NOTE**（注意），**WARNING**（警告），**ERROR**（出错）和 **FAILURE**（失败）。

3.3.5 NULL（空操作）语句

空操作语句的格式为：

```
NULL;
```

NULL 语句不完成任何操作，它可以作为跨入下一步执行语句的缓冲。例如，在 CASE 语句中，可以用 NULL 语句来替代 CASE 语句其他条件下不必要的操作。在例 3.7 中使用了如下 CASE 语句：

```
CASE s IS
    WHEN "00"=>z<=a;
    WHEN "01"=>z<=b;
    WHEN "10"=>z<=c;
    WHEN "11"=>z<=d;
    WHEN OTHERS=>z<='X';
END CASE;
```

语句中用"WHEN OTHERS=>z<='X';"语句来处理 CASE 语句其他条件下不必要的操作，该语句也可以用如下空操作语句代替：

```
WHEN OTHERS => NULL;
```

3.4 并行语句

并行语句在 VHDL 与传统的计算机编程语言的区别中，是最具有特色的语句结构。在 VHDL 中，并行语句有多种语句结构，各种并行语句在结构体中的执行是同步进行的，或者说是并行运行的，其执行方式与语句书写的顺序无关。在执行中，并行语句之间可以有信息往来，也可以互为独立、互不相干。

并行语句主要有并行信号赋值语句（Concurrent Signal Assignments）、进程语句（Process Statement）、块语句（Block Statement）、条件信号赋值语句（Selected Signal Assignments）、元件例化语句（Component Instantiations）、生成语句（Generate Statement）和并行过程调用语句

（Concurrent Procedure Calls）7 种。一个结构体中各种并行语句如图 3.13 所示，这些语句不必同时存在，每个语句模块都可以独立运行，并可以用信号来交换信息。

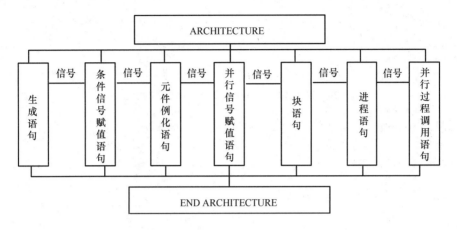

图 3.13 结构体中的并行语句模块

3.4.1 PROCESS（进程）语句

PROCESS 结构是最具有 VHDL 语言特色的语句。进程语句是由顺序语句组成的，但其本身却是并行语句，由于它的并行行为和顺序行为的双重特性，所以使它成为 VHDL 程序中使用最频繁和最能体现 VHDL 风格的一种语句。PROCESS 语句在结构体中使用的格式分为带敏感信号参数表格式和不带敏感信号参数表格式两种。带敏感信号参数表的 PROCESS 语句格式为：

```
[进程标号:]PROCESS [(敏感信号参数表)] [IS]
[进程声明部分]
        BEGIN
顺序描述语句；
END PROCESS [进程标号];
```

这种进程语句格式中有一个敏感信号表，表中列出的任何信号的改变，都将启动进程，使进程内相应的顺序语句被执行一次。用 VHDL 描述的硬件电路的全部输入信号都可以作为敏感信号，为了使 VHDL 的软件仿真与综合和硬件仿真对应起来，应当把进程中所有输入信号都列入敏感信号表中。

不带敏感信号参数表的 PROCESS 语句格式为：

```
[进程标号:]PROCESS [IS]
[进程声明部分]
        BEGIN
            WAIT 语句；
顺序描述语句；
END PROCESS [进程标号];
```

在这种进程语句格式中，包含了 WAIT 语句，因此不能再设置敏感信号参数表，否则将存在语法错误。

【例 3.9】异步清除十进制加法计数器的描述。

异步清除是指复位信号有效时，直接将计数器的状态清零。在本例中，复位信号是 clr，低电平有效；时钟信号是 clk，上升沿是有效边沿。在 clr 清除信号无效的前提下，当 clk 的上升沿到来时，如果计数器原态是 9（"1001"），计数器回到 0（"0000"）态，否则计数器的状态将加 1。计数器的 VHDL 描述如下：

```
LIBRARY IEEE;
USE IEEE.STD_LOGIC_1164.ALL;
ENTITY cnt10y IS
PORT(clr:IN STD_LOGIC;
     clk:IN STD_LOGIC;
     cnt:BUFFER INTEGER RANGE 9 DOWNTO 0);
END cnt10y;
ARCHITECTURE example9 OF cnt10y IS
BEGIN
PROCESS(clr,clk)
    BEGIN
        IF clr='0' THEN cnt<=0;
        ELSIF clk'EVENT AND clk='1' THEN
          IF (cnt=9) THEN
             cnt<=0;
          ELSE
             cnt<=cnt+1;
          END IF;
        END IF;
    END PROCESS;
END example9;
```

异步清除十进制加法计数器的仿真波形如图 3.14 所示，从波形图中可以看到，计数器的异步清除信号 clr 是优先信号，而且不需要时钟信号的支持。顺序语句的描述，最能体现这类信号的优先顺序。

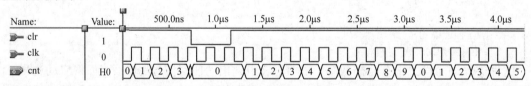

图 3.14　异步清除十进制加法计数器的仿真波形

3.4.2　块语句

块语句是并行语句结构，其内部也是由并行语句构成（包括进程）的。块语句本身并没有独特的功能，它只是将一些并行语句组合在一起形成"块"。在大型系统电路设计中，可以将系统分解为若干子系统（块），使程序编排更加清晰、更有层次，方便程序的编写、调试和查错。

块语句的语法格式为：

```
块名：BLOCK
      [声明部分]
         BEGIN
            …;        --以并行语句构成的块体
  END BLOCK 块名；
```

【例3.10】 假设CPU芯片由算术逻辑运算单元ALU和寄存器组REG_8组成，REG_8又由8个REG1、REG2、…子块构成，用块语句实现其程序结构。

```
LIBRARY IEEE;
USE IEEE.STD_LOGIC_1164.ALL;
ENTITY CPU IS
PORT (CLK,RESET: IN STD_LOGIC;      --CPU的时钟和复位信号
        ADDERS: OUT STD_LOGIC_VECTOR(31 DOWNTO 0);   --地址总线
        DATA: INOUT STD_LOGIC_VECTOR(7 DOWNTO 0);    --数据总线
END CPU;
ARCHITECTURE CPU_ALU_REG_8 OF CPU IS
    SIGANL ibus,dbus: STD_LOGIC_VECTOR(31 DOWNTO 0);  --声明全局量
BEGIN
    ALU: BLOCK;                                      --ALU块声明
    SIGNAL Qbus: STD_LOGIC_VECTOR(31 DOWNTO 0);      --声明局域量
     BEGIN
        …;              --ALU块行为描述语句
    END ALU;
    REG_8 BLOCK;
        SIGNAL Zbus: STD_LOGIC_VECTOR(31 DOWNTO 0);  --声明局域量
    BEGIN
 REG1 BLOCK;
        SIGNAL Zbus1: STD_LOGIC_VECTOR(31 DOWNTO 0); --声明子局域量
    BEGIN
        …;              --REG1子块行为描述语句
    END REG1
        …;
    END REG8;
END CPU_ALU_REG_8;
```

从本例可以看到，结构体和各块根据需要都声明了数据对象（信号），在结构体中声明的数据对象属于全局量，它们可以在各块结构中使用；在块结构中声明的数据对象属于局域量，它们只能在本块及所属的子块中使用；而子块中声明的数据对象只能在子块中使用。

3.4.3 并行信号赋值语句

并行信号赋值语句的赋值目标必须都是信号，所有赋值语句与其他并行语句一样，在结构体内的执行是同时发生的，与它们的书写顺序没有关系。每条并行信号赋值语句都相当于一个压缩的进程语句，语句的所有输入信号都隐性地列入此压缩的进程语句的敏感信号表中。这意味着每条并行信号赋值语句中所有的输入信号，都处在结构体的严密监视中，任何信号的变化，都将启动相关的并行语句的赋值操作。

并行信号赋值语句有简单信号赋值语句、条件信号赋值语句和选择信号赋值语句3种形式。

1. 简单信号赋值语句

简单信号赋值语句是VHDL并行语句结构的最基本的单元，其语句格式为：

　　赋值目标<=表达式；

例如：

　　output1<=a AND b;

式中的赋值目标必须是信号,它的数据类型必须与赋值号右边的表达式的数据类型一致。

2. 条件信号赋值语句

条件信号赋值语句也是并行语句,其语句格式为:

```
赋值目标<=表达式    WHEN 赋值条件 1 ELSE
表达式              WHEN 赋值条件 2 ELSE
     ……
表达式              WHEN 赋值条件 n ELSE
表达式;
```

例如,用条件信号赋值语句对 4 选 1 数据选择器的描述如下:

```
LIBRARY IEEE;
USE IEEE.STD_LOGIC_1164.ALL;
USE IEEE.STD_LOGIC_UNSIGNED.ALL;
ENTITY mux41_2 IS
PORT (s1,s0: IN STD_LOGIC;
      d3,d2,d1,d0: IN STD_LOGIC;
            Y: OUT STD_ULOGIC);
END mux41_2;
ARCHITECTURE one OF mux41_2 IS
  SIGNAL s: STD_LOGIC_VECTOR(1 DOWNTO 0);
    BEGIN
        s <= s1&s0;
          y <= d0      WHEN s="00" ELSE
               d1      WHEN s="01" ELSE
               d2      WHEN s="10" ELSE
               d3;
END one;
```

在执行条件信号赋值语句时,结构体按赋值条件的书写顺序逐条测定,一旦赋值条件为 TRUE,就立即将表达式的值赋给赋值目标变量。

3. 选择信号赋值语句

选择信号赋值语句的格式为:

```
WITH 选择表达式 SELECT
赋值目标信号 <=   表达式 WHEN 选择值,
                 表达式 WHEN 选择值,
                   ……,
                 表达式 WHEN 选择值,
                 [表达式 WHEN OTHERS];
```

选择信号赋值语句与进程中使用的 CASE 语句的功能类似,即选择赋值语句对子句中的"选择值"进行选择,当某子句中"选择值"与"选择表达式"的值相同时,则将该子句中的"表达式"的值赋给赋值目标信号。选择信号赋值语句不允许有条件重叠现象,也不允许存在条件涵盖不全的情况,为了防止这种情况的出现,可以在语句的最后加上"表达式 WHEN OTHERS"子句。另外,选择信号赋值语句的每个子句是以","号结束的,只有最后一个子句才是以";"号结束。例如,用选择信号赋值语句描述 4 选 1 数据选择器的 VHDL 源程序 mux41_3.vhd 如下:

```
LIBRARY IEEE;
USE IEEE.STD_LOGIC_1164.ALL;
USE IEEE.STD_LOGIC_UNSIGNED.ALL;
```

```
ENTITY mux41_3 IS
PORT (    s1,s0: IN STD_LOGIC;
     d3,d2,d1,d0: IN STD_LOGIC;
             Y: OUT STD_ULOGIC);
END mux41_3;
ARCHITECTURE one OF mux41_3 IS
  SIGNAL s: STD_LOGIC_VECTOR(1 DOWNTO 0);
    BEGIN
          s <= s1&s0;
          WITH s SELECT
          y <= d0 WHEN "00",
               d1 WHEN "01",
               d2 WHEN "10",
               d3 WHEN "11",
               'X' WHEN OTHERS;
END one;
```

3.4.4 子程序和并行过程调用语句

子程序（SUBPROGRAM）是 VHDL 的程序模块，这个模块是利用顺序语句来声明和完成算法的。子程序应用的目的，是使程序能更有效地完成重复性的计算工作。子程序的使用是通过子程序调用语句来实现的。在 VHDL 中，子程序有过程（PROCEDURE）和函数（FUNCTION）两种类型。

1. 过程（PROCEDURE）

过程调用前需要将过程的实质内容装入程序包（Package）中，过程分为过程首和过程体两部分。过程首是过程的索引，相当于一本书的目录，便于快速地检索到相应过程体的内容。过程首的语句格式为：

　　PROCEDURE 过程名（参数表）;

过程体放在程序包的包体（Package Body）中，过程体的格式为：

```
PROCEDURE 过程名（参数表）IS
    [声明部分]
      BEGIN
          顺序语句;
END PROCEDURE 过程名;
```

例如：

```
PROCEDURE adder(SIGANL a,b: IN STD_LOGIC_VECTOR;
                Sum: OUT STD_LOGIC );        --过程首
PROCEDURE adder(SIGANL a,b: IN STD_LOGIC_VECTOR;
                Sum: OUT STD_LOGIC ) IS      --过程体
                BEGIN
                   ……;
END adder;
```

2. 过程调用语句

过程调用语句的格式为：

　　过程名（关联参数表）;

例如：
```
adder (a1,b1,sum1);
```
过程调用语句可以出现在进程中，也可以出现在结构体和块语句中。若出现在进程中，则属于顺序过程调用语句；若出现在结构体或块语句中，则属于并行过程调用语句。每调用一次过程，就相当于插入一个元件。

3. 函数（FUNCTION）

函数调用前也需要将函数的实质内容装入程序包（Package）中，函数分为函数首和函数体两部分。函数首是函数的索引，函数首的语句格式为：

```
FUNCTION 函数名 (参数表) RETURN 数据类型;
```

函数首是由函数名、参数表和返回值的数据类型3部分组成。参数表是对参与函数运算的数据类型的声明；"RETURN 数据类型"是声明返回值的数据类型。

函数体也是放在程序包的包体（Package Body）中，函数体的格式为：

```
FUNCTION 函数名 (参数表) RETURN 数据类型 IS
    [声明部分]
    BEGIN
    顺序语句;
    RETURN [返回变量名];
    END [函数名];
```

函数体包含一个对数据类型、常数、变量等的局部声明，以及用以完成规定算法的顺序语句。一旦函数被调用，就执行这部分语句，并将计算结果用函数名返回。

【例3.11】 求最大值的函数。

```
LIBRARY IEEE;
USE IEEE.STD_LOGIC_1164.ALL;
PACKAGE bpac IS                                    --程序包
    FUNCTION max(a,b:IN STD_LOGIC_VECTOR)
        RETURN STD_LOGIC_VECTOR;                   --声明函数首
END;
PACKAGE BODY bpac IS                               --程序包的包体
    FUNCTION max(a,b: IN STD_LOGIC_VECTOR)         --声明函数体
            RETURN STD_LOGIC_VECTOR IS
        BEGIN
            IF (a>b) THEN RETURN a;
            ELSE     RETURN b;
            END IF;
    END max;
END;
```

4. 函数调用语句

函数调用语句的格式为：

```
函数名(关联参数表);
```

函数调用语句是出现在结构体和块中的并行语句。通过函数的调用来完成某些数据的运算或转换。例如，调用例3.11编制的求最大值的函数：

```
peak<=max(data, peak);
```

其中，data和peak是与函数声明的两个参数a、b关联的关联参数。通过函数的调用，求出data和peak中的最大值，并用函数名max返回。

在 VHDL 中，所有的操作符（见表 3.2）都是函数。例如，在 IEEE 库中的 STD_LOGIC_1164 程序包中，对与运算操作符"and"函数的声明如下：

```
FUNCTION "and" ( l: std_ulogic; r: std_ulogic ) RETURN UX01 IS
    BEGIN
        RETURN (and_table(l, r));
END "and";
```

STD_LOGIC_1164 程序包规定的加法运算操作符"+"的操作数是整型数，其他类型的操作数（如 std_logic）使用"+"运算操作符时属于错误，这给编程带来了麻烦。为了解决"+"运算操作符也能用于其他类型的操作数的运算，std_logic_unsigned 程序包对"+"运算等操作符进行了重新声明，具体声明如下：

```
Function "+"(L:STD_LOGIC_VECTOR;R:STD_LOGIC_VECTOR)return  STD_LOGIC_VECTOR;
function "+"(L: STD_LOGIC_VECTOR; R: INTEGER) return STD_LOGIC_VECTOR;
function "+"(L: INTEGER; R: STD_LOGIC_VECTOR) return STD_LOGIC_VECTOR;
function "+"(L: STD_LOGIC_VECTOR; R: STD_LOGIC) return STD_LOGIC_VECTOR;
function "+"(L: STD_LOGIC; R: STD_LOGIC_VECTOR) return STD_LOGIC_VECTOR;
```

因此，在 VHDL 源程序的开始处，增加一条"USE IEEE. std_logic_unsigned.ALL;"语句，就能让"+"运算操作符用于不同数据类型的数据进行运算。

3.4.5　元件例化（COMPONENT）语句

元件例化是将预先设计好的设计实体作为一个元件，连接到一个当前设计实体中的指定端口。当前设计实体相当于一个较大的电路系统，所声明的例化元件相当于要插入这个电路系统板上的芯片；而当前设计实体的"端口"相当于这块电路板上准备接受此芯片的一个插座。元件例化可以实现 VHDL 结构描述风格，即从简单门的描述开始，逐步完成复杂元件的描述以至于整个硬件系统的描述，实现"自底向上"或"自顶向下"层次化的设计。

元件例化语句格式为：

```
COMPONENT 元件名 IS                      --元件声明
    GENERIC Declaration;                 --参数声明
    PORT Declaration;                    --端口声明
END COMPONENT 元件名;
例化名：元件名 PORT MAP(信号[,信号关联式……]);　--元件例化
```

COMPONENT 语句分为元件声明和元件例化两部分。元件声明完成元件的封装，元件例化完成电路板上元件"插座"的声明，例化名（标号名）相当于"插座名"，是不可缺少的。

在元件声明中，GENERIC 用于该元件的可变参数的代入和赋值；PORT 则声明该元件的输入/输出端口的信号规定。

在元件例化中，(信号[,信号关联式……])部分完成"元件"引脚与"插座"引脚的连接关系，称为关联。关联方法有位置影射法和名称映射法，以及由它们构成的混合关联法。

位置映射法就是把例化元件端口声明语句中的信号名，与元件例化 PORT MAP()中的信号名书写顺序和位置一一对应。例如：

```
u1:and1(a1,b1,y1);
```

名称映射法就是用"=>"号将例化元件端口声明语句中的信号名与 PORT MAP()中的信号名关联起来。例如：

```
u1:and1(a=>a1,b=>b1,y=>y1);
```

用元件例化方式设计电路时，首先要完成各种元件的设计，并将这些元件的声明包装在程序包中，使它们成为共享元件，然后通过元件例化语句来调用这些元件，产生需要的设计电路。

【例3.12】利用2输入端与非门元件，设计4输入端的与非-与非电路。

2输入端的与非元件符号如图3.15（a）所示，通过元件例化方式产生的4输入端与非-与非电路如图3.15（b）所示。

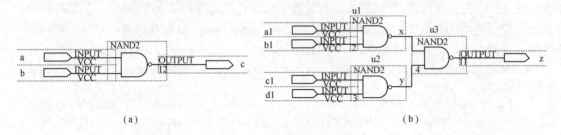

图3.15 例3.12设计实现图

第一步：设计2输入端与非门，其VHDL源程序nd2.vhd如下：
```
LIBRARY IEEE;
USE IEEE.STD_LOGIC_1164.ALL;
ENTITY nd2 IS
PORT (a,b: IN STD_LOGIC;
        c: OUT STD_LOGIC);
END nd2;
ARCHITECTURE nd2behv OF nd2 IS
  BEGIN
c<=a NAND b;
END nd2behv;
```

第二步：将设计的元件声明装入my_pkg程序包中，包含2输入端与非门元件的my_pkg程序包的VHDL源程序my_pkg.vhd如下：
```
LIBRARY IEEE;
USE IEEE.STD_LOGIC_1164.ALL;
PACKAGE my_pkg IS
     Component nd2                           --元件声明
      PORT (a,b: IN STD_LOGIC;
               c: OUT STD_LOGIC);
    END Component;
END my_pkg;
```

第三步：用元件例化产生图3.15（b）所示电路，其VHDL源程序ord41.vhd如下：
```
LIBRARY IEEE;
USE IEEE.STD_LOGIC_1164.ALL;
USE work.my_pkg.ALL;                         --打开程序包
ENTITY ord41 IS
PORT (a1,b1,c1,d1: IN STD_LOGIC;
            z1: OUT STD_LOGIC);
END ord41;
ARCHITECTURE ord41behv OF ord41 IS           --元件例化
```

```
      SIGNAL x,y: STD_LOGIC;
    BEGIN
      u1:nd2 PORT MAP(a1,b1,x);              --位置关联方式
      u2:nd2 PORT MAP(a=>c1,b=>d1,c=>y);     --名字关联方式
      u3:nd2 PORT MAP(x,y,c=>z1);            --混合关联方式
   END ord41behv;
```

元件声明也可以出现在某个设计电路的 VHDL 程序中，但这种声明方式使元件仅能被这个电路单独调用（独享），不能成为共享元件。用元件声明方式编写的 4 输入端与非-与非电路的 VHDL 源程序 ord41_1.vhd 如下：

```
   LIBRARY IEEE;
   USE IEEE.STD_LOGIC_1164.ALL;
   ENTITY ord41_1 IS
   PORT (a1,b1,c1,d1: IN STD_LOGIC;
                z1: OUT STD_LOGIC);
   END ord41_1;
   ARCHITECTURE ord41behv OF ord41_1 IS
     SIGNAL x,y: STD_LOGIC;
   Component nd2                            --元件声明
       PORT (a,b: IN STD_LOGIC;
               c: OUT STD_LOGIC);
     END Component;
     BEGIN                                  --元件例化
      u1:nd2 PORT MAP(a1,b1,x);
      u2:nd2 PORT MAP(c1,d1y);
      u3:nd2 PORT MAP(x,y,z1);
   END ord41behv;
```

3.4.6 生成语句

生成语句可以简化为有规律设计结构的逻辑描述。生成语句有一种复制作用，在设计中只要根据某些条件，设计好某一个元件或设计单位，就可以用生成语句复制一组完全相同的并行元件或设计单元电路结构。生成语句有如下两种格式。

格式 1：[标号:]FOR 循环变量 IN 取值范围 GENERATE
    [声明部分]
      BEGIN
      [并行语句];
    END GENERATE [标号];

格式 2：[标号:]IF 条件 GENERATE
    [声明部分]
      BEGIN
      [并行语句];
    END GENERATE [标号];

这两种语句格式都是由以下 4 个部分组成。

① 用 FOR 语句结构或 IF 语句结构，规定重复生成并行语句的方式。

② 声明部分对元件数据类型、子程序、数据对象作局部声明。

③ 并行语句部分是生成语句复制一组完全相同的并行元件的基本单元。并行语句包括前述的所有并行语句,甚至生成语句本身,即嵌套式生成语句结构。

④ 标号是可选项,在嵌套式生成语句结构中,标号的作用是十分重要的。

【例 3.13】CT74373 的设计。

CT74373 是三态输出的 8D 锁存器,其逻辑符号如图 3.16 所示,逻辑电路结构如图 3.17 所示。8D 锁存器是一种有规律设计结构,用生成语句可以简化它的逻辑描述。

本例设计分为 3 个步骤。第一步:设计 1 位锁存器 Latch1,并以 Latch.vhd 为文件名保存在磁盘工程目录中,以待调用,该工作已在例 3.4 中完成。

第二步:将设计元件的声明装入 my_pkg 程序包中,便于生成语句的元件例化。包含 Latch1 元件的 my_pkg 程序包的 VHDL 源程序 my_pkg.vhd 如下:

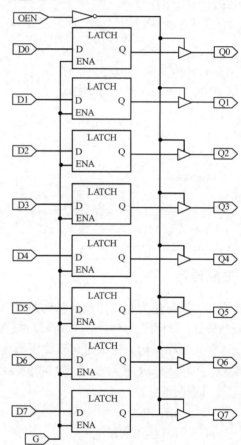

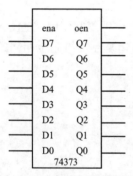

图 3.16 8D 锁存器逻辑符号　　　　图 3.17 8D 锁存器逻辑电路结构图

```
LIBRARY IEEE;
USE IEEE.STD_LOGIC_1164.ALL;
PACKAGE my_pkg IS
Component latch1                    --Latch1 的元件声明
         PORT  (d:IN STD_LOGIC;
             ena:IN STD_LOGIC;
                 q:OUT STD_LOGIC);
    END Component;
END my_pkg;
```

第三步：在源程序中用生成语句重复 8 个 Latch1，具体的 8D 锁存器设计电路的 VHDL 源程序 CT74373.vhd 如下：
```
LIBRARY IEEE;
USE IEEE.STD_LOGIC_1164.ALL;
USE work.my_pkg.ALL;
ENTITY CT74373 IS
  PORT (d: IN STD_LOGIC_VECTOR(7 DOWNTO 0);     --声明 8 位输入信号
        oen: IN BIT;--STD_LOGIC;
     g: IN STD_LOGIC;
        q: OUT STD_LOGIC_VECTOR(7 DOWNTO 0));   --声明 8 位输出信号
END CT74373;
ARCHITECTURE one OF CT74373 IS
  SIGNAL sig_save: STD_LOGIC_VECTOR(7 DOWNTO 0);
    BEGIN    GeLacth:
      FOR n IN 0 TO 7 GENERATE
--用 FOR_GENERATE 语句循环例化 8 个 1 位锁存器
      Latchx: Latch1 PORT MAP (d(n),g,sig_save(n));  --关联
        END GENERATE;
       q<= sig_save WHEN oen='0' ELSE
           "ZZZZZZZZ";                               --输出为高阻
END one;
```
在源程序中，使用生成语句生成 8 个 Latch1 元件后，再用条件信号赋值语句，实现电路三态输出控制的描述。

3.5 VHDL 的库和程序包

根据 VHDL 语法规则，在 VHDL 程序中使用的文字、数据对象、数据类型都需要预先定义。为了方便用 VHDL 编程和提高设计效率，可以将预先定义好的数据类型、元件调用声明及一些常用子程序汇集在一起，形成程序包，供 VHDL 设计实体共享和调用。若干个程序包则形成库。

3.5.1 VHDL 库

常用 VHDL 库有 IEEE 标准库、STD 库和 WORK 库。IEEE 标准库包括 STD_LOGIC_1164 程序包和 STD_LOGIC_ARITH 程序包。其中，STD_LOGIC_ARITH 程序包是 SYNOPSYS 公司加入 IEEE 标准库的程序包，包括 STD_LOGIC_SIGNED（有符号数）程序包、STD_LOGIC_UNSIGNED（无符号数）程序包和 STD_LOGIC_SMALL_INT（小整型数）程序包。STD_LOGIC_1164 是最重要和最常用的程序包，大部分数字系统设计都是以此程序包设定的标准为基础的。

STD 库包含 STANDARD 程序包和 TEXTIO 程序包，它们是文件输入/输出程序包，在 VHDL 的编译和综合过程中，系统都能自动调用这两个程序包中的任何内容。用户在进行电路设计时，可以不必像 IEEE 库那样，打开该库及它的程序包。

WORK 库是用户设计的现行工作库，用于存放用户自己设计的工程项目。在 PC 或工作站利用 VHDL 进行项目设计，不允许在根目录下进行，必须在根目录下为设计建立一个工程

目录（即文件夹），VHDL 综合器将此目录默认为 WORK 库。但"WORK"不是设计项目的目录名，而是一个逻辑名。VHDL 标准规定 WORK 库总是可见的，因此，在程序设计时不需要明确指定。

3.5.2 VHDL 程序包

在设计实体中声明的数据类型、子程序或数据对象对于其他设计实体是不可再利用的。为了使已声明的数据类型、子程序、元件能被其他设计实体调用或共享，可以把它们汇集在程序包中。

VHDL 程序包必须经过定义后才能使用，程序包的结构中包含 Type Declaration（类型声明）、Subtype Declaration（子类型声明）、Constant Declaration（常量声明）、Signal Declaration（信号声明）、Component Declaration（元件声明）、Subprogram Declaration（子程序声明）等内容，声明的格式为：

```
PACKAGE 程序包名 IS
    --Type Declaration（类型声明）
    --Subtype Declaration（子类型声明）
    --Constant Declaration（常量声明）
    --Signal Declaration（信号声明）
    --Component Declaration（元件声明）
    --Subprogram Declaration（子程序声明）
END 程序包名;
```

例如，在下面声明的 my_pkg 程序包的结构中，包含 2 输入端与非门 nd2 元件声明、1 位锁存器 Latch1 元件声明和求最大值函数 max 的函数首声明及其函数体声明：

```
LIBRARY IEEE;
USE IEEE.STD_LOGIC_1164.ALL;
PACKAGE my_pkg IS
     Component nd2
    PORT (a,b: IN STD_LOGIC;
       c: OUT STD_LOGIC);
   END Component;
   Component latch1
       PORT (d:IN STD_LOGIC;
            ena:IN STD_LOGIC;
             q:OUT STD_LOGIC);
       END Component;
FUNCTION max(a,b:IN STD_LOGIC_VECTOR)
            RETURN STD_LOGIC_VECTOR;
   END max;                              --函数首声明
    PACKAGE BODY my_pkg IS               --函数体声明
     FUNCTION max(a,b: IN STD_LOGIC_VECTOR)
           RETURN STD_LOGIC_VECTOR IS
        BEGIN
            IF (a>b) THEN RETURN a;
            ELSE       RETURN B;
          END IF;
      END max;
  END my_pkg;
```

由于程序包也是用 VHDL 语言编写的，所以其源程序也需要以.vhd 文件类型保存，my_pkg 的源程序名为 my_pkg.vhd。为了使用 my_pkg 程序包中声明的内容，在设计实体的开始，需要将其打开，打开 my_pkg 程序包的语句如下：

　　USE work. my_pkg.ALL;

VHDL 的子程序包括过程和函数，用程序包声明子程序时，除了需要声明子程序首外，还要声明子程序体。子程序体声明的格式如下：

　　PACKAGE BODY 程序包名 IS　　　　　　　　　　　--函数体声明
　　　　子程序体语句；
　　END [程序包名]；

在 my_pkg 程序包中，就包含了求最大值函数 max 的函数体声明内容。

3.6　VHDL 设计流程

VHDL 设计流程是在 EDA 工具软件支持下进行的，VHDL 的程序设计可以在这些 EDA 工具软件平台上进行编辑、编译、综合、仿真、适配、配置、下载和硬件调试等技术操作。VHDL 设计的最终目标是实现硬件系统，而 EDA 工具正是实现这一目标的必要条件。下面介绍在 Altera 公司的 Quartus II 工具软件支持下的 VHDL 设计流程。

VHDL 的设计流程与原理图输入法的设计流程基本相同，包括编辑、编译、仿真、下载和硬件调试等过程，但 VHDL 设计流程的第一步，是采用 Quartus II 的文本编辑方式来编辑源文件的，因此被称为文本输入设计法。关于 Quartus II 软件平台的使用方法，在第 2 章中已经做过比较详细的介绍，下面仅以计数显示译码电路为例，简要介绍 VHDL 的设计流程。

设计前应为设计建立一个工程目录（如 D:\myeda\vhd），用于保存各种 VHDL 设计文件。计数显示译码电路的设计包括 cnt4e.vhd、Dec7s.vhd 和 top.bdf 3 个模块，其中，cnt4e.vhd 和 Dec7s.vhd 是用 VHDL 编写的 4 位二进制计数器和共阴极七段显示译码器源程序，top.bdf 则是以原理图输入法设计的顶层文件。在 top.bdf 原理图中，以 cnt4e.vhd 和 Dec7s.vhd 作为元件，设计一个 8 位计数显示译码电路。

3.6.1　编辑 VHDL 源程序

首先要建立设计项目（计数器设计以 cnt4e 作为设计项目名），然后在 Quartus II 集成环境下，执行"File"→"New"命令，或者直接单击主窗口上的"创建新的文本文件"按钮，在弹出如图 3.18 所示的新文件类型选择对话框中，选择"VHDL File"项，进入 Quartus II 的 VHDL 文本编辑方式。

1. 编辑 4 位二进制计数器 VHDL 源程序

进入文本编辑方式后，在文本框中编辑 4 位二进制计数器源程序，并以 cnt4e.vhd 为文件名，保存在 D:\myeda\vhd 工程目录中，后缀为.vhd 表示 VHDL 源程序文件。应注意的是，VHDL 源程序的文件名应与设计实体名相同，否则将是一个错误，无法通过编译。

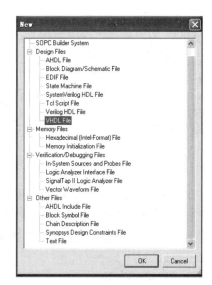

图 3.18　新文件类型选择对话框

cnt4e.vhd 源程序如下：

```vhdl
LIBRARY IEEE;
USE IEEE.STD_LOGIC_1164.ALL;
ENTITY cnt4e IS
PORT(clk,ena:IN STD_LOGIC;
          cout:OUT STD_LOGIC;
            q:BUFFER INTEGER RANGE 0 TO 15);
END cnt4e;
ARCHITECTURE one OF cnt4e IS
BEGIN
      PROCESS(clk,ena)
BEGIN
         IF clk'EVENT AND clk='1' THEN
            IF ena='1' THEN
               IF q=15 THEN q<=0;
                         cout<='0';
               ELSIF q=14 THEN q<=q+1;
                         cout<='1';
               ELSE q<=q+1;
               END IF;
            END IF;
         END IF;
      END PROCESS;
END one;
```

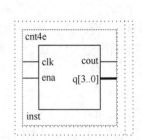

图 3.19 cnt4e 的元件符号

在完成 4 位二进制计数器源程序的编辑后，执行"Processing"→"Start Compilation"命令，对 cnt4e.vhd 进行编译。在完成对源文件的编译后，执行"File"→"Create/Update"→"Create Symbol Files for Current File"命令，为 VHDL 设计文件生成元件符号。cnt4e 的元件符号如图 3.19 所示，在元件符号中，细的输入/输出线表示单信号线，如 clk、ena 和 cout；粗的输入/输出线表示多信号总线，如 q[3..0]。此元件符号可以作为共享元件，供其他电路和系统设计的调用。

cnt4e 的仿真波形如图 3.20 所示，仿真结果验证了设计的正确性。

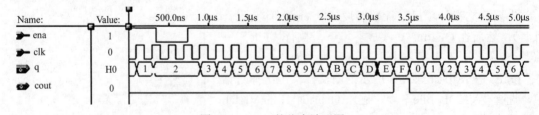

图 3.20 cnt4e 的仿真波形图

2. 编辑七段显示译码器的源程序

在 Quartus II 集成环境下为七段显示译码器设计建立一个工程项目（Dec7s），然后在文本编辑方式下，编辑七段显示译码器的源程序，并以 Dec7s.vhd 为源程序名，保存在工程目录中。Dec7s.vhd 源程序如下：

```vhdl
LIBRARY IEEE;
USE IEEE.STD_LOGIC_1164.ALL;
```

```
ENTITY Dec7s IS
        PORT(a:IN BIT_VECTOR(3 DOWNTO 0);
          led7s:OUT BIT_VECTOR(7 DOWNTO 0));
END;
ARCHITECTURE one OF Dec7s IS
BEGIN
   PROCESS(A)
       BEGIN
         CASE A(3 DOWNTO 0) IS
            WHEN "0000"=>LED7S<="00111111";
            WHEN "0001"=>LED7S<="00000110";
            WHEN "0010"=>LED7S<="01011011";
            WHEN "0011"=>LED7S<="01001111";
            WHEN "0100"=>LED7S<="01100110";
            WHEN "0101"=>LED7S<="01101101";
            WHEN "0110"=>LED7S<="01111101";
            WHEN "0111"=>LED7S<="00000111";
            WHEN "1000"=>LED7S<="01111111";
            WHEN "1001"=>LED7S<="01101111";
            WHEN "1010"=>LED7S<="01110111";
            WHEN "1011"=>LED7S<="01111100";
            WHEN "1100"=>LED7S<="00111001";
            WHEN "1101"=>LED7S<="01011110";
            WHEN "1110"=>LED7S<="01111001";
            WHEN "1111"=>LED7S<="01110001";
            WHEN OTHERS=>NULL;
         END CASE;
     END PROCESS;
END one;
```

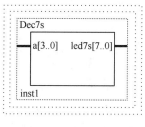

图 3.21 Dec7s 的元件符号

Dec7s.vhd 源程序通过编译后，生成的元件符号如图 3.21 所示，其中，a[3..0]是数据输入端，接收 cnt4e 的计数状态。

3.6.2 设计 8 位计数显示译码电路顶层文件

生成的 cnt4e 和 Dec7s 图形符号只是代表两个分立的电路设计结果，并没有形成系统。顶层设计文件就是调用 cnt4e 和 Dec7s 两个功能元件，将它们组装起来，形成一个完整的设计。top.bdf 是本例的顶层设计文件，在 Quartus II 集成环境下，首先为顶层设计建立工程项目（top），然后打开一个新文件并进入图形编辑方式。在图形编辑框中，调出两个 cnt4e 元件符号、两个 Dec7s 元件符号及输入（INPUT）和输出（OUTPUT）元件符号，如图 3.22 所示。

根据 8 位计数显示译码电路设计原理，用鼠标按连接关系将它们连接在一起。具体操作如下：

① 把输入元件 INPUT 与两片 cnt4e 的 clk 连接在一起，并把输入元件的名称改为 clk，作为系统时钟输入端。

② 把 cnt4e(1)的使能控制输入端 ena 接电源 VCC（VCC 也是基本元件库中的元件），使

其总在计数状态下工作；把 cnt4e(2)的使能控制输入端 ena 接 cnt4e(1)的进位输出 cout，只有当 cnt4e(1)的状态为"1111"时，ena=1 才能进行计数。

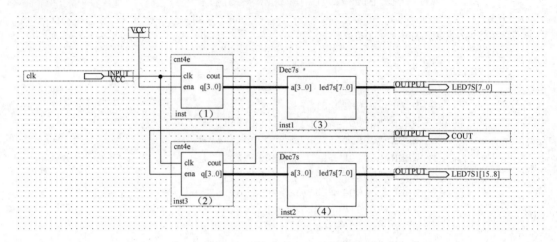

图 3.22　top 顶层设计结果图

③ 把 cnt4e(1)的输出 q[3..0]与 Dec7s(3)的输入 a[3..0]连接在一起，把 Dec7s(3)的输出 led7s[7..0]与输出元件连接在一起，并把输出元件的名称改为 LED7S[7..0]，作为低 8 位译码输出端。

④ 把 cnt4e(2)的输出 q[3..0]与 Dec7s(4)的输入 a[3..0]连接在一起，把 Dec7s(4)的输出 led7s[7..0]与输出元件连接在一起，并把输出元件的名称改为 LED7S[15..8]，作为高 8 位译码输出端。

完成上述操作后，得到计数译码电路的顶层设计结果（见图 3.22）。顶层设计图形完成后，用 top.bdf 作为文件名存入工程目录中。"top"是用户为顶层文件定义的名字，后缀.bdf 表示图形设计文件。

3.6.3　编译顶层设计文件

不管是用文本编辑方式还是用图形编辑方式形成的电路设计文件，都要通过计算机的编译，在编译中，计算机可以发现和指出电路设计中的错误。在完成对图形编辑文件的编译后，系统并没有为设计文件自动生成元件符号，若要生成元件符号，则要执行"File"→"Create/Update"→"Create Symbol Files for Current File"命令，为图形设计文件生成元件符号，生成的元件符号就可以作为共享元件被其他数字电路和系统设计调用。

3.6.4　仿真顶层设计文件

top 顶层设计文件的仿真波形如图 3.23 所示，仿真验证了设计的正确性。

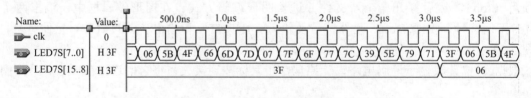

图 3.23　top 顶层设计文件的仿真波形

3.6.5 下载顶层设计文件

下载顶层设计文件操作包括选择下载目标器件、引脚锁定和编程下载等操作，这个过程可以参见第 2 章及附录 A 的相关叙述。

3.7 VHDL 仿真

VHDL 是一种用于设计数字系统电路的硬件描述语言，为了检验设计的正确性，一般需要对设计模块进行仿真验证。几乎所有的 EDA 工具软件都支持 VHDL 的仿真，而且 VHDL 本身也具有支持仿真的语句。本节介绍 VHDL 仿真支持语句和程序包、VHDL 测试平台软件的设计，并给出 ModelSim 软件工具的仿真结果。

3.7.1 VHDL 仿真支持语句

VHDL 仿真支持语句包括断言语句和报告语句。这些语句前面已介绍，下面主要介绍文件操作。

1. 文件操作

在 STD 库里，VHDL 的语言标准定义了两个程序包：STANDARD 包和 TEXTIO 包。通过 TEXTIO 程序包，VHDL 的仿真模型就可以实现对文件进行读/写操作。在文件中，可以预先写入测试数据（激励信号）供仿真模型调用，然后将仿真后的结果（仿真波形）保存到文件中，便于以后进一步分析。

在 VHDL 中使用文件操作应注意，由于 STD 库总是可见的，所以不需要通过 LIBRARY 语句显式打开，而 TEXTIO 程序包必须通过 USE 语句打开才能在 VHDL 程序中使用，如下句代码所示：

```
use STD.TEXTIO.all;
```

在 TEXIO 包中定义了文本行和文本两种类型，如下所示：

```
type LINE is access STRING;
type TEXT is file of STRING;
```

文本行类型 LINE 定义为字符串存取类型，文本类型 TEXT 定义为字符串文件类型，通过这两种类型定义，可以声明文本文件用于读/写操作。实现读/写操作的功能由 TEXTIO 包中的 READLINE、READ、WRITELINE、WRITE 等过程（PROCEDURE）来完成。

如下列代码声明了一个文本文件 vector.dat 用于提供测试向量，一个文本文件 result.dat 用于保存仿真波形：

```
use STD.TEXTIO.all;
file VectorFile: TEXT open READ_MODE is "vector.dat";
file ResultFile: TEXT open WRITE_MODE is "result.dat";
```

文件的读/写模型可以由读/写操作过程来决定，因此可以将上面的声明过程中的 READ_MODE 和 WRITE_MODE 省略，如下列代码所示：

```
use STD.TEXTIO.all;
file VectorFile: TEXT is "vector.dat";
file ResultFile: TEXT is "result.dat";
```

在调用 READLINE、READ、WRITELINE、WRITE 等过程对文件进行读/写操作时，需要注意的是数据类型限制为以下几类：
    BOOLEAN
    BIT
    BIT_VECTOR
    CHARACTAR
    INTEGER
    REAL
    STRING
    TIME

如果在程序中对其他数据类型进行操作，需要进行相应的类型转换，例如使用 To_StdLogicVector 函数在 Std_logic_Vector 类型和 Bit_Vector 类型间进行转换。

2. 文件操作实例

下面以一个完整的 4 输入与非门模块测试程序为例，说明 TEXTIO 的用法。

【例3.14】4 输入与非门测试程序。

```
use std.textio.all;
entity sim_file is
end entity sim_file;
architecture one of sim_file is
  signal a, b, c, d, e : bit;
  file vector: text open read_mode is "vector.dat";
  file result: text open write_mode is "result.dat";
begin  -- architecture one
  u1: entity work.nand4(one) port map (a, b, c, d, e);
  p1: process is
    variable vline : line;
    variable rline : line;
    variable ain, bin, cin, din, eout : bit;
  begin  -- process p1
    while not endfile(vector) loop
      readline(vector, vline);
      read(vline, ain);
      read(vline, bin);
      read(vline, cin);
      read(vline, din);
      a <= ain;  b <= bin;
      c <= cin;  d <= din;
      wait for 100 ns;
      eout := e;
      write(rline, eout, right, 1);
      writeline(result, rline);
    end loop;
  end process p1;
end architecture one;
```

测试向量由文件 vector.dat 提供，内容如下：
    0000
    0001
    0010

0011
0100
0101
0110
0111
1000
1001
1010
1011
1100
1101
1110
1111

运行仿真后得到的结果保存在文件 result.dat 中，内容如下：

1
1
1
1
1
1
1
1
1
1
1
1
1
1
1
0

3.7.2 VHDL 测试平台软件的设计

测试平台（Test Bench）软件是用硬件描述语言编写的程序，在程序中用语句为一个设计电路或系统生成测试激励条件，如输入的高低电平、时钟信号等，在 EDA 工具的支持下，直接运行程序（不需要再设计输入条件），就可以得到仿真响应结果。下面介绍基于 VHDL 的测试平台软件的设计。

测试平台软件的结构如图 3.24 所示，被测元件是一个已经设计好的电路或系统，测试平台软件用元件例化语句将其嵌入程序中。VHDL 测试平台软件是一个没有输入/输出端口的设计模块，由信号赋值语句或文本文件产生测试激励，作为被测元件的输入，被测元件的输出端口产生相应输入变化的响应结果，可以通过观察波形或保存结果为文本文件作进一步分析。

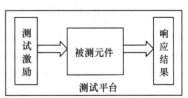

图 3.24 测试平台软件的结构

下面介绍组合逻辑电路、时序逻辑电路和系统电路的测试平台软件的设计，并以 ModelSim 为 EDA 工具，验证这些测试软件。

1. 组合逻辑电路测试平台软件的设计

组合逻辑电路的设计验证，主要是检查设计结果是否符合该电路真值表的功能，因此在组合逻辑电路测试平台软件编写时，用信号赋值语句或进程语句把被测电路的输入按照真值表提供的数据变化，作为测试条件就能实现软件的设计。

【例 3.15】编写全加器电路的测试平台软件。

【解】全加器的逻辑符号如图 3.25 所示，真值表如表 3.6 所示。A、B 是两个 1 位二进制加数的输入端，CI 是低位来的进位输入端，SO 是和数输出端，CO 是向高位的进位输出端。

表 3.6　全加器真值表

A	B	CI	SO	CO
0	0	0	0	0
0	0	1	1	0
0	1	0	1	0
0	1	1	0	1
1	0	0	1	0
1	0	1	0	1
1	1	0	0	1
1	1	1	1	1

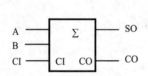

图 3.25　全加器电路的逻辑符号

用 VHDL 编写的全加器源程序（adder1.vhd）如下：

```
library ieee;
use ieee.std_logic_1164.all;
entity adder1 is
  port (a, b, ci: in std_logic;
       so, co: out std_logic);
end entity adder1;
architecture one of adder1 is
begin
  so <= a xor b xor ci;
  co <= (a and b) or (a and ci) or (b and ci);
end architecture one;
```

根据全加器的真值表（见表 3.6），编写的全加器测试程序（adder1_tb.vhd）如下：

```
library ieee;
use ieee.std_logic_1164.all;
entity adder1_tb is
end entity adder1_tb;
architecture one of adder1_tb is
  signal a, b, ci, so, co: std_logic;
begin
  u1: entity work.adder1(one) port map (a, b, ci, so, co);
  process is
  begin
    a<= '0'; b<='0'; ci<='0';
    wait for 20ns;
    a<= '0'; b<='0'; ci<='1';
    wait for 20ns;
```

```
            a<= '0'; b<='1'; ci<='0';
            wait for 20ns;
            a<= '0'; b<='1'; ci<='1';
            wait for 20ns;
            a<= '1'; b<='0'; ci<='0';
            wait for 20ns;
            a<= '1'; b<='0'; ci<='1';
            wait for 20ns;
            a<= '1'; b<='1'; ci<='0';
            wait for 20ns;
            a<= '1'; b<='1'; ci<='1';
            wait;
        end process;
    end architecture one;
```

在源程序中，用元件例化语句"u1: entity work.adder1(one) port map (a, b, ci, so, co);"把全加器设计电路嵌入测试平台软件中；用并行信号赋值语句来改变输入的变化而生成测试条件，输入的变化语句完全根据全加器的真值表编写。

全加器（Adder1_tb.vhd 文件）在 ModelSim 为 EDA 工具平台的仿真结果如图 3.26 所示。

图 3.26　全加器的仿真波形

2. 时序逻辑电路测试平台软件的设计

时序逻辑电路测试平台软件设计的要求与组合逻辑基本相同，主要区别在于时序逻辑电路测试平台软件中，需要用进程语句生成时钟信号、复位信号和使能信号。

【例 3.16】编写十进制加法计数器的测试软件。

【解】首先用 VHDL 编写的十进制加法计数器源程序 CNT10.vhd，其源程序 CNT10.vhd 如下：

```
-- 十进制计数器
LIBRARY IEEE;
USE IEEE.STD_LOGIC_1164.ALL;
USE IEEE.STD_LOGIC_UNSIGNED.ALL;
ENTITY CNT10 IS
    PORT(CLK,RST,ENA:IN STD_LOGIC;
         Q:BUFFER STD_LOGIC_VECTOR(3 DOWNTO 0);
         COUT:OUT STD_LOGIC);
END Cnt10;
ARCHITECTURE one OF Cnt10 IS
  BEGIN
    PROCESS(CLK,RST,ENA)
      BEGIN
        IF RST='1' THEN Q<="0000";
          ELSIF CLK'EVENT AND CLK='1' THEN
```

```
              IF ENA='1' THEN Q<=Q+1;
            END IF;
         END IF;
            COUT<=Q(0) AND Q(1) AND Q(2) AND Q(3);
      END PROCESS;
   END one;
```

在十进制计数器源程序 CNT10.vhd 中，CLK 是时钟输入端，上升沿有效；RST 是复位（清零）输入端，高电平有效；ENA 是使能控制输入端，高电平有效；Q 是计数器的 4 位状态输出端；COUT 是进位输出端。

然后编写测试软件，其源程序 cnt10_tb.vhd 如下：

```
      library ieee;
      use ieee.std_logic_1164.all;
      entity cnt10_tb is
      end entity cnt10_tb;
      architecture one of cnt10_tb is
        signal clk, rst, ena, cout: std_logic;
        signal q: integer range 9 downto 0;
      begin
        u1: entity work.cnt10(one) port map (clk, rst, ena, cout, q);
        clock:process is
        begin
          clk<='0';
          wait for 50ns;
          clk<='1';
          wait for 50ns;
        end process;
        reset: process is
        begin
          rst<='1';
          wait for 100ns;
          rst<='0';
          wait for 10ns;
          rst<='1';
          wait;
        end process reset;
        enable: process is
        begin
          ena<='0';
          wait for 150ns;
          ena<='1';
          wait;
        end process enable;
      end architecture one;
```

在源程序中，用元件例化语句"u1: entity work.cnt10(one) port map (clk, rst, ena, cout, q);"把十进制计数器设计元件嵌入测试软件中；在第一个进程语句"clock:process is"中产生周期为 100（标准时间单位）的时钟（方波）；用进程语句"reset: process is"生成复位信号 rst；用进程语句"enable:process is"生成使能信号 ena。

十进制加法计数器的仿真结果如图 3.27 所示。

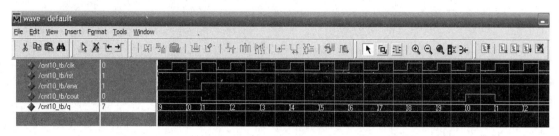

图 3.27　十进制加法计数器的仿真结果

本 章 小 结

　　VHDL 是 EDA 技术的重要组成部分,设计者在 EDA 软件平台上,用硬件描述语言 VHDL 完成设计文件,然后由计算机自动地完成逻辑编译、化简、分割、综合、优化、布局、布线、仿真,直至对特定目标芯片的适配编译、逻辑映射和编程下载等工作。尽管设计目标是硬件,但整个设计和修改过程如同完成软件设计一样快捷方便。

　　VHDL 与一般编程语言类似,有自己的语法规则,包括语言要素和顺序语句。VHDL 与一般编程语言不同,就是它有独特的并行语句。因此,VHDL 具有很强的描述能力,可以实现门级电路的描述,也可以实现以寄存器、存储器、总线及运算单元等构成的寄存器传输级电路的描述,还可以实现以行为算法和结构的混合描述为对象的系统级电路的描述。

　　VHDL 具有多种描述风格,可以描述复杂的电路系统,支持对大规模设计的分解,由多人、多项目组来共同承担和完成。标准化的规则和风格,为设计的再利用提供了有力的支持。

　　由于 VHDL 在数字电路设计领域的先进性和优越性,使之成为 IEEE 标准的硬件描述语言,得到多种 EDA 设计平台工具软件的支持。

思考题和习题 3

3.1　判断下列 VHDL 标识符是否合法,如有错误则指出原因。
16#0FA#,10#12F#,8#789#,8#356#,2#0101010#;
74HC245,\74HC574\;
CLR/RESET,\IN4/SCLK\,D100%。

3.2　判断下面的说明是否正确。

（1）只有"信号"可以描述实际硬件电路,"变量"则只能用在算法的描述中,而不能最终生成实际的硬件电路。

（2）"信号"具有延迟、事件等特性,而变量则没有。

（3）记录类型中可以含有"存取型"和"文件型"的数据对象。

（4）"+"、"−"运算符只能用于整型数运算,移位操作符则只能用于 BIT 型和 BOOLEAN 型的运算。

（5）目前,在可综合的 VHDL 程序中,乘方运算符（**）的右操作数可以是任意的整数。

（6）"="和"/="运算符比">"和"<"综合生成的电路规模要小。

3.3　分别用 CASE 语句和 IF 语句设计 3 线-8 线译码器。

3.4 比较 CASE 语句与 WITH_SELECT 语句，说明它们的区别。

3.5 将下列程序段改写为用 WHEN_ELSE 语句实现的程序段。
```
PROCESS (a,b,c,d)
    BEGIN
    IF a='0' AND b='1' 'THEN next1<="1101";
        ELSIF a='0' THEN next1<=d;
        ELSIF b='1' 'THEN next1<=c;
        ELSE next1<="1011";
    END IF;
END PROCESS;
```

3.6 写出 8D 锁存器（可以是 74LS373）的实体，输入为 D、CLK 和 OE，输出为 Q。

3.7 根据如下的 VHDL 描述画出相应的电路原理图。
```
LIBRARY IEEE;
USE IEEE.STD_LOGIC_1164.ALL;
ENTITY DLATCH IS
    PORT(D,CP    :IN STD_LOGIC;
         Q,QN    :BUFFER STD_LOGIC);
END DLATCH;
ARCHITECTURE one OF DLATCH IS
  SIGNAL N1,N2:STD_LOGIC;
  BEGIN
        N1<=D NAND CP;
        N2<=N1 NAND CP;
        Q <=QN NAND N1;
        QN<=Q NAND N2;
END one;
```

3.8 下面是一个简单的 VHDL 描述，请画出其实体对应的原理符号，并画出与构造相应的电路原理图。
```
LIBRARY IEEE;
USE IEEE.STD_LOGIC_1164.ALL;
ENTITY SN74LS20 IS
      PORT(I1A,I1B,I1C,I1D  :IN STD_LOGIC;
           I2A,I2B,I2C,I2D  :IN STD_LOGIC;
           O1,O2            :OUT STD_LOGIC);
END SN74LS20;
ARCHITECTURE struc OF SN74LS20 IS
    BEGIN
         O1<=NOT(I1A AND I1B AND I1C AND I1D);
         O2<=NOT(I2A AND I2B AND I2C AND I2D);
END struc;
```

3.9 下面为一个时序逻辑模块的 VHDL 结构体描述，请找出其中的错误。
```
ARCHITECTURE one OF com1;
BEGIN
        VARIABLE a,b,c,clock :STD_LOGIC;
        Pro1: PROCESS
BEGIN
IF NOT(clock 'EVENT AND clock='1') THEN
x<=a xor b or c;
```

```
        END IF;
            END PROCESS;
        END;
```

3.10　用 VHDL 设计 4 位同步二进制加法计数器,输入为时钟端 CLK 和异步清除端 CLR,进位输出端为 C。

3.11　用 VHDL 设计 8 位同步二进制加减计数器,输入为时钟端 CLK 和异步清除端 CLR,UPDOWN 是加减控制端,当 UPDOWN 为 1 时执行加法计数,为 0 时执行减法计数;进位输出端为 C。

3.12　用 VHDL 设计两位 BCD 数加法器。

3.13　用 VHDL 设计 4 位二进制数触发器电路。

3.14　用 VHDL 设计七段数码显示器(LED)的十六进制译码器,要求该译码器有三态输出。

3.15　用 VHDL 设计 16 位全减器电路,要求首先设计一个 4 位全减器,然后用元件例化语句设计 16 位全减器。

3.16　用 VHDL 设计 4 选 1 数据选择器,然后用生成语句设计双 4 选 1 数据选择器。

第 4 章 Verilog HDL

本章概要：本章介绍硬件描述语言 Verilog HDL 的语言规则、数据类型和语句结构，并介绍最基本、最典型的数字逻辑电路的 Verilog HDL 描述，作为 Verilog HDL 工程设计的基础。

知识要点：（1）Verilog HDL 设计模块的基本结构；
　　　　　　（2）Verilog HDL 的语言规则；
　　　　　　（3）用 Verilog HDL 实现各种类型电路及系统设计的方法；
　　　　　　（4）Verilog HDL 设计流程；
　　　　　　（5）Verilog HDL 的仿真。

教学安排：本章教学安排 8 学时。通过本章的学习，使读者熟悉 Verilog HDL 设计模块的基本结构和 Verilog HDL 的语言规则，进而掌握 Verilog HDL 的编程方法，并使读者在第 2 章学习的基础上，进一步掌握 EDA 技术的 Verilog HDL 文本输入设计法。

4.1 Verilog HDL 设计模块的基本结构

Verilog HDL 程序设计是由模块（module）构成的，设计模块的基本结构如图 4.1 所示。一个完整的 Verilog HDL 设计模块包括模块端口定义、I/O 声明、信号类型声明和功能描述 4 个部分。

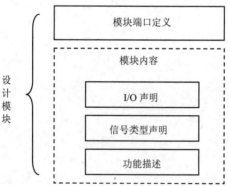

图 4.1 Verilog HDL 程序模块结构图

4.1.1 模块端口定义

模块端口定义用来声明设计模块名称及相应的（输入/输出）端口，端口定义格式如下：
　　　　`module 模块名(端口1,端口2,端口3,……);`
式中，module 是模块定义的关键词，模块名是设计电路的名称，它由用户按照标识符规则命名，也是保存的源文件名称。例如，设计一个 2 输入 4 与非门电路时，可以用 CT7400 作为模块名，并用 CT7400.v（.v 是 Verilog HDL 源文件的属性后缀）保存设计的源文件。在端口定义的圆括号中，是设计电路与外界联系的全部输入/输出端口信号或引脚，它是设计模块对外的一个通信界面，是外界可以看到的部分（不包含电源和接地端），多个端口名之间用逗号","分隔。例如，用 adder1 作为 1 位全加器的 Verilog HDL 设计模块名，sum 是求和输出，cout 是向高位的进位输出，ina 和 inb 是两个加数的输入，cin 是低位进位输入，则 adder1 模块的端口定义为：

```
module adder1(sum,cout,a,b,cin);
```

4.1.2 模块内容

模块内容包括 I/O 声明、信号类型声明和功能描述。

1. 模块的 I/O 声明

模块的 I/O 声明用来声明模块端口定义中各端口数据的流动方向，包括 input（输入）、output（输出）和 inout（双向）。I/O 声明格式如下：

```
input    端口1,端口2,端口3,……;//声明输入端口
output   端口1,端口2,端口3,……;//声明输出端口
```

例如，1 位全加器的 I/O 声明为：

```
input    a,b,cin;
output   sum,cout;
```

2. 变量类型声明

变量类型声明用来声明设计电路的功能描述中所用的变量的数据类型和函数。变量的类型主要有 wire（连线）、reg（寄存器）、integer（整型）、real（实型）和 time（时间）等。例如：

```
wire    a,b,cin;        //声明 a,b,cin 是 wire 变量
reg     cout;           //声明 cout 是 reg 型变量
reg[7:0] q;             //声明 q 是 8 位 reg 型变量
```

在 Verilog HDL 的 2001 版本或以上版本，允许将 I/O 声明和变量类型放在一条语句中，例如：

```
output reg[7:0] q;      //声明 q 是 8 位 reg 型输出变量
```

关于变量声明部分内容将在后续的章节详细介绍。

3. 功能描述

功能描述是 Verilog HDL 程序设计中最主要的部分，用来描述设计模块的内部结构和模块端口之间的逻辑关系，在电路上相当于器件的内部电路结构。功能描述可以用 assign 语句、元件例化（instantiate）、always 块语句、initial 块语句等方法来实现，通常把确定这些设计模块描述的方法称为建模。

（1）用 assign 语句建模

用 assign 语句建模的方法很简单，只需要在"assign"后面再加一个表达式即可。assign 语句一般适合对组合逻辑进行赋值，称为连续赋值方式。

【例 4.1】1 位全加器的设计。

1 位全加器的逻辑符号如图 4.2 所示，其中 sum 是全加器的和输出端，cout 是进位输出端，a 和 b 是两个加数输入端，cin 是低位进位输入端。

图 4.2 1 位全加器的逻辑符号

全加器设计电路的 Verilog HDL 源程序 adder1.v 如下：

```
module  adder1(sum,cout,a,b,cin);
input    a,b,cin;
```

```
    output  sum,cout;
    assign{cout,sum} = a+b+cin;
    endmodule
```

在例 4.1 中，用语句 "assign {cont,sum} = a+b+cin;" 实现 1 位全加器的进位 cout 与和输出 sum 的建模。在语句表达式中，用并接运算符 "{}" 将 cont、sum 这两个 1 位操作数并接为一个 2 位操作数，位于左边的操作数的权值高，位于右边的操作数的权值低。

（2）用元件例化（instantiate）方式建模

元件例化方式建模是利用 Verilog HDL 提供的元件库实现的。例如，用与门例化元件定义一个三输入端与门可以写为

```
    and myand3(y,a,b,c);
```

其中，and 是 Verilog HDL 元件库中"与门"元件名，myand3 是可选的例化名（相当于元件 and 插在印制电路板上的插座名），y 是与门的输出端，a、b 和 c 是输入端。完整的 3 输入端与门电路的 Verilog HDL 源程序 and_3.v 如下：

```
    module  and_3(y,a,b,c);
    input    a,b,c;
    output   y;
    and myand3(y,a,b,c);
    endmodule
```

（3）用 always 块语句建模

always 块语句可以用于设计组合逻辑和时序逻辑，但时序逻辑必须用 always 块语句来建模。一个程序设计模块中，可以包含一个或多个 always 块语句。程序运行中，若 always 块语句的敏感参数发生变化，就执行一遍 always 块中的语句，产生新的结果。

【例 4.2】4 位十进制加法计数器的设计。

用 Verilog HDL 设计的 4 位十进制加法计数器的元件符号如图 4.3 所示，其中 q 是 4 位十进制加法计数器的输出端（4 位向量）；cout 是进位输出端（1 位）；clk 是时钟控制输入端，上升沿为有效边沿；clrn 是同步复位输入端，低电平有效，当 clrn 的下降沿到来时且 clrn=0，则计数器被复位，q=0。

4 位十进制加法计数器的 Verilog HDL 源程序 cnt10.v 如下：

```
    module cnt10(clk,clrn,q,cout);
     input    clk,clrn;
     output reg[3:0] q;
     output reg    cout;
    always  @(posedge clk or negedge clrn)
     begin
    if(~clrn)q = 0;
        else begin
            if (q==9)q = 0;
        else q = q+1;
        if(q==9)cout = 1;
        else cout = 0;  end
    end
    endmodule
```

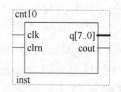

图 4.3　4 位十进制加法
　　　计数器的逻辑符号

在例 4.2 的源程序中，用 always 块语句来实现 8 位二进制加法计数器的建模。@(posedge clk or negedge clrn)是时间控制敏感函数，表示 clk 上升沿到来或者 clrn 下降沿到来的敏感时刻，

alwyas 块中的全部语句就执行一遍。另外，在程序的最后用"if(q==9)cout=1;else cout=0;"两条语句产生进位输出。4 位十进制加法计数器 cnt10 的仿真结果如图 4.4 所示。

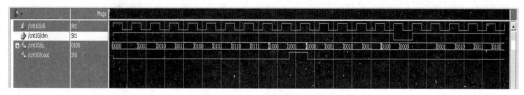

图 4.4 4 位十进制加法计数器 cnt10 的仿真结果图

（4）用 initial 块语句建模

initial 块语句与 always 块语句类似，不过在程序中它只执行 1 次就结束了。initial 块语句主要用于设计电路的初始化操作和仿真。例如在电子日历的设计中，可以将日历的日期初始化为 2000（年）01（月）01（日）。

从例 4.1 和例 4.2 可以看出 Verilog HDL 程序设计模块的基本结构。

① Verilog HDL 程序是由模块构成的。每个模块的内容都是嵌在 module 和 endmodule 语句之间，每个模块实现特定的功能，模块是可以进行层次嵌套的。

② 每个模块首先要进行端口定义，并声明输入（input）、输出（output）或双向（inout），然后对模块的功能进行逻辑描述。

③ Verilog HDL 程序的书写格式自由，一行可以书写一条语句或多条语句，一条语句也可以分为多行书写。

④ 除了 end 或以 end 开头的关键词（如 endmodule）语句外，每条语句后必须要有分号";"。程序中的关键词全部用小写字母书写，标点符号全部用半角符号。

⑤ 可以用/*……*/或//……对 Verilog HDL 程序的任何部分作注释。一个完整的源程序都应当加上必要的注释，以加强程序的可读性。

4.2 Verilog HDL 的词法

Verilog HDL 源程序由空白符号分隔的词法符号流组成。词法符号包括空白符、注释、操作符、常数、字符串、标识符和关键词。准确无误地理解和掌握 Verilog HDL 的词法规则和用法，对正确完成 Verilog HDL 程序设计十分重要。

4.2.1 空白符和注释

Verilog HDL 的空白符包括空格、tab 符号、换行和换页。空白符用来分隔各种不同的词法符号，合理地使用空白符可以使源程序具有一定的可读性和编程风格。空白符如果不是出现在字符串中，编译源程序时将被忽略。

注释分为行注释和块注释两种方式。行注释用符号//（两个斜杠）开始，注释到本行结束。块注释用/*开始，用*/结束。块注释可以跨越多行，但它们不能嵌套。

4.2.2 常数

Verilog HDL 中的常数包括 3 种：数字、未知 x 和高阻 z。数字可以用二进制、十进制、八进制和十六进制等 4 种不同的数制来表示，完整的数字格式为：

```
<位宽>'<进制符号><数字>
```

其中，位宽表示数字对应的二进制数的位数宽度；进制符号包括 b 或 B（表示二进制数）、d 或 D（表示十进制数）、h 或 H（表示十六进制数）、o 或 O（表示八进制数）。例如：

```
8'b10110001          //表示位宽为 8 位的二进制数 10110001
8'hf5                //表示位宽为 8 位的十六进制数 f5
```

数字的位宽可以缺省，例如：

```
'b10110001           //表示二进制数
'hf5                 //表示十六进制数
```

十进制数的位宽和进制符号都可以缺省，例如：

```
125                  //表示十进制数 125
```

另外，用 x（或 X）和 z（或 Z）分别表示未知值和高阻值，它们可以出现在除了十进制数以外的数字形式中。x 和 z 的位数由所在的数字格式决定。在二进制数格式中，一个 x 或 z 表示 1 位未知位或 1 位高阻位；在十六进制数中，一个 x 或 z 表示 4 位未知位或 4 位高阻位；在八进制数中，一个 x 或 z 表示 3 位未知位或 3 位高阻位。例如：

```
'b1111xxxx           //等价'hfx
'b1101zzzz           //等价'hdz
```

4.2.3 字符串

字符串是用双引号括起来的可打印字符序列，它必须包含在同一行中。例如，"ABC"，"A BOY."，"A"，"1234"都是字符串。

4.2.4 关键词

关键词（也称关键字）是 Verilog HDL 预先定义的单词或单词的组合，它们在程序中有不同的使用目的。例如，module 和 endmodule 用来指出源程序模块的开始和结束；assign 用来描述一个逻辑表达式等。Verilog-1995 的关键词有 97 个，Verilog-2001 增加了 5 个，共 102 个，详见表 4.1，每个关键词全部由小写字母组成，少数关键词中包含"0"或"1"数字。

4.2.5 标识符

标识符是用户编程时为常量、变量、模块、寄存器、端口、连线、示例和 begin-end 块等元素定义的名称。标识符可以是字母、数字、下画线"_"等符号组成的任意序列。定义标识符时应遵循如下规则：

① 首字符不能是数字；
② 字符数不能多于 1024 个；
③ 大、小写字母是不同的（仅限于 Verilog-1995 版本）；
④ 不能与关键词同名。

例如，a、b、adder、adder8、name_adder 都是正确的标识符；而 1a、?b 是错误的标识符。

与 VHDL'93 标准支持扩展标识符类似，Verilog HDL 允许使用转义标识符。转义标识符中可以包含任意的可打印字符，转义标识符从空白符号开始，以反斜杠"\"作为开始标记，到下一个空白符号结束，反斜杠不是标识符的一部分。下面是转义标识符的示例：

```
\74LS00
\a+b
```

4.2.6 操作符

操作符也称为运算符，是 Verilog HDL 预定义的函数名字，这些函数对被操作的对象（即操作数）进行规定的运算，得到一个结果。操作符通常由 1～3 个字符组成，例如，"+"表示加操作，"=="（2 个=字符）表示逻辑等操作，"==="（3 个=字符）表示全等操作。有些操作符的操作数只有 1 个，称为单目操作；有些操作符的操作数有 2 个，称为双目操作；有些操作符的操作数有 3 个，称为三目操作。

表 4.1　Verilog HDL 的关键词

always	and	assign	begin	buf
bufi0	bufu1	case	casex	casez
cmos	deassign	default	defparam	disable
edge	else	end	endcase	endfunction
endmodule	endprimitive	endspecify	endtable	endtask
event	for	force	forever	fork
function	highz0	highz1	if	initial
inout	input	integer	join	large
macromodule	medium	module	nand	negedge
nmos	nor	not	notif0	nottif1
or	output	pmos	posedge	primitive
pull0	pull1	pulldown	pullup	remos
reg	release	Repeatr	rnmos	rpmos
rtran	rtranif0	reranif1	scalared	small
specify	specparam	strong0	strong1	supply0
supply1	table	task	time	tran
tranif0	tranif1	tri	tri0	tri1
triand	trior	vectored	wait	wand
weak0	weak1	while	wire	wor
xnot	xor			

Verilog HDL 的操作符分为算术操作符、逻辑操作符、位运算、关系操作符、等值操作符、缩减操作符、转移操作符、条件操作符和并接操作符，共 9 类。

1. 算术操作符（Arithmetic operators）

常用的算术操作符有 6 种：+（加）、-（减）、*（乘）、/（除）、%（求余）和**（乘方）。其中%是求余操作符，在两个整数相除的基础上，取出其余数。例如，5％6 的值为 5；13％5 的值是 3。整除（/）和求余（%）运算符可以方便电路的设计，如将二进制数转换为十进制数（8421BCD 码），但这两种运算符在综合过程中占用很多逻辑单元（LEs），所以一般电路设计最好不要使用。

2. 逻辑操作符（Logical operators）

逻辑操作符包括：&&（逻辑与）、||（逻辑或）、!（逻辑非）。例如，A && B 表示 A 和 B 进行逻辑与运算；A || B 表示 A 和 B 进行逻辑或运算；!A 表示对 A 进行逻辑非运算。

3. 位运算（Bitwise operators）

位运算是将两个操作数按对应位进行逻辑操作。位运算操作符包括：~（按位取反）、&（按位与）、|（按位或）、^（按位异或）、^~或~^（按位同或）。例如，设 A='b11010001，B='b00011001，则：

```
~A    = 'b00101110
A & B = 'b00010001
A | B = 'b11011001
A ^ B = 'b11001000
A ^~ B = 'b00110111
```

在进行位运算时，当两个操作数的位宽不同时，计算机会自动将两个操作数按右端对齐，位数少的操作数会在高位用 0 补齐。

位运算与逻辑操作符运算的结果是相同的，因此，逻辑操作运算直接可以用位运算替代，例如，A && B 可以写成 A & B。

4. 关系操作符（Relational operators）

关系操作符用来对两个操作数进行比较。关系操作符有：<（小于）、<=（小于等于）、>（大于）、>=（大于等于）。其中，<=也是赋值运算的赋值符号。

关系运算的结果是 1 位逻辑值。在进行关系运算时，如果关系是真，则计算结果为 1；如果关系是假，则计算结果为 0；如果某个操作数的值不定，则计算结果不定（未知 x），表示结果是模糊的。

5. 等值操作符（Equality operators）

等值操作符包括 4 种：==（等于）、!=（不等于）、===（全等）、!==（不全等）。

等值运算的结果也是 1 位逻辑值，当运算结果为真时，返回值 1；为假则返回值 0。相等操作符（==）与全等操作符（===）的区别是：当进行相等运算时，两个操作数必须逐位相等，其比较结果的值才为 1（真），如果某些位是不定或高阻状态，其相等比较的结果就会是不定值；而进行全等运算时，对不定或高阻状态位也进行比较，当两个操作数完全一致时，其结果的值才为 1（真），否则结果为 0（假）。

例如，设 A = 'b1101xx01，B = 'b1101xx01，则：

```
A == B          运算的结果为 x（未知）
A === B         运算的结果为 1（真）
```

6. 缩减操作符（Reduction operators）

缩减操作符包括：&（与）、~&（与非）、|（或）、~|（或非）、^（异或）、^~或~^（同或）。缩减操作运算法则与逻辑运算操作相同，但操作的运算对象只有一个。在进行缩减操作运算时，对操作数进行与、与非、或、或非、异或、同或等缩减操作运算，运算结果有 1 位 "1" 或 "0"。例如，设 A = 'b11010001，则&A = 0（在与缩减运算中，只有 A 中的数字全为 1 时，结果才为 1）；|A = 1（在或缩减运算中，只有 A 中的数字全为 0 时，结果才为 0）。缩减操作相当于一个逻辑门，与缩减运算相当于一个与门，只有与门的全部输入为 "1" 时，输出（1位）才为 "1"，否则输出为 "0"。

7. 转移操作符（Shift operators）

转移操作符包括：>>（右移）、<<（左移）。其使用方法为：

  操作数 >> n; //将操作数的内容右移 n 位，同时从左边开始用 0 来填补移出的位数
  操作数 << n; //将操作数的内容左移 n 位，同时从右边开始用 0 来填补移出的位数

例如，设 A = 'b11010001，则 A >> 4 的结果是 A = 'b00001101；而 A << 4 的结果是 A = 'b00010000。

8. 条件操作符(Conditional operators)

条件操作符为：?:

条件操作符的操作数有 3 个，其使用格式为：

  操作数 = 条件 ? 表达式 1:表达式 2;

即当条件为真（条件结果值为 1）时，操作数 = 表达式 1；为假（条件结果值为 0）时，操作数 = 表达式 2。

【例 4.3】 用 Verilog HDL 的条件操作符设计三态输出电路。

三态输出电路如图 4.5 所示，其中 a 是 1 位数据输入端，f 是 1 位数据输出端，en 是使能控制输入端，高电平有效。当 en=1 时，电路工作，输出 f=a，当 en=0 时，电路不工作，输出为高阻态（f='bz）。

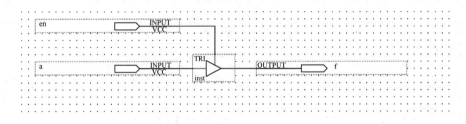

图 4.5 例 4.3 的硬件实现电路

用 Verilog HDL 的条件操作符设计三态输出电路的源程序如下：

```
module tri_v(f,a,en);
input  a,en;
output f;
assign f = en ? a : 'bz;
endmodule
```

在本例中用了一个含有"?:"条件操作符的"assign f = en ? a: 'bz;"语句来描述三态输出电路，assign 语句的条件是变量 en，其值只有 0 和 1 两种。如果 en 为 1（真）时 y=a，为 0（假）时则 y='bz（高阻）。三态输出电路的仿真波形如图 4.6 所示（为了读者清楚阅图，本章的仿真波形是采用 Quartus II 9.0 软件的仿真工具 Waveform Editor 或 Quartus II 13.0 的 university program vwf 得到），在波形图中，当 en=0 时输出 f 为高阻态（高阻态是以在高低电平中部的粗线表示），当 en=1 时，输出 f 与输入 a 的波形相同。

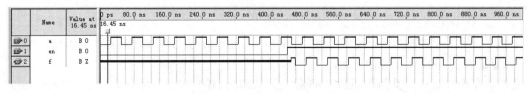

图 4.6 三态输出电路的仿真波形

9. 并接操作符（Concatenation operators）

并接操作符为：{ }

并接操作符的使用格式为：

{操作数 1 的某些位,操作数 2 的某些位,……,操作数 n 的某些位};

即将操作数 1 的某些位与操作数 2 的某些位……与操作数 n 的某些位并接在一起,构成一个由这些数组成的多位数。例如,将 1 位全加器进位 cont 与和 sum 并接在一起使用,它们的结果由两个加数 a、b 及低位进位 cin 相加决定的表达式为：

{cont,sum}= a+b+cin;

10. 操作符的优先级

操作符的优先级见表 4.2。表中顶部的操作符优先级最高,底部的最低,列在同一行的操作符的优先级相同。所有的操作符（?:操作符除外）在表达式中都是从左向右结合的。圆括号可以用来改变优先级,并使运算顺序更清晰,对操作符的优先级不能确定时,最好使用圆括号来确定表达式的优先顺序,既可以避免出错,也可以增加程序的可读性。

表 4.2 操作符的优先级

优先级序号	操 作 符	操作符名称
1	!、~	逻辑非、按位取反
2	*、/、%	乘、除、求余
3	+、-	加、减
4	<<、>>	左移、右移
5	<、<=、>、>=	小于、小于等于、大于、大于等于
6	==、!=、===、!==	等于、不等于、全等、不全等
7	&、~&	缩减与、缩减与非
8	^、^~	缩减异或、缩减同或
9	|、~|	缩减或、缩减或非
10	&&	逻辑与
11	||	逻辑或
12	?:	条件操作符

4.2.7 Verilog HDL 数据对象

Verilog HDL 数据对象是指用来存放各种类型数据的容器,包括常量和变量。

1. 常量

常量是一个恒定不变的数值,一般在程序前部定义。常量定义格式为：

parameter 常量名 1 = 表达式,常量名 2 = 表达式,……,常量名 n = 表达式;

其中,parameter 是常量定义关键词,常量名是用户定义的标识符,表达式是为常量赋的值。例如：

parameter Vcc = 5, fbus = 'b11010001;

上述语句定义了常量 Vcc 的值为十进制数 5,常量 fbus 的值为二进制数 11010001。

2. 变量

变量是在程序运行时其值可以改变的量。在 Verilog HDL 中,变量分为网络型（nets type）和寄存器型（register type）两种。

（1）网络型变量（nets type）

nets 型变量是输出值始终根据输入变化而更新的变量，它一般用来定义硬件电路中的各种物理连线。Verilog HDL 提供了多种 nets 型变量，见表 4.3。

表 4.3　常用的 nets 型变量及说明

类　　型	功　能　说　明
wire、tri	连线类型（两者功能完全相同）
wor、trior	具有线或特性的连线（两者功能一致）
wand、triand	具有线与特性的连线（两者功能一致）
tri1、tri0	分别为上拉电阻和下拉电阻
supply1、supply0	分别为电源（逻辑 1）和地（逻辑 0）

在 nets 型变量中，wire 型变量是最常用的一种。wire 型变量常用来表示以 assign 语句赋值的组合逻辑信号。Verilog HDL 模块中的输入/输出信号类型默认时自动定义为 wire 型。wire 型信号可以作为任何方程式的输入，也可以作为 assign 语句和例化元件的输出。对综合而言，wire 型变量的取值可以是 0、1、x 和 z。

wire 型变量的定义格式如下：

```
wire [位宽] 变量名1,变量名2,……,变量名n;//位宽用于定义变量的二进制位数
```

例如：

```
wire        a,b,c;        //定义了3个wire型的变量，位宽均为1位（默认）
wire[7,0]   databus;      //定义了1个wire型的数据总线，位宽为8位
wire[15,0]  addrbus;      //定义了1个wire型的地址总线，位宽为16位
```

（2）寄存器型变量（register type）

register 型变量类似 VHDL 中的信号（Signal），是用来描述硬件系统的基本数据对象。它作为一种数值容器，不仅可以容纳当前值，也可以保持历史值，这一属性与触发器或寄存器的记忆功能有很好的对应关系。变量也是一种连接线，可以作为设计模块中各器件之间的信息传送通道。register 型变量与 wire 型变量的根本区别在于：register 型变量需要被明确地赋值，并且在被重新赋值前一直保持原值。wire 型变量在 assign 语句和元件例化语句中赋值，而 register 型变量是在 always、initial 等过程语句中定义，并通过过程语句赋值。

Verilog HDL 中的 register 型变量有 4 种，见表 4.4。integer、real 和 time 3 种寄存器型变量都是纯数学的抽象描述（不可综合），不对应任何具体的硬件电路，但它们可以描述与模拟有关的计算。例如，可以利用 time 型变量控制经过特定的时间后关闭显示等。

reg 型变量是数字系统中存储设备的抽象，常用于具体的硬件描述，因此是最常用的寄存器型变量，下面重点介绍 reg 型变量。

表 4.4　常用的 register 型变量及说明

类　　型	功　能　说　明
reg	常用的寄存器型变量
integer	32 位带符号整数型变量
real	64 位带符号实数型变量
time	无符号时间型变量

reg 型变量定义的关键词是 reg，定义格式如下：

```
reg [位宽]   变量1,变量2,……,变量n;
```

用 reg 定义的变量有一个范围选项（即位宽），默认的位宽是 1。位宽为 1 位的变量称为标量，位宽超过 1 位的变量称为向量。标量的定义不需要加位宽选项，例如：

```
reg a,b;              //定义两个reg型变量a, b
```

向量定义时需要位宽选项，例如：
```
reg[7:0]    data;       //定义1个8位寄存器型变量，最高有效位是7，最低有效位是0
reg[0:7]    data;       //定义1个8位寄存器型变量，最高有效位是0，最低有效位是7
```
向量定义后可以采用多种使用形式（即赋值）。

① 为整个向量赋值的形式为：
```
data='b00000000;
```
② 为向量的部分位赋值的形式为：
```
data[5:3]='b111;        //将data的第5，4，3位赋值为"111"
```
③ 为向量的某一位赋值的形式为：
```
data[7]=1;
```

（3）数组

若干个相同宽度的向量构成数组。在数字系统中，reg型数组变量即为memory（存储器）型变量。存储器型可以用如下语句定义：
```
reg[7:0]          mymemory[1023:0];
```
上述语句定义了一个1024个字存储器变量mymemory，每个字的字长为8位。在表达式中可以用下面的语句来使用存储器：
```
mymemory[7] = 75;       //存储器mymemory的第7个字被赋值75
assign A= mymemory[7];  //将存储器mymemory的第7个字的值赋给变量A（存储器读）
```

4.3 Verilog HDL 的语句

语句是构成 Verilog HDL 程序不可缺少的部分。Verilog HDL 的语句包括赋值语句、条件语句、循环语句、结构声明语句和编译预处理语句等类型，每类语句又包括几种不同的语句。在这些语句中，有些语句属于顺序执行语句，有些语句属于并行执行语句。

4.3.1 赋值语句

在 Verilog HDL 中，赋值语句常用于描述硬件设计电路输出与输入之间的信息传送，改变输出结果。Verilog HDL 有门基元、连续赋值、过程赋值和非阻塞赋值4种赋值方法（即语句）。不同的赋值语句使输出产生新值的方法不同。

1. 门基元赋值语句

门基元赋值语句的格式为：
```
基本逻辑门关键词    (门输出,门输入1,门输入2,……,门输入n);
```
其中，基本逻辑门关键词是 Verilog HDL 预定义的逻辑门，包括 and、or、not、xor、nand、nor等；圆括号中的内容是被描述门的输出和输入信号。例如，具有4个输入a、b、c、d和y输出的与非门，其门基元赋值语句为：
```
nand    (y,a,b,c,d);    //该语句与assign y = ~(a & b & c & d);语句等效
```

2. 连续赋值语句

连续赋值语句的关键词是 assign，赋值符号是"="，赋值语句的格式为：
```
assign  赋值变量 = 表达式;
```
例如，具有 a、b、c、d 4个输入和 y 为输出与非门的连续赋值语句为：
```
assign y = ~(a & b & c & d);
```
连续赋值语句的"="号两边的变量都应该是 wire 型变量。在执行中，输出y的变化跟随

输入 a、b、c、d 的变化而变化,反映了信息传送的连续性。连续赋值语句用于逻辑门和组合逻辑电路的描述。

【例 4.4】 4 输入端与非门的 Verilog HDL 源程序。

```
module    example_4(y,a,b,c,d);
output    y;
input     a,b,c,d;
assign    #1 y = ~(a&b&c&d);
endmodule
```

程序中的"#1"表示该门的输出与输入信号之间具有 1 个单位的时间延迟。

3.过程赋值语句

过程赋值语句出现在 initial 和 always 块语句中,赋值符号是"=",它是顺序语句,语句格式为:

  赋值变量 = 表达式;

在过程赋值语句中,赋值号"="左边的赋值变量必须是 reg(寄存器)型变量,其值在该语句结束即可得到。如果一个块语句中包含若干条过程赋值语句,那么这些过程赋值语句按照语句编写的顺序由上至下一条一条地执行,前面的语句没有完成,后面的语句就不能执行,就如同被阻塞了一样。因此,过程赋值语句也称为阻塞赋值语句。

4.非阻塞赋值语句

非阻塞赋值语句也是出现在 initial 和 always 块语句中,赋值符号是"<=",语句格式为:

  赋值变量 <= 表达式;

在非阻塞赋值语句中,赋值号"<="左边的赋值变量也必须是 reg 型变量,其值不像过程赋值语句那样在语句结束时即刻得到,而在该块语句结束才可得到。例如,在下面的块语句中包含 4 条赋值语句:

```
always   @(posedge clock)
m = 3;
n = 75;
n <= m;
r = n;
```

语句执行结束后,r 的值是 75,而不是 3,因为第 3 行是非阻塞赋值语句"n <= m",该语句要等到本块语句结束时,n 的值才能改变。块语句中的"@(posedge clock)"是定时控制敏感函数,表示时钟信号 clock 的上升沿到来的敏感时刻。

过程赋值语句和非阻塞赋值语句都是在 initial 和 always 块语句中使用的,因此都称为过程赋值语句,只是赋值方式不同。过程赋值语句常用于数字系统的触发器、移位寄存器、计数器等时序逻辑电路的描述,也可用于组合逻辑电路的描述。

【例 4.5】 上升沿触发的 D 触发器的 Verilog HDL 的源程序。

```
module    D_FF(q,d,clock);
input     d,clock;
output    q;
reg       q;
always    @(posedge clock)
q = d;
endmodule
```

在源程序中,q 是触发器的输出,属于 reg 型变量;d 和 clock 是输入,属于 wire 型变量

（由隐含规则定义）。在 always 块语句中，"posedge clock"是敏感变量，只有 clock 的正边沿（上升沿）到来时，D 触发器的输出 q=d，否则触发器的状态不变（处于保持状态）。

4.3.2 条件语句

条件语句包含 if 语句和 case 语句，它们都是顺序语句，应放在 always 或 initial 块语句中。

1. if 语句

完整的 Verilog HDL 的 if 语句结构如下：
```
if (表达式) begin 语句; end
else if (表达式)
  begin 语句; end
else
  begin 语句; end
```
根据需要，if 语句可以写为另外两种变化形式。

（1）if(表达式)
　　begin 语句; end

（2）if(表达式)
　　　begin 语句; end
　　else
　　　begin 语句; end

在 if 语句中，"表达式"一般为逻辑表达式或关系表达式，也可以是位宽为 1 位的变量。系统对表达式的值进行判断，若为 0，x，z，按"假"处理；若为 1，按"真"处理，执行指定的语句。语句可以是多句，多句时用"begin-end"语句括起来；也可以是单句，单句可以省略"begin-end"语句。对于 if 语句嵌套，如果不清楚 if 和 else 的匹配，最好用"begin-end"语句括起来。

if 语句及其变化形式属于条件语句，在程序中用来改变控制流程。

【例 4.6】 8 线-3 线优先编码器的设计。

8 线-3 线优先编码器的功能见表 4.5，a0～a7 是 8 个信号输入端，a7 的优先级最高，a0 的优先级最低。当 a7 有效时（低电平 0），其他输入信号无效，编码输出 y2y1y0=111（a7 输入的编码）；如果 a7 无效（高电平 1），而 a6 有效，则 y2y1y0=110（a6 输入的编码）；以此类推。在传统的电路设计中，优先编码器的设计是一个相对困难的课题，而采用 Verilog HDL 的 if 语句，此类难题迎刃而解，充分体现了硬件描述语言在数字电路设计方面的优越性。

表 4.5　8 线-3 线优先编码器的功能表

输入								输出		
a0	a1	a2	a3	a4	a5	a6	a7	y2	y1	y0
×	×	×	×	×	×	×	0	1	1	1
×	×	×	×	×	×	0	1	1	1	0
×	×	×	×	×	0	1	1	1	0	1
×	×	×	×	0	1	1	1	1	0	0
×	×	×	0	1	1	1	1	0	1	1
×	×	0	1	1	1	1	1	0	1	0
×	0	1	1	1	1	1	1	0	0	1
0	1	1	1	1	1	1	1	0	0	0

8 线-3 线优先编码器设计电路的 Verilog HDL 源程序 coder_8.v 如下：
```
module coder_8(y,a);
```

```
input[7:0]      a;
output[2:0] y;
reg[2:0]        y;
always  @(a)
    begin
        if(~a[7])     y='b111;
        else if(~a[6]) y='b110;
        else if(~a[5]) y='b101;
        else if(~a[4]) y='b100;
        else if(~a[3]) y='b011;
        else if(~a[2]) y='b010;
        else if(~a[1]) y='b001;
        else if(~a[0]) y='b000;
        else          y='b000;
    end
endmodule
```

2. case 语句

case 语句是一种多分支的条件语句,完整的 case 语句的格式为:

```
case (表达式)
    选择值1:     语句1;
    选择值2:     语句2;
    ……          ;
    选择值n:     语句n;
    default:     语句n+1;
endcase
```

执行 case 语句时,首先计算表达式的值,然后执行在条件语句中"选择值"与其值相同的语句。当所有的条件语句的"选择值"与表达式的值不同时,则执行"default"后的语句。当选择值涵盖了表达式的全部结果时(如果表达式是 3 位二进制数,而选择值有 8 个),default 语句可以不要,不满足上述条件时,default 语句不可缺省。

case 语句多用于数字系统中的译码器、数据选择器、状态机及微处理器的指令译码器等电路的描述。

【例 4.7】用 case 语句描述 4 选 1 数据选择器。

4 选 1 数据选择器的逻辑符号如图 4.7 所示,其逻辑功能见表 4.6。由表可知,4 选 1 数据选择器的功能是:在控制输入信号 s1 和 s2 的控制下,使输入数据信号 a、b、c、d 中的一个被选中传送到输出 y。s1 和 s2 有 4 种组合值,可以用 case 语句实现其功能。

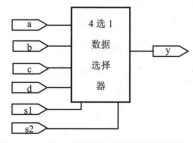

表 4.6 4 选 1 数据选择器逻辑功能表

s1	s2	y
0	0	a
0	1	b
1	0	c
1	1	d

图 4.7 4 选 1 数据选择器的逻辑符号

4 选 1 数据选择器 Verilog HDL 的源程序 mux4_1 如下：

```
module      mux4_1(y,a,b,c,d,s1,s2);
input       s1,s2;
input       a,b,c,d;
output      y;
reg         y;
always  @(s1 or s2)
    begin
        case ({s1,s2})
            'b00:    y=a;
            'b01:    y=b;
            'b10:    y=c;
            'b11:    y=d;
        endcase
    end
endmodule
```

case 语句还有两种变体语句形式，即 casez 语句和 casex 语句。casez 语句和 casex 语句与 case 语句的格式完全相同，它们的区别是：在 casez 语句中，如果分支表达式某些位的值为高阻 z，那么对这些位的比较就不予以考虑，只关注其他位的比较结果；在 casex 语句中，把不予以考虑的位扩展到未知 x，即不考虑值为高阻 z 和未知 x 的那些位，只关注其他位的比较结果。

4.3.3 循环语句

循环语句包含 for 语句、repeat 语句、while 语句和 forever 语句 4 种。

1. for 语句

for 语句的语法格式为：

```
for (索引变量 = 初值；索引变量< 终值；索引变量=索引变量+ 步长值)
   begin
     语句；
   end
```

for 语句可以使一组语句重复执行，语句中的索引变量、初值、终值和步长值是循环语句定义的参数，这些参数一般属于整型变量或常量。语句重复执行的次数由语句中的参数确定，即：

$$循环重复次数=（终值-初值）/步长值$$

【例 4.8】 8 位奇偶校验器的设计。

本例用 a 表示输入信号，它是一个长度为 8 位的向量。在程序中，用 for 语句对 a 的值逐位进行模 2 加（即异或 XOR）运算，索引变量 n 控制模 2 加的次数。索引变量的初值为 0，终值为 8，因此，控制循环共执行了 8 次。8 位奇偶校验器的 Verilog HDL 源程序 ldd_8.v 如下：

```
module  ldd_8(a,out);
input[7:0]  a;
output      out;
reg         out;
integer     n;          //定义整型索引变量
always  @(a)
```

```
        begin
            out = 0;
            for(n=0; n<8; n=n+1)out=out^a[n];
        end
endmodule
```

对于一个具体的电路,可以有多种描述方法。例如,8 位奇偶校验器可以用缩减异或运算来实现,这种设计结果非常简单,其源程序 ldd_8_1.v 如下:

```
module  ldd_8_1(a,out);
input[7:0]  a;
output      out;
assign  out = ^ a;
endmodule
```

2. repeat 语句

repeat 语句的语法格式为:

```
repeat (循环次数表达式) 语句;
```

用 repeat 语句实现例 4.8(8 位奇偶校验器)的描述如下:

```
module  ldd_8_2(a,out);
parameter  size = 7;
input[7:0]  a;
output      out;
reg         out;
integer     n;
always @(a)
    begin
        out = 0;
        n = 0;
        repeat(size)
            begin
                out =out ^ a[n];
                n = n+1;
            end
    end
endmodule
```

注意:有的 EDA 工具软件不支持 repeat 语句,因此将 repeat 视为非法语句。

3. while 语句

while 语句的语法格式为:

```
while (循环执行条件表达式)
  begin
    重复执行语句;
    修改循环条件语句;
  end
```

while 语句在执行时,首先判断循环执行条件表达式是否为真。若为真,则执行其后的语句;若为假,则不执行(表示循环结束)。为了使 while 语句能够结束,在循环执行的语句中必须包含一条能改变循环条件的语句。

4. forever 语句

forever 语句的语法格式为:

```
forever
  begin
    语句;
  end
```

forever 是一种无穷循环控制语句,它不断地执行其后的语句或语句块,永远不会结束。forever 语句常用来产生周期性的波形,作为仿真激励信号。例如,产生时钟时期为 20 个延迟单位(纳秒)、占空比为 50%的时钟脉冲 clk 的语句为:

```
forever #10 clk = !clk;
```

4.3.4 结构声明语句

Verilog HDL 的任何过程模块都是放在结构声明语句中,结构声明语句包括 4 种结构:always、initial、task 和 function。

1. always 块语句

在一个 Verilog HDL 模块(module)中,always 块语句的使用次数是不受限制的,块内的语句也是不断重复执行的。always 块语句的语法结构为:

```
always @(敏感信号表达式)
  begin
    //过程赋值语句;
    // if 语句, case 语句;
    // for 语句, while 语句, repeat 语句;
    // task 语句, function 语句;
  end
```

在 always 块语句中,敏感信号表达式(event-expression)应该列出影响块内取值的所有变量(一般指设计电路的输入变量或其他结构声明语句中的 reg 型变量),多个变量之间用"or"连接(也可以用逗号","分隔)。当表达式中任何变量发生变化时,就会执行一遍块内的语句。块内语句可以包括:过程赋值、if、case、for、while、repeat、task 和 function 等语句。always 块语句的使用,已在例 4.5 中给出。

在进行时序逻辑电路的描述中,敏感信号表达式中经常使用"posedge"和"negedge"这两个关键字来声明事件是由时钟的正边沿(上升沿)或负边沿(下降沿)触发的。若 clk 是设计电路的时钟信号,则"always @(posedge clk)"表示模块的事件是由 clk 的上升沿触发的;而"always @(negedge clk)"表示模块的事件是由 clk 的下降沿触发的。在 8 位二进制加法计数器(见例 4.2)的模块中,就使用了这类语句。

2. initial 语句

initial 语句的语法格式为:

```
initial
  begin
    语句 1;
    语句 2;
    ......;
  end
```

initial 语句的使用次数也是不受限制的,其特点与 always 块语句相同,不同之处在于其块内的语句仅执行一次(不重复),因此 initial 语句常用于设计电路的初始化数据设置和仿真中。

3. task 语句

在 Verilog HDL 模块中，task 语句用来定义任务。任务类似高级语言中的子程序，用来单独完成某项具体任务，并可以被模块或其他任务调用。利用任务可以把一个大的程序模块分解成为若干小的任务，使程序清晰易懂，而且便于调试。

可以被调用的任务必须事先用 task 语句定义，定义格式如下：

```
task  任务名；
    端口声明语句；
    类型声明语句；
  begin
    语句；
  end
endtask
```

任务定义与模块（module）定义的格式相同，区别在于：任务用 task-endtask 语句来定义，而且没有端口名列表。例如，8 位加法器任务的定义如下：

```
task adder8;
output[7:0]    sum;
output         cout;
input[7:0]     ina,inb;
input          cin;
{cout,sum}=ina+inb+cin;
endtask
```

任务调用的格式如下：

```
任务名 (端口名列表);
```

例如，8 位加法器任务调用语句如下：

```
adder8 (tsum,tcout,tina,tinb,tcin);
```

完整的 8 位加法器任务调用的源程序如下：

```
module adder_8(a,b,cin,sum,cout);
input[7:0]  a,b;
input       cin;
output[7:0] sum;
output      cout;
always
   begin
      adder8(a,b,cin,sum,cout);
   end

task adder8;
input[7:0]  a,b;
input       cin;
output[7:0] sum;
output      cout;
   begin
      {cout,sum}=a+b+cin;
   end
endtask
endmodule
```

使用任务时，需要注意以下几点。

① 任务的定义和调用必须在同一个 module 模块内，任务调用语句应在 always 块或 task-endtask 块中。

② 定义任务时，没有端口名列表，但要进行端口和数据类型的声明，任务用顺序语句完成功能的描述。

③ 当任务被调用时，任务被激活。任务调用与模块调用一样，通过任务名实现，调用时需列出端口名列表，端口名和类型必须与任务定义中的排序和类型一致。例如，8 位加法器任务调用时的端口名列表中的 tsum、tcout、tina、tinb、tcin 端口，与任务定义中的端口 sum、cout、ina、inb、cin 的排序和类型保持一致。

④ 一个任务可以调用其他的任务或函数，而且可调用的任务和函数的个数不受限制。

任务的作用是方便编程，但模块（module）也具有任务的性质，可以被其他模块调用（调用方法与任务相同），而且模块还可以独立存在（任务只能包含在模块中），因此在电路设计的编程中，可以用模块替代任务。

4．function 语句

在 Verilog HDL 模块中，function 语句用来定义函数。函数类似高级语言中的函数，用来单独完成某项具体操作，并可以作为表达式中的一个操作数，被模块或任务及其他函数调用，函数调用时返回一个用于表达式的值。

可以被调用的函数必须事先定义，函数定义格式如下：

```
function [最高有效位:最低有效位] 函数名;
端口声明语句;
    类型声明语句;
        begin
            语句;
        end
endfunction
```

在函数定义语句中，"[最高有效位:最低有效位]"是函数调用返回值的位宽或类型声明。

【例 4.9】 求最大值的函数。

```
function [7:0]    max;
    input[7:0]    a,b;
    begin
        if (a>=b)  max=a;
        else       max=b;
    end
endfunction
```

函数调用的格式如下：

函数名（关联参数表）;

函数调用一般出现在模块、任务或函数语句中。通过函数的调用来完成某些数据的运算或转换。例如，调用例 4.9 编制的求最大值的函数：

peak<=max(data,peak);

其中，data 和 peak 是与函数定义的两个参数 a、b 关联的关联参数。通过函数的调用，求出 data 和 peak 中的最大值，并用函数名 max 返回。

函数和任务存在以下几点区别：

① 任务可以有任意不同类型的输入/输出参数，函数不能将 inout 类型作为输出；

② 任务只可以在过程语句中调用，不能在连续赋值语句 assign 中调用；函数可以作为表达式中的一个操作数，在过程赋值语句和连续赋值语句中调用；

③ 任务可以调用其他任务或函数；函数可以调用其他函数，但不能调用任务；

④ 任务不向表达式返回值，函数向调用它的表达式返回一个值。

4.3.5 语句的顺序执行与并行执行

Verilog HDL 中有顺序执行语句和并行执行语句之分。Verilog HDL 的 always 块语句与 VHDL 的 PROCESS（进程）语句类似，块中的语句是顺序语句，按照程序书写的顺序执行。always 块本身却是并行语句，它与其他 always 语句及 assign 语句、元件例化语句和 initial 语句都是同时执行（即并行）的。由于 always 语句的并行行为和顺序行为的双重特性，所以使它成为 Verilog HDL 程序中使用最频繁和最能体现 Verilog HDL 风格的一种语句。

always 块语句中有一个敏感变量表，表中列出的任何变量的改变，都将启动 always 块语句，使 always 块语句内相应的顺序语句被执行一次。实际上，用 Verilog HDL 描述的硬件电路的全部输入变量都是敏感变量，为了使 Verilog HDL 的软件仿真与综合和硬件仿真对应起来，应当把 always 块语句中所有输入变量都列入敏感变量表中。在时序逻辑电路的编程中，由于时钟变量（clk）和复位变量（clr）是电路变化的主要条件，因此在敏感变量表中，仅列出 clk 或 clr 就可以了（其他电平型变量可以不列出）。

【例 4.10】同步清除十进制加法计数器的描述。

同步清除是指复位变量有效，而且时钟变量的有效边沿到来时，计数器的状态被清 0。在本例中，复位变量是 clr，高电平有效；时钟变量是 clk，上升沿是有效边沿。当 clk 的上升沿到来时，如果 clr 清除变量有效（为 1），则计数器被清 0；clr 无效时，如果计数器原态是 9，计数器回到 0 态，否则计数器的状态将加 1。同步清除十进制加法计数器的 Verilog HDL 的源程序 cnt10_1.v 如下：

```
module    cnt10_1(clr,clk,q,cout);
input            clr,clk;
output[3:0]      q;
output           cout;
reg[3:0]         q;
reg              cout;
always  @(posedge clk)
  begin
      if(clr) q=0;
      else begin
        if(q==9)  q=0;
          else q=q+1;
        if(q==0)  cout=1;
         else cout=0;end
  end
endmodule
```

本设计的计数器的仿真波形如图 4.8 所示，从仿真结果可以看到，当 clk 的上升沿到来时，若 clr 有效（为高电平），计数器被清 0。仿真结果验证了设计的正确性。

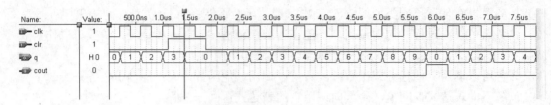

图 4.8　同步清除十进制加法计数器的仿真波形

【例 4.11】 异步清除十进制加法计数器的描述。

异步清除是指复位变量有效后，计数器的状态立即被清 0，与时钟变量无关。在本例中，复位变量是 clr，上升沿有效；时钟变量是 clk，上升沿是有效边沿。当 clr 的上升沿到来时，计数器被清 0；clr 无效时，当时钟 clk 的上升沿到来后，如果计数器原态是 9，计数器回到 0 态，否则计数器的状态将加 1。异步清除十进制加计数器的 Verilog HDL 的源程序 cnt10_2.v 如下：

```
module  cnt10_2(clr,clk,q,cout);
input       clr,clk;
output[3:0] q;
output      cout;
reg[3:0]    q;
reg         cout;
always  @(posedge clk or posedge clr)
  begin
        if(clr) q=0;
        else begin
          if(q==9) q=0;
            else q=q+1;
          if(q==0) cout=1;
            else cout=0;end
  end
endmodule
```

注意：同步清除十进制加法计数器的源程序（cnt10_1.v）与异步清除十进制加法计数器的源程序（cnt10_2.v）的区别。在 cnt10_1.v 源程序中，复位变量 clr 不包含在 always 块的敏感变量表中，因此只有在时钟 clk 的上升沿到来时，复位语句才能执行，构成同步复位；而在 cnt10_2.v 源程序中，复位变量 clr 也包含在 always 块的敏感变量表中，因此不受时钟变量的制约，当 clr 的上升沿到来时刻电路立即被清除，构成异步复位电路。

异步清除十进制加法计数器的仿真波形如图 4.9 所示，从图中可以看出复位变量与时钟变量无关，仿真结果验证了设计的正确性。

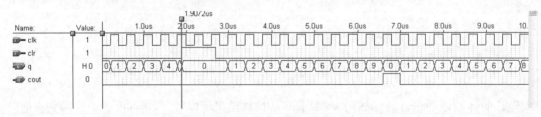

图 4.9　异步清除十进制加法计数器的仿真波形

4.4 不同抽象级别的 Verilog HDL 模型

Verilog HDL 是一种用于逻辑电路设计的硬件描述语言。用 Verilog HDL 描述的电路称为该设计电路的 Verilog HDL 模型。

Verilog HDL 具有行为描述和结构描述功能。行为描述是对设计电路的逻辑功能的描述，并不用关心设计电路使用哪些元件及这些元件之间的连接关系。行为描述属于高层次的描述方法，在 Verilog HDL 中，行为描述包括系统级（System Level）、算法级（Algorithm Level）和寄存器传输级（Register Transfer Level，RTL）3 种抽象级别。

结构描述是对设计电路的结构进行描述，即描述设计电路使用的元件及这些元件之间的连接关系。结构描述属于低层次的描述方法，在 Verilog HDL 中，结构描述包括门级（Gate Level）和开关级（Switch Level）两种抽象级别。

在 Verilog HDL 的学习中，应重点掌握高层次的行为描述方法，但结构描述也可以用来实现电路的系统设计。对于一个实际的数字系统电路，一般先用行为描述方法设计底层模块电路，最后用结构描述方法将各模块连接起来，构成顶层文件完成系统电路的设计。

4.4.1 Verilog HDL 的门级描述

Verilog HDL 提供了丰富的门类型关键词，用于门级的描述。比较常用的包括：not（非门）、and（与门）、nand（与非门）、or（或门）、nor（或非门）、xor（异或门）、xnor（异或非门）、buf（缓冲器）及 bufif1、bufif0、notif1、notif0 等各种三态门。

门级描述语句格式为：

    门类型关键词　[例化门的名称]　(端口列表);

其中，"例化门的名称"是用户定义的标识符，属于可选项；端口列表按（输出、输入、使能控制端）的顺序列出。例如：

```
nand nand2(y,a,b);        //2 输入端与非门
xor myxor(y,a,b);         //异或门
bufif0 mybuf(y,a,en);     //低电平使能的三态缓冲器
```

【例 4.12】采用结构描述方式描述如图 4.10 所示的硬件电路。

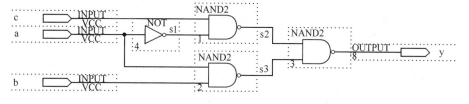

图 4.10　例 4.12 的硬件电路

在结构描述中，需要声明电路内容使用的连线，其中 s1、s2、s3 为线型变量连线，用结构描述方式的 Verilog HDL 源程序 example_12.v 如下：

```
module    example_12(y,a,b,c);
input     a,b,c;
output    y;
wire      s1,s2,s3;
not       (s1,a);
```

```
nand    (s2,c,s1);
nand    (s3,a,b);
nand    (y,s2,s3);
endmodule
```

4.4.2 Verilog HDL 的行为级描述

Verilog HDL 的行为级描述是最能体现 EDA 风格的硬件描述方式，它既可以描述简单的逻辑门，也可以描述复杂的数字系统乃至微处理器；既可以描述组合逻辑电路，也可以描述时序逻辑电路。下面再通过几个组合逻辑和时序逻辑电路设计例子，来加深读者对 Verilog HDL 行为级描述方法的理解。

【例 4.13】3 线-8 线译码器的设计。

3 线-8 线译码器设计电路的元件符号如图 4.11 所示，en 是低电平有效的使能控制输入端，a、b、c 是数据输入端，y 是 8 位数据输出端。

3 线-8 线译码器设计电路的 Verilog HDL 源程序 ct74138.v 如下：

```
module    ct74138(a,b,c,y,en);
input     a,b,c,en;
output[7:0]  y;
reg[7:0]  y;
always  @(en or a or b or c)
   begin
      if (en)    y = 'b11111111;
      else
         begin
            case({c,b,a})
               'b000:  y<='b11111110;
               'b001:  y<='b11111101;
               'b010:  y<='b11111011;
               'b011:  y<='b11110111;
               'b100:  y<='b11101111;
               'b101:  y<='b11011111;
               'b110:  y<='b10111111;
               'b111:  y<='b01111111;
            endcase
         end
   end
endmodule
```

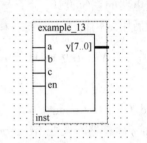

图 4.11 3 线-8 线译码器设计电路的元件符号

【例 4.14】8D 锁存器的设计。

8D 锁存器设计电路的元件符号如图 4.12 所示，其中，d[7..0] 是 8 位数据输入端，q[7..0] 是 8 位数据输出端，en 是使能控制输入端，当 en=0（无效）时，锁存器的状态不变；en=1（有效）时，q[7..0]=d[7..0]。

8D 锁存器设计电路的 Verilog HDL 源程序 ct74273.v 如下：

```
module    ct74273(d,q,en);
input     en;
input[7:0]  d;
output[7:0]  q;
```

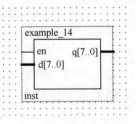

图 4.12 8D 锁存器设计电路的元件符号

```
reg[7:0]    q;
always @(en or d)
    begin
        if (~en)    q = q;
        else
            q=d;
    end
endmodule
```

4.4.3 用结构描述实现电路系统设计

任何用 Verilog HDL 描述的电路设计模块（module），均可用模块例化语句例化一个元件，来实现电路系统的设计。

模块例化语句格式与逻辑门例化语句格式类似，具体格式如下：

设计模块名 [例化电路名](端口列表);

其中，"设计模块名"是用户设计的电路模块名，相当于设计电路中的一个元件；"例化电路名"是用户为系统设计定义的标识符（为可选项），相当于系统电路板上为插入设计模块元件的插座；而"端口列表"用于描述设计模块元件上的引脚与插座上引脚的连接关系。

端口列表的方法有两种。

● 位置关联法

位置关联法要求端口列表中的引脚名称应与设计模块的输入/输出端口一一对应。例如，设计模块名为 cnt10 的输入/输出端口为 clk 和 cout，而以 u1 为例化电路名的两个引脚名是 x1 和 x2，那么位置关联法的模块例化语句格式为：

```
cnt10 u1(x1,x2);
```

● 名称关联法

名称关联法的格式如下：

(.设计模块端口名(插座引脚名) ,.设计模块端口名(插座引脚名),……);

例如，用名称关联法完成 cnt10 的模块例化语句格式为：

```
cnt10 u1(.clk(x1),.cout(x2));
```

两种关联法各有特点，位置关联法简单，但没有名称关联法直观。

【例 4.15】用模块例化方式设计 8 位计数译码器电路系统。

在 8 位计数译码系统电路设计中，需要事先设计一个 4 位二进制加法计数器 cnt4e 模块和一个七段数码显示器的译码器 Dec7s 模块，然后用模块例化方式将这两种模块组成计数译码系统电路。

1. 4 位二进制加法计数器 cnt4e 的设计

cnt4e 的元件符号如图 4.13 所示，clk 是时钟输入端；clrn 是复位控制输入端，当 clrn=0 时计数器被复位，输出 q[3..0]='b0000(0)；ena 是使能控制输入端，当 ena=1 时，计数器才能工作；cout 是进位输出端，当输出 q[3..0]='b1111(15)时，cout=1。

cnt4e 的 Verilog HDL 源程序 cnt4e.v 如下：

```
module cnt4e (clk,clrn,ena,cout,q);
    input       clk,clrn,ena;
    output reg[3:0]    q;
    output reg         cout;
```

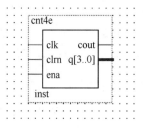

图 4.13 cnt4e 的元件符号

```
        always @(negedge clrn or posedge clk)
          begin
            if (~clrn)  q = 0;
              else begin
                if (ena)  q = q+1;
                  if (q==15)  cout = 1;
                    else  cout=0;  end
          end
        endmodule
```

2．七段数码显示器的译码器 Dec7s 的设计

Dec7s 的元件符号如图 4.14 所示，a[3..0]是 4 数据输入端，将接至 cnt4e 的输出端 q[3..0]；q[7..0]是译码器的输出端，提供七段数码显示数据。

Dec7s 的 Verilog HDL 源程序 Dec7s.v 如下：

```
    module dec7s(a,q);
      input [3:0]      a;
      output reg[7:0]  q;
    always @(a)
      begin
        case(a)
                 0:  q='b00111111;       1:  q='b00000110;
                 2:  q='b01011011;       3:  q='b01001111;
                 4:  q='b01100110;       5:  q='b01101101;
                 6:  q='b01111101;       7:  q='b00000111;
                 8:  q='b01111111;       9:  q='b01101111;
                10:  q='b01110111;      11:  q='b01111100;
                12:  q='b00111001;      13:  q='b01011110;
                14:  q='b01111001;      15:  q='b01110001;
        endcase
      end
    endmodule
```

图 4.14 Dec7s 的元件符号

3．计数译码系统电路的设计

计数译码系统电路的结构图如图 4.15 所示，它是用 Quartus II 的图形编辑方式设计出来的。其中，u1 和 u2 是两个 cnt4e 元件的例化模块名，相当于 cnt4e 系统电路板上的插座；u3 和 u4 是 Dec7s 元件的例化模块名，相当于 Dec7s 在系统电路板上的插座。x1、x2、x3 是电路中的连线。

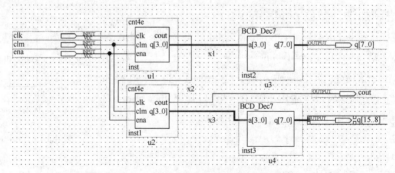

图 4.15 计数译码系统电路的结构图

用模块例化方式将 cnt4e 和 Dec7s 两种模块组成计数译码系统电路，用 Verilog HDL 位置关联法描述的计数译码电路的顶层源程序文件 cnt_dec7s.v 如下：

```
module cnt_dec7s(clk,clrn,ena,q,cout);
    input           clk,clrn,ena;
    output [15:0]   q;
    output          cout;
    wire            x1,x2,x3;
      cnt4e u1(clk,clrn,ena,x2,x1);
      cnt4e u2(x2,clrn,ena,cout,x3);
      dec7s u3(x1,q[7:0]);
      dec7s u4(x3,q[15:8]);
endmodule
```

用 Verilog HDL 名称关联法描述的计数译码电路的顶层源程序文件 cnt_dec7s_1.v 如下：

```
module cnt_dec7s_1(clk,clrn,ena,q,cout);
    input           clk,clrn,ena;
    output [15:0]   q;
    output          cout;
    wire            x1,x2,x3;
      cnt4e u1(.q(x1),.cout(x2),.clk(clk),.clrn(clrn),.ena(ena));
      cnt4e u2(.q(x3),.cout(cout),.clk(clk),.clrn(clrn),.ena(x2));
      dec7s u3(.a(x1),.q(q[7:0]));
      dec7s u4(.a(x3),.q(q[15:8]));
endmodule
```

计数译码系统电路的仿真波形如图 4.16 所示，其中数据"3F3F"是电路输出端 q[15:0]送给七段数码管显示"00"的数据；"3F06"是显示"01"的数据；以此类推。仿真结果验证了设计的正确性。

图 4.16　计数译码系统电路的仿真波形

4.5　Verilog HDL 设计流程

Verilog HDL 的设计流程与原理图输入法设计流程基本相同，关于 Quartus II 软件平台的使用方法，在第 2 章中已经做过比较详细的介绍，下面仅以 BCD 数加法器电路为例，简要介绍 Verilog HDL 的设计流程。

BCD 数加法器电路的设计包括 3 个模块：BCD_adder.v、BCD_Dec7.v 和 bcd_dec.bdf，其中，BCD_adder.v 和 BCD_Dec7.v 是用 Verilog HDL 编写的 BCD 加法器和共阴极七段显示译码器源程序，bcd_dec.bdf 则是以原理图输入法设计的顶层文件。在 bcd_dec.bdf 原理图中，以 BCD_adder.v 和 BCD_Dec7.v 作为元件，设计一个 BCD 数加法器电路。设计前应为设计建立一个工程目录（如 D:\myeda\v），用于存放 Verilog HDL 设计文件。

4.5.1 编辑 Verilog HDL 源程序

在 Quartus II 集成环境下,首先为 BCD 加法器设计电路建立一个新工程(New Project Wizard),然后执行"File"→"New"命令,弹出如图 4.17 所示的打开新文件对话框,选择对话框中的"Verilog HDL File"文件类型,进入 Verilog HDL 文本编辑方式。

1. 编辑 BCD 加法器的 Verilog HDL 源程序

进入文本编辑方式后,编辑 BCD 加法器的 Verilog HDL 源程序,并以 BCD_adder.v 为源程序的文件名,保存在 D:\myeda\v 工程目录中,后缀为.v 表示 Verilog HDL 源程序文件。应注意的是,Verilog HDL 源程序的文件名应与设计模块名相同,否则将是一个错误,无法通过编译。BCD 加法器的 BCD_adder.v 源程序如下:

图 4.17 打开新文件对话框

```
module BCD_adder(a,b,cin,sum,cout);
input[3:0]      a,b;
input           cin;
output reg[3:0] sum;
output reg      cout;
always
   begin
     {cout,sum}=a+b+cin;
        if({cout,sum}>'b01001)
           {cout,sum}=sum+'b0110;
   end
endmodule
```

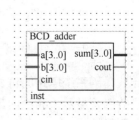

图 4.18 BCD_adder 元件符号

完成 BCD 加法器源程序的编辑后,用 BCD_adder.v 文件名存盘,然后在 Quartus II 集成环境下,对 BCD_adder 进行编译,然后执行"File"→"Create/Update"→"Create Symbol Files for Current File"命令,为 BCD_adder 设计文件生成元件符号,如图 4.18 所示。在元件符号中,细的输入/输出线表示单变量线,如 cin 和 cout;粗的输入/输出线表示多变量总线,如 a[3..0]、b[3..0]和 sum[3..0]。

BCD 加法器的仿真波形如图 4.19 所示,仿真结果验证了设计的正确性。

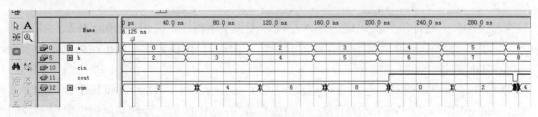

图 4.19 BCD 加法器的仿真波形

2. 编辑七段显示译码器源程序

首先为七段显示译码器设计建立一个新工程,然后在 Verilog HDL 文本编辑方式下,编辑七段显示译码器的源程序,并以 BCD_Dec7.v 为源程序名保存在工程目录中。BCD_Dec7.v 源程序如下:

```
module BCD_Dec7(a,q);
   input [3:0]        a;
   output [7:0]       q;
   reg [7:0]          q;
   always @(a)
     begin
       case(a)
         'b0000: q = 'b00111111;    'b0001: q = 'b00000110;
         'b0010: q = 'b01011011;    'b0011: q = 'b01001111;
         'b0100: q = 'b01100110;    'b0101: q = 'b01101101;
         'b0110: q = 'b01111101;    'b0111: q = 'b00000111;
         'b1000: q = 'b01111111;    'b1001: q = 'b01101111;
         'b1010: q = 'b01110111;    'b1011: q = 'b01111100;
         'b1100: q = 'b00111001;    'b1101: q = 'b01011110;
         'b1110: q = 'b01111001;    'b1111: q = 'b01110001;
       endcase
     end
endmodule
```

为了使 BCD_Dec.v 源程序也能作为十六进制译码器，所以将 A～F 十六进制数的译码输出也包括在内。BCD_Dec.v 通过编译后，生成显示译码器的元件符号如图 4.20 所示。在元件符号中，a[3..0]是译码器的输入端，将与 BCD 加法器的输出端 sum[3..0]连接；q[7..0]是译码器的输出端，为七段数码显示器提供显示数据。

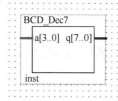

图 4.20 显示译码器的元件符号

4.5.2 设计 BCD 加法器电路顶层文件

生成的 BCD_adder 和 BCD_Dec7 设计电路的元件图形符号只是代表两个分立的电路设计结果，并没有形成系统。顶层设计文件就是调用 BCD_adder 和 BCD_Dec 两个功能元件，将它们组装起来，成为一个完整的设计。bcd_dec.bdf 是本例的顶层设计文件，在 Quartus II 集成环境下，首先为顶层设计文件建立一个新工程（bcd_dec），然后打开一个新文件，并进入图形编辑方式（Block Diagram/Schematic File）。在图形编辑框中，调出 BCD_adder 和 BCD_Dec7 元件符号及输入（input）和输出（output）元件符号，如图 4.21 所示。

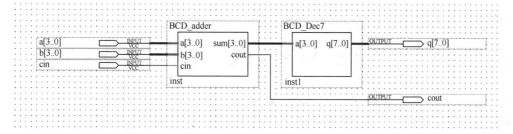

图 4.21 BCD 加法器的顶层设计图

根据 BCD 加法器电路设计原理，按连接关系用鼠标将它们拉接在一起。具体操作如下：

① 把输入元件 input 与 BCD_adder 的 cin 拉接在一起，并把输入元件的名称改为 cin，作为加法器低位进位的输入端。

② 把输入元件 input 与 BCD_adder 的加数输入拉接在一起，并把输入元件的名称分别改为 a[3..0]和 b[3..0]，作为加法器 4 位加数输入端。

③ 把 BCD_adder 输出 sum[3..0]与 BCD_Dec7 的输入 a[3..0]拉接在一起，把 BCD_Dec7 的输出 q[7..0]与输出元件拉接在一起，并把输出元件的名称改为 q[7..0]，作为译码输出端。

④ 把输出元件 output 与 BCD_Dec7 的 cout 拉接在一起，并把输出元件的名称改为 cout，作为加法器进位输出端。

完成上述操作后，得到 BCD 加法器的顶层设计结果（见图 4.21）。顶层设计图形完成后，用 bcd_dec.bdf 作为文件名存入工程目录中。"bcd_dec"是用户为顶层文件定义的名字，后缀.bdf 表示图形设计文件。

4.5.3 编译顶层设计文件

执行"Processing"→"Start Compilation"命令，对顶层设计文件进行编译。完成对图形编辑文件的编译后，执行"Create/Update"→"Create Symbol Files for Current File"命令，系统为 BCD 加法器设计文件生成元件符号，如图 4.22 所示。此元件符号可以作为共享元件，供其他电路或系统设计调用。

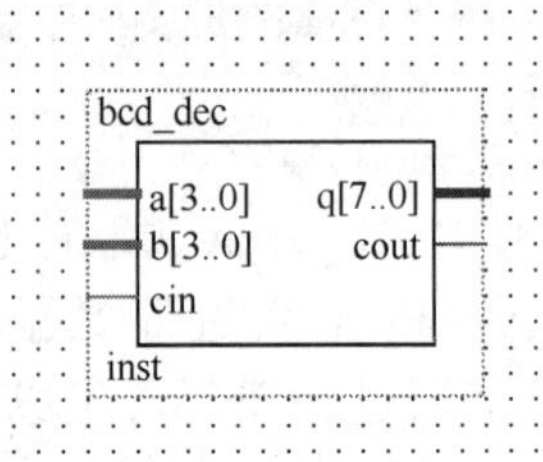

4.5.4 仿真顶层设计文件

BCD 加法器设计电路的仿真波形如图 4.23 所示，其中输出 q[7..0]输出的"7D"是送七段数码管显示"6"（0 加 6）的数据；"07"是显示"7"（1 加 6）的数据；以此类推。仿真结果验证了设计的正确性。

图 4.22 BCD 加法器的元件符号

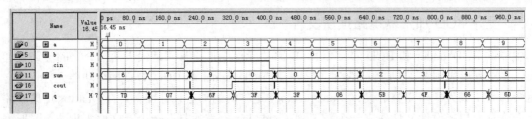

图 4.23 顶层设计文件的仿真波形

4.5.5 下载顶层设计文件

下载顶层设计文件操作与第 2 章相关叙述类似，这里不再重复。

4.6 Verilog HDL 仿真

Verilog HDL 是一种用于设计数字系统电路的硬件描述语言，为了检验设计的正确性，一般需要对设计模块进行仿真验证。几乎所有的 EDA 工具软件都支持 Verilog HDL 的仿真，而且 Verilog HDL 本身也具有支持仿真的语句。本章介绍 Verilog HDL 仿真支持语句、Verilog HDL 测试平台软件的设计，并给出 ModelSim 软件工具的仿真结果。

4.6.1 Verilog HDL 仿真支持语句

Verilog HDL 仿真支持语句包括 initial 块语句、系统任务、系统函数和编译指令。关于 initial

块语句前面已介绍，下面介绍系统任务、系统函数和编译指令。

1. 系统任务和系统函数

系统任务和系统函数是 Verilog HDL 中预先定义的任务和函数，主要用途是在设计仿真过程中完成信息显示、仿真监视、模拟控制等工作任务。系统任务和系统函数都是以$为首字符的标识符构成的，如$display、$write、$time（**注意：$与其后的保留字单词之间不能有空格**）等。下面介绍用途比较广泛的信息显示系统任务（$display 和$write）、仿真监视系统任务（$monitor）、暂停仿真系统任务（$stop）、结束仿真系统任务（$finish）和模拟时间函数（$time 和$realtime）。

（1）信息显示系统任务（$display 和$write）

信息显示系统任务用于仿真过程中在标准输出设备（如显示器、打印机等）显示字符串、表达式或变量的数值。信息显示系统任务包括$display 或$write（默认以十进制形式显示数据）、$displayb 或$writeb（以二进制形式显示数据）、$displayh 或$writeh（以十六进制形式显示数据）和$displayo 或$writeo（以八进制形式显示数据）。显示信息语句的格式为：

   信息显示系统任务名(显示列表);

其中，显示列表中列出被显示的信息。例如：

```
$display("hello!");      //显示"hello!"字符串
$display($time);         //显示当前时间
```

$display 和$write 功能相同，主要区别在于$display 在完成一条语句的信息显示后能自动换行，从新的一行开始显示下一条语句的信息；而用$write 命令完成一条语句的信息显示后不会换行，继续在同一行显示下一条语句的信息。

模拟仿真时，信息显示的数据是 64 位二进制数。例如，使用$displayb 或$writeb（二进制信息显示格式）显示数据"0"时，将在显示设备（显示器或打印机）上显示 64 个"0"；若使用$displayh 或$writeh（十六进制信息显示格式）显示数据"0"时，将在显示设备上显示 16 个"0"；而若使用$display 或$write（十进制信息显示格式）显示数据"0"时，则将在显示设备上显示 1 个"0"。因此，一般情况下使用$display 或$write 命令来显示数据信息比较便于观察。

在显示列表中显示对象的格式还可以用"%"符号来定义，主要包括：

① %d 或%D——以十进制格式显示数据；
② %b 或%B——以二进制格式显示数据；
③ %h 或%H——以十六进制格式显示数据；
④ %o 或%O——以八进制格式显示数据；
⑤ %s 或%S——显示字符串；
⑥ %e 或%E——以科学计数法格式显示实数。

例如：

```
$display("a=%d",a);      //以十进制格式显示变量 a 的数值
```

（2）仿真监视系统任务（$monitor）

仿真监视系统任务是在仿真过程中，对字符串、表达式或变量的数值的显示进行监视，只要被监视的数据对象的数值发生变化时，立即显示变化后的结果。

$monitor 任务的格式与$display 完全相同，但$display 任务仅对显示列表中的内容执行一次显示，而$monitor 任务用于激活显示列表中的显示对象，在不同激励语句的触发下不断显示

对象的信息，直至执行到$stop 或$finish 任务才停止监视。

【例 4.16】 用$display 任务编写 4 输入端与非门的测试程序。

【解】 编写的 4 输入端与非门测试程序（display_test.v）如下：

```
module display_test;
  wire   y;
  reg    a,b,c,d;
  nand #1   g1(y,a,b,c,d);
  initial
    begin
    $display ("hello!",$time,,,
        "a=%b b=%b c=%b d=%b,y=%b",a,b,c,d,y);
    #10 a=0;b=0;c=0;d=0;
    #10 d=1;
    #10 a=1;b=1;c=1;d=1;
    #10  $finish;
    end
endmodule
```

程序中使用 initial 模块来完成仿真条件的设置，程序中的"#1"表示延迟 1 个基本单位时间，#10 表示延迟 10 个基本单位时间。程序执行时显示的信息为：

```
# hello!  0  a=x b=x c=x d=x,y=x
```

【例 4.17】 用$monitor 任务编写 4 输入端与非门的测试程序。

【解】 编写的 4 输入端与非门测试程序（monitor_test.v）如下：

```
module monitor_test;
  wire   y;
  reg    a,b,c,d;
  nand #1   g1(y,a,b,c,d);
  initial
    begin
    $monitor ("hello!",$time,,,
        "a=%b b=%b c=%b d=%b,y=%b",a,b,c,d,y);
    #10 a=0;b=0;c=0;d=0;
    #10 d=1;
    #10 a=1;b=1;c=1;d=1;
    #10  $finish;
    end
endmodule
```

程序执行时显示的信息为：

```
# hello! 0   a=x b=x c=x d=x,y=x
# hello! 10  a=0 b=0 c=0 d=0,y=x
# hello! 11  a=0 b=0 c=0 d=0,y=1
# hello! 20  a=0 b=0 c=0 d=1,y=1
# hello! 30  a=1 b=1 c=1 d=1,y=1
# hello! 31  a=1 b=1 c=1 d=1,y=0
```

display_test.v 和 monitor_test.v 两个源程序是完全相同的 4 输入与非门仿真测试设计程序，a、b、c 和 d 是测试输入端，y 是测试输出端。在 display_test.v 源程序中，用$display 系统任务显示信息，因此仅一次性地显示该命令的显示列表中信息（其中的"x"表示未知数据）。用

$monitor 命令显示信息时，不仅显示了显示列表中的信息，而且不断监视显示列表中数据对象的变化，当任何数据对象发生变化后，立即显示变化后的信息，直至遇到$finish 命令才结束显示。

monitor_test.v 程序执行的显示结果解释如下。

① 显示结果"# hello! 0　　a=x b=x c=x d=x,y=x"表示 time=0（单位时间）时，数据对象 a、b、c、d 和 y 的数据未知。

② 显示结果"# hello! 10　　a=0 b=0 c=0 d=0,y=x"表示 time=10 时，数据对象 a、b、c、d 分别赋值 0、0、0、0 后的变化数据，由于与非门需要 1 个单位时间（#1）输出 y 才能出现新的数据，因此此时的 y 仍然是未知数据。

③ 显示结果"# hello! 11　　a=0 b=0 c=0 d=0,y=1"表示 time=11 时，数据对象 a、b、c、d 和 y 的数据，因为经过 1 个单位时间后输出 y 出现了新的数据。

④ 显示结果"# hello! 20　　a=0 b=0 c=0 d=1,y=1"表示 time=20 时，数据对象 a、b、c、d 分别赋值 0、0、0、1 后的变化数据（y 输出仍然为 1 不变）。

⑤ 显示结果"# hello! 30　　a=1 b=1 c=1 d=1,y=1"表示 time=30 时，数据对象 a、b、c、d 和 y 的数据。

⑥ 显示结果"# hello! 31　　a=1 b=1 c=1 d=1,y=0"表示 time=31 时，数据对象 a、b、c、d 和 y 的数据，因为经过 1 个单位时间后输出 y 出现了新的数据。从仿真结果可以验证与非门的功能，即只有全部输入（a、b、c、d）为 1（高电平 1）时，输出 y 才为 0（低电平），输入的其余组合都使输出 y 为 1。

（3）暂停仿真系统任务（$stop）

$stop 系统任务用于暂停仿真，进入仿真软件的命令交互模式。

（4）$finish 任务

$finish 系统任务用于结束仿真。

（5）模拟时间函数（$time 和$realtime）

$time 系统函数执行时，根据系统任务（如$display、$write、$monitor 等）的格式要求，返回一个 64 位整型模拟时间，对小数部分自动进行四舍五入处理。而$realtime 系统函数执行时返回一个 32 位实型（十进制数格式）模拟时间，其输出格式与系统任务规定的格式无关。

2. 编译指令

所有的 Verilog HDL 编译指令均以反引号"`"开头（如`timescale），编译指令用于在 EDA 工具软件对 Verilog HDL 源程序代码编译时，指定进行某种操作。例如，宏编译指令用于在编译时把一个文本替换为宏的名字；条件编译指令用于在编译时，根据指令指定的条件对相关的源程序语句代码进行选择性的编译；包含编译指令在编译时将指令指定的文件包含进来一起编译等。

在一般数字电路及系统的设计中，使用编译指令比较少，这里不再对它们进行一一介绍，仅以`timescale 编译指令为例，介绍编译指令的基本使用方法，供读者参考。

`timescale 编译指令用来声明跟在其后的程序模块的时间单位和时间精度，`timescale 指令的使用格式为：

```
`timescale [时间的基准单位]/[模拟时间的精度];
```

"时间的基准单位"用来指明时间或延迟的基准单位，"模拟时间的精度"用来指明该模块的模拟时间的精确程度。时间的基准单位和模拟时间的精度的数字必须是整数，有效数字为 1、10 和 100，单位为 s（秒）、ms（毫秒=10^{-3} 秒）、us（微秒=10^{-6} 秒）、ns（纳秒=10^{-9} 秒）、ps

（皮秒=10^{-12}秒）和 fs（飞秒=10^{-15}秒）。例如语句：

```
`timescale 10us/100ns;
```

声明了其后的设计模块的时间数值均为 10us 的整数倍（即#1=10us），时间的精确度为 0.1us（100ns）。

如果程序模块不使用`timescale 编译指令，则编译时自动执行`timescale 1ns/1ns 编译指令（默认）结果，即#1=1ns，时间精确度为 1ns。

4.6.2 Verilog HDL 测试平台软件的设计

测试平台（Test Bench）软件是用硬件描述语言编写的程序，在程序中用语句为一个设计电路或系统生成测试条件，如输入的高低电平、时钟信号等，在 EDA 工具的支持下，直接运行程序（不需要再设计输入条件），就可以得到仿真结果。下面介绍基于 Verilog HDL 的测试平台软件的设计。

测试平台软件的结构如图 4.24 所示，被测元件是一个已经设计好的电路或系统，测试平台软件用元件例化语句将其嵌入程序中。Verilog HDL 测试平台软件是一个没有输入/输出端口的设计模块，被测元件的输入定义为 reg（寄存器）型变量，在 always 块或 initial 块中赋值（产生测试条件），被测元件的输出端口定义为 wire（网线）型变量，产生相应输入变化的输出结果（波形）。

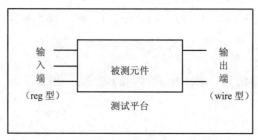

图 4.24 测试平台软件的结构

下面介绍组合逻辑电路、时序逻辑电路和系统电路的测试平台软件的设计，并以 ModelSim 为 EDA 工具，验证这些测试软件。

1. 组合逻辑电路测试平台软件的设计

组合逻辑电路的设计验证，主要是检查设计结果是否符合该电路真值表的功能，因此在组合逻辑电路测试平台软件编写时，用 initial 块把被测电路的输入按照真值表提供的数据变化，作为测试条件就能实现软件的设计。

【例 4.18】编写全加器电路的测试平台软件。

【解】全加器的逻辑符号如图 4.25 所示，真值表如表 4.7 所示。A、B 是两个 1 位二进制加数的输入端，CI 是低位来的进位输入端，SO 是和数输出端，CO 是向高位的进位输出端。

用 Verilog HDL 编写的全加器源程序（adder1.v）如下：

```
module adder1(a,b,ci,so,co);
    input     a,b,ci;
    output    so,co;
        assign {co,so} = a+b+ci;
endmodule
```

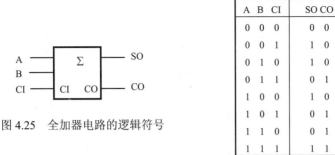

表 4.7 全加器真值表

A	B	CI	SO	CO
0	0	0	0	0
0	0	1	1	0
0	1	0	1	0
0	1	1	0	1
1	0	0	1	0
1	0	1	0	1
1	1	0	0	1
1	1	1	1	1

图 4.25 全加器电路的逻辑符号

根据全加器的真值表（见表 4.7），编写的全加器测试程序（adder1_tb.v）如下：

```
module adder1_tb;
  wire   so,co;
  reg    a,b,ci;
  adder1u1(a,b,ci,so,co);   //嵌入 adder1 元件
  initial                    //产生测试条件
    begin
    #20 a=0;b=0;ci=0;
    #20 a=0;b=0;ci=1;
    #20 a=0;b=1;ci=0;
    #20 a=0;b=1;ci=1;
    #20 a=1;b=0;ci=0;
    #20 a=1;b=0;ci=1;
    #20 a=1;b=1;ci=0;
    #20 a=1;b=1;ci=1;
    #200   $finish;
    end
endmodule
```

在源程序中，把全加器的输入 a、b 和 ci 定义为 reg 型变量；把输出 so 和 co 定义为 wire 型变量；用元件例化语句"adder1 u1(a,b,ci,so,co);"把全加器设计电路嵌入测试平台软件中；用 initial 块语句来改变输入的变化而生成测试条件，输入的变化语句完全根据全加器的真值表编写。

以 ModelSim 为 EDA 工具平台，完成全加器源程序 adder1.v 和其测试软件 adder1_tb.v 的编写，并通过编译。测试平台软件的仿真过程与波形仿真相同，包括装载设计文件、设置仿真激励信号和执行仿真 3 个操作。全加器（Adder1_tb.v 文件）的仿真结果如图 4.26 所示。

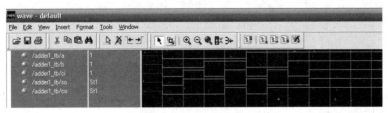

图 4.26 全加器的仿真波形

2. 时序逻辑电路测试平台软件的设计

时序逻辑电路测试平台软件设计的要求与组合逻辑基本相同，主要区别在于时序逻辑电路测试平台软件中，需要用 always 块语句生成时钟信号。

【例 4.19】 编写十进制加法计数器的测试软件。

【解】 用 Verilog HDL 编写的 4 位二进制加法计数器源程序 cnt4e.v 已在例 4.15 中给出，其测试软件（cnt4e_tb.v）如下：

```
module cnt4e_tb;
  reg     clk, clr,ena;
  wire [3:0]  q;
  wire    cout;
  cnt4e u1(clk,clr,ena,cout,q);      //嵌入cnt4e元件
  always
    begin   #50 clk = ~clk; end      //生成clk时钟
  initial begin
          clk=0; clr =0;ena=1;
          #1200 clr =1;
          #120 clr =0;
          #2000 ena=0;
          #200 ena=1;
          #20000 $finish;
       end
endmodule
```

在源程序中，用元件例化语句"cnt4e u1(clk,clr,ena,cout,q);"把十进制计数器设计元件嵌入测试软件中；在 always 中用语句"#50 clk = ~clk;"产生周期为 100（标准时间单位）的时钟（方波）；用 initial 块生成复位信号 clr 和使能控制信号 ena 的测试条件。仿真结果如图 4.27 所示。

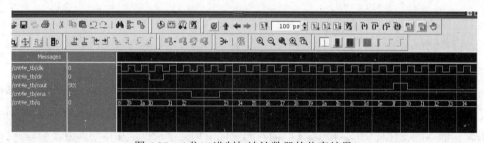

图 4.27　4 位二进制加法计数器的仿真结果

注意： 时钟 clk 只能用 always 块语句才能生成，但要在 initial 块中设置时钟的初始值（如 clk=0 或 clk=1），如果不设置时钟的初值，则在仿真时时钟输出端是一个未知 x（不变）结果。另外，用 always 块生成时钟后，一定要用"$finish"语句结束仿真，否则仿真执行将不会结束。

本 章 小 结

Verilog HDL 是 EDA 技术的重要组成部分。本章介绍 Verilog HDL 的语法结构，包括变量、语句、模块和不同级别的电路设计和描述。

Verilog HDL 具有行为描述和结构描述功能，可以对系统级（System Level）、算法级（Algorithm Level）和寄存器传输级（Register Transfer Level，RTL）等高层次抽象级别进行电路设计和描述，也可以对门级（Gate Level）和开关级（Switch Level）等低层次的抽象级别进行电路设计和描述。

由于 Verilog HDL 在数字电路设计领域的先进性和优越性，使之成为 IEEE 标准的硬件描述语言，得到多种 EDA 设计平台工具软件的支持。但所有的 EDA 设计平台工具软件的编译器，只支持 Verilog HDL 的某一个子集。所以，在使用某个 EDA 设计平台工具软件编译 Verilog HDL 程序时，必须首先弄清楚所用的编译软件支持 Verilog HDL 的哪些语句，不支持哪些语句。否则，设计程序有可能不能通过编译，也不能通过相应的综合、仿真、下载等操作，最终不能实现 Verilog HDL 设计的硬件电路系统。

思考题和习题 4

4.1 判断下列 Verilog HDL 标识符是否合法，如有错误则指出原因：
A_B_C，_A_B_C，1_2_3，_1_2_3；
74HC245，\74HC574\，\74HC245；
CLR/RESET，\IN4/SCLK，D100%。

4.2 用门级描述（结构描述）方法，编写一位全加器的 Verilog HDL 源程序。

4.3 用行为描述方法，编写 4 位全加器的 Verilog HDL 源程序。

4.4 用 if 语句编写 4 选 1 数据选择器的 Verilog HDL 源程序。

4.5 用门级描述（结构描述）方法，编写基本 RS 触发器的 Verilog HDL 源程序。

4.6 编写同步清除 8 位二进制减法计数器的 Verilog HDL 源程序。

4.7 编写异步清除 8 位二进制加法计数器的 Verilog HDL 源程序。

4.8 分析下面的 Verilog HDL 源程序，说明该代码描述的电路的功能。

```
module  mult(cout,a,b);
parameter        size=8;
input[size:1]       a,b;
output[2*size:1]    cout;
reg[2*size:1] a_reg,cout;
reg[size:1]      b_reg;
integer          n;
always  @(a or b)
    begin
         cout=0;
         a_reg=a;
         b_reg=b;
         for (n = 1; n <= size; n = n + 1)
             begin
                if(b_reg[1])
                  begin
                    cout=cout+a_reg;
                    a_reg=a_reg <<1;
                    b_reg=b_reg >>1;
                  end
                else
                  begin
                    a_reg=a_reg <<1;
                    b_reg=b_reg >>1;
```

                              end
                       end
                end
        endmodule

4.9 用 Verilog HDL 设计三态锁存器，三态锁存器的逻辑图如图 4.28 所示。

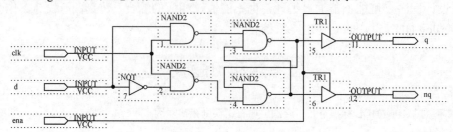

图 4.28 三态锁存器的逻辑图

4.10 用 Verilog HDL 设计 4 位二进制加减可控计数器，up_down 为控制端，当 up_down=1 时进行加法计数，up_down=0 时进行减法计数。

4.11 用 Verilog HDL 设计 3 线-8 线译码器，ena 是译码器的使能控制端，当 ena=1 时译码器工作，ena=0 时译码器被禁止，8 个输出均为高电平。

4.12 用 Verilog HDL 设计具有三态输出的 8D 锁存器。

4.13 用 Verilog HDL 设计 16 选 1 数据选择器。

4.14 用 Verilog HDL 设计 4 位全减器，然后采用结构描述方式用 4 位全减器的设计结果实现 16 位全减器。

第5章 常用 EDA 工具软件

本章概要：本章介绍几种目前世界上比较流行和实用的 EDA 工具软件，包括 ModelSim、MATLAB、Nios II 和 Qsys，以适应不同读者的需要。这些软件主要是基于 PC 机平台的，面向 FPGA 和 CPLD 或 ASIC 设计，比较适合学校教学、项目开发和相关的科研。

知识要点：（1）ModelSim 工具软件的使用方法。
（2）基于 MATLAB/DSP Builder 的 DSP 模块设计。
（3）Nios II 软件的使用方法。
（4）Qsys 软件的使用方法。

教学安排：本章作为选修内容，可安排 6~8 学时。读者可以根据不同的需要，在掌握 Quartus II 工具软件使用方法的基础上，进一步熟悉其他工具软件的使用方法，并了解这些软件的特性。

5.1 ModelSim

ModelSim 是一种快速而又方便的 HDL 编译型仿真工具，可以数字仿真，也可以模拟仿真；可以功能仿真，也可以时序仿真。Altera 公司的 Quartus II 可以与 ModelSim 无缝连接，完成各种设计电路的仿真。在 Quartus II 12.0（含 Quartus II 10.0 和 Quartus II 11.0）版本中，已经将 Quartus II 9.0 及低版本中自带的仿真工具（Waveform Editor）取消，用 ModelSim 进行设计的功能仿真和时序仿真，因此掌握 ModelSim 软件的使用方法尤为重要。各种不同版本的 Quartus II 软件均与一定版本的 ModelSim-Altera 连接，版本不同的 ModelSim 软件使用方法基本相同，而且 Quartus II 软件可以调用任何版本的 ModelSim-Altera 执行仿真。

第 2 章中对 Quartus II 13.0 自带的 ModelSim-Altera 10.1d 的使用方法已有简单介绍，下面对 ModelSim-Altera 10.1d 的使用方法进行比较完整的补充介绍。

由于 ModelSim 是由 UNIX 下的 QuickHDL 发展而来，Windows 版本的 ModelSim 保留了部分 UNIX 风格，可以使用键盘完成所有操作，但也提供了图形用户接口 GUI（Graphical User Interface）模式。ModelSim 有 3 种执行方式：其一是图形用户交互方式（即 GUI），通过菜单、按钮进行仿真的各种操作，方便非专业用户的使用；其二是命令方式，在 ModelSim 的命令窗口通过输入命令实现编辑、编译和仿真操作（即 Cmd 模式）；其三是批处理方式，通过执行 do 文件完成仿真的全部操作。下面以十进制加法计数器的设计为例，分别介绍 ModelSim 的 3 种执行方式。

5.1.1 ModelSim 的图形用户交互方式

ModelSim 启动后，首先呈现主界面和相应的窗口（见图 2.25），包括结构（Structure）、命令（Transcript）、目标（Objects）、波形（Wave）、进程（Processes）等窗口，这些窗口可以用主界面上的"View"菜单中的命令打开或关闭。

在使用 ModelSim 之前，应事先建立用户自己的工程文件夹，用于存放各种设计文件和仿真文件，然后还要建立 work 库。在 VHDL 中 work 是默认的工作库，因此 ModelSim 中必须首先建立一个 work 库，work 库在建立 ModelSim 的第一个新工程（Project）就会自动生成，以后的其他工程也建立在此 work 库中。一般所有的源代码都要编译到同一个库（包括 VHDL、Verilog HDL 和 do 文件）。ModelSim 包含两类库，第一类是 work（默认工作库），包括当前已经编译的设计单元，而且每次只能打开一个单元库。另一类是资源库，包括当前编译使用的参考设计单元，如 VHDL 的 ieee.std_logic_1164 库，这类库允许打开多个，并可以被 VHDL 中的 Library 和 Use 语句引用。

1. 建立新工程

与 Quartus II 设计类似，ModelSim 要求每个设计都要建立工程，在工程的支持下完成设计文件的编译和仿真操作。在 ModelSim 的主界面，执行"File"→"New"→"Project"命令，弹出如图 5.1 所示的建立新工程对话框，在对话框中输入要建立的新工程名称（如 cnt10y）及所在的文件夹（如 D:/myeda）。单击"OK"按钮，弹出如图 5.2 所示"Add items to the Project"（添加项目到工程）对话框。对话框中有"Create New File"（生成新文件）、"Add Existing File"（添加现有的文件）、"Create Simulation"（生成仿真）和"Create New Folder"（生成新的文件夹）4 个命令按钮。"Create New File"按钮用于在新建工程中生成一个新的设计文件；"Add Existing File"按钮用于在新建工程中添加一个现有的文件；"Create Simulation"按钮用于直接进入仿真进程；"Create New Folder"用于在新工程中生成一个新的文件夹。

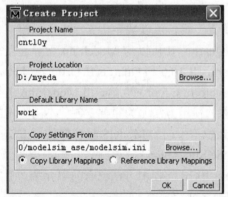

图 5.1　建立新工程对话框　　　　　　　　图 5.2　添加项目到工程对话框

单击"Create New File"按钮，弹出如图 5.3 所示的"Create Project File"（生成工程文件）对话框。在对话框的"File Name"栏中输入设计文件的名称 cnt10y（这是本例十进制加法计数器设计的工程名），在"Add file as type"栏中选择硬件描述语言的类型，本例的设计选择 VHDL。单击"OK"按钮，在"Project"页面中出现"cnt10y.vhd"工程文件名，如图 5.4 左边所示。

2. 编辑设计文件

双击"Project"页面内的"cnt10y.vhd"工程文件名，弹出如图 5.4 右边所示的 HDL 文件编辑窗口。在编辑窗口中输入十进制加法计数器的 VHDL 源程序。

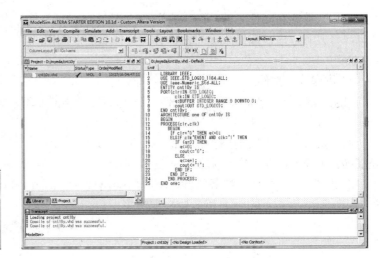

图 5.3　生成工程文件对话框　　　图 5.4　"Project"标签页面(左)和编辑窗口(右)

cnt10y.vhd 源程序如下：
```
LIBRARY IEEE;
USE IEEE.STD_LOGIC_1164.ALL;
USE ieee.Numeric_Std.ALL;
ENTITY cnt10y IS
PORT(clr:IN STD_LOGIC;
     clk:IN STD_LOGIC;
     q:BUFFER INTEGER RANGE 9 DOWNTO 0;
     cout:OUT STD_LOGIC);
END cnt10y;
ARCHITECTURE one OF cnt10y IS
BEGIN
PROCESS(clr,clk)
    BEGIN
       IF clr='0' THEN q<=0;
       ELSIF clk'EVENT AND clk='1' THEN
          IF (q=9) THEN
            q<=0;
            cout<='0';
          ELSE
            q<=q+1;
            cout<='1';
          END IF;
       END IF;
    END PROCESS;
END one;
```

在源程序中，clk 是时钟输入端，q 是计数器的状态输出端，cout 是进位输出端。

3. 编译设计文件

完成源程序的编辑后，在 ModelSim 的主界面执行"Compile"→"Compile All"或"Compile Selected"命令，完成对设计文件的编译。执行"Compile All"命令，则对"Project"页面内的全部工程文件进行编译；执行"Compile Selected"命令则仅编译用鼠标选中的文件。编译不成功的文件会在文件名的后面（即文件的状态（Status）栏）出现"×"，此时需要返回编辑窗口，修改源程序；编译成功的文件会在文件名的后面出现"√"，同时设计实体就会出现在work库中。

4. 仿真设计文件

ModelSim仿真包括装载设计文件、设置激励信号和仿真等操作过程。

（1）装载设计文件

在ModelSim主界面执行"Simulate"→"Start Simulate"命令，弹出如图5.5所示的"Start Simulate"（开始仿真）对话框的"Design"页面，将work库中的cnt10y选中，然后单击"OK"按钮，可完成设计文件的装载，此时工作区会出现"Sim"标签，表示装载成功，同时弹出如图5.6所示的"Objects"（目标）窗口和波形窗口。

图5.5 开始仿真对话框的"Design"页面　　　　图5.6 Objects窗口

（2）设置仿真激励信号

创建波形模式的仿真方法在第2章中已叙述，下面介绍设置单个激励信号的仿真方法。选中Objects窗口的clr、clk、q和cout信号，右击这些信号名称，在弹出的Objects快捷菜单（见图2.27）中，执行"Add to"→"Wave"→"Selected Signals"命令，将这些信号添加到波形（Wave）窗口。

在波形窗口分别为clr和clk输入信号赋值，首先右击选中复位输入信号clr，在弹出如图5.7（a）所示的Object快捷菜单中执行"Force"命令，弹出如图5.7（b）所示的"Force Selected Signal"窗口，为clr赋值。选中窗口的"Force"值，并在"Value"栏中为clr赋"0"（复位有效）值。然后单击选中的时钟输入信号clk，在弹出的Object快捷菜单中执行"clock"命令，在弹出的"Define Clock"窗口（见图2.51）定义clk为时钟，周期（Period）为100标准单位（默认单位为ps）。在时钟设置对话框中，除了"Period"参数外还有"Duty"参数，它是时钟波形的高电平持续时间，已经预先设置为50个标准单位，表示预先设置的Clock的占空比为50%，即方波；另外，"offset"参数是补偿时间，"Cancel"参数是取消时间。

需要指出的是，在ModelSim中对Signal的Force赋值有3个类（Kind）：Freeze、Drive和Deposit。其中，Freeze的赋值强度最强，Drive次之，Deposit最弱。ModelSim是一个严格的HDL仿真器，输入信号一定要赋值（Freeze、Drive、Deposit均可），输出信号一定要有初值。对于VHDL程序，其输出信号的初值为未初始化值（'U'），ModelSim仍能够对其设计文件进行仿真。对于 Verilog HDL 程序,其输出信号的初值为未知('x'),ModelSim 就不能够对其设计文件进行仿真,因此在 Verilog HDL 源程序中,一定要用 initial 语句对全部输出信号或内部使用的信号赋初值。另外,inout 等类型信号在一般情况下不能赋 Freeze 值。

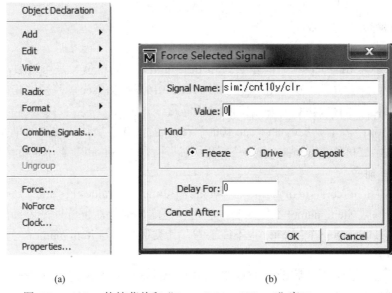

图 5.7 Object 快捷菜单和"Force Selected Signal"窗口

(3) 仿真设计文件

在打开的波形窗口(窗口中主要按键的功能见图 2.26)中,单击"运行"按钮,则仿真执行 1 个步长时间(默认的步长时间是 100ps),使计数器复位,然后改变复位输入 clr 的"Force"值为"1"(复位信号无效),单击"运行"若干次(一般 10 次以上),得到十进制加法计数器的仿真波形,如图 5.8 所示。在 ModelSim 界面直接对设计电路的仿真是功能仿真,看不到电路的传输延迟时间。在 VHDL 编程中,可以用"AFTER"关键字设置语句中的延迟;在 Verilog HDL 编程中可以用"#"符号添加语句执行的延迟时间。

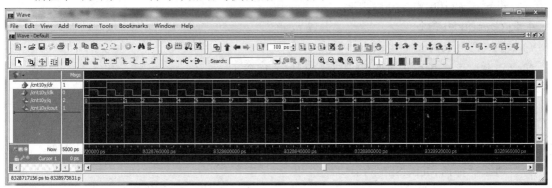

图 5.8 十进制加法计数器的仿真波形

5.1.2 ModelSim 的交互命令方式

ModelSim 交互命令方式,是在 ModelSim 的主窗口的命令窗口上,通过输入命令来实现的,具有更好的调试和交互功能。实际在图形用户交互方式中,每单击一个图标命令时,在命令窗口就出现相关的命令。ModelSim 提供了多种命令，既可以单步，也可以构成批处理文件，用来控制编辑、编译和仿真流程。

下面介绍 ModelSim 用于仿真的一些主要命令，包括 run、force、view、wave create 等命令，其他命令可参考 ModelSim 说明书或帮助。

1. run 命令

命令格式：run [<timesteps>][<time_unit>]

其中，参数 timesteps（时间步长）和 time_unit（时间单位）是可选项，time_unit 可以是 fs（10^{-15}秒），ps（10^{-12}秒），ns（10^{-9}秒），us（10^{-6}秒），sec（秒）这几种。

命令功能：运行（仿真）并指定时间及单元。

例如，"run"表示单步运行；"run 1000"表示运行 1000 个默认的时间单元（ps）；"run 2500 ns"表示运行 2500ns；"run–continue"表示继续运行；"run–all"表示运行全程。

2. force 命令

命令格式：force <item_name> <value> [<time>],[<value>] [<time>]

其中，参数 item_name 不能缺省，它可以是端口信号，也可以是内部信号，且还支持通配符号，但只能匹配一个；value 也不能缺省，其类型必须与 item_name 一致；time 是可选项，支持时间单元。

例如，"force clr 1"表示为 clr 赋值 1；"force clr 1 100"表示经历 100 个默认时间单元延迟后为 clr 赋值 1；"force clr 1,0 1000"表示为 clr 赋值 1 后经历 1000 默认时间单元延迟后为 clr 赋值 0。

3. force–repeat 命令

命令格式：force <开始时间> <开始电平值>，<结束电平值> <忽略时间> –repeat <周期>

命令功能：每隔一定的周期（period）重复一定的 force 命令。该命令常用来产生时钟信号。

例如，"force clk 0 0, 1 30 -repeat 100"表示强制 clk 从 0 时间单元开始，起始电平为 0，结束电平为 1，忽略时间（即 0 电平保持时间）为 30 个默认时间单元，周期为 100 个默认时间单元，占空比为(100-30)/100=70%。

4. force–cancel 命令

命令格式：force–cancel < period>

命令功能：执行 period 周期时间后取消 force 命令。

例如，"force clk 0 0, 1 30 -repeat 60 -cancel 1000"

强制 clk 从 0 时间单元开始，直到 1000 个时间单元结束。

5. view 命令

命令格式：view <窗口名>

命令功能：打开 ModelSim 的窗口。

例如，"view sauce"是打开源代码窗口；"view wave"是打开波形窗口；"view list"是打开列表窗口；"view variables"是打开变量窗口；"view signals"是打开信号窗口；"view all"是打开所有窗口。

6. add wave 命令

命令格式：add wave -hex*

命令功能：为波形窗口添加信号，这里的*表示添加设计中所有的信号，-hex 表示以十六进制来表示波形窗口中的信号值。

7. wave create 命令

命令格式：wave create

命令功能：波形创建，可以创建时钟、常数、随机、重复、计数等类型的波形。

创建时钟波形的命令格式为：wave create <驱动> <模式> <初始值> <周期> <占空比> <开始时间> <结束时间> <创建对象身份>

例如，命令：

```
wave create -driver freeze -pattern clock -initialvalue 0 -period 10ns
-dutycycle 50 -starttime 0us -endtime 10us sim:/firstdsp/Clock
```

为 firstdsp 工程的 Clock 输入创建了 freeze 驱动型的时钟模式，时钟的初始值为 0，周期为 10ns，占空比为 50%，开始时间为 0us，结束时间为 10us。

创建随机波形的命令格式为：wave create <驱动> <模式> <初始值> <周期> <随机类型> <种子值> <幅度> <开始时间> <结束时间> <创建对象身份>

例如，命令：

```
wave create -driver freeze -pattern random -initialvalue 0 -period 10ns
-random_type Poisson -seed 5 -range 0 0 -starttime 0us -endtime 10us
sim:/firstdsp/Input
```

为 firstdsp 工程的 Input 输入创建了 freeze 驱动型的随机输入模式，初始值为 0，周期为 10ns，Poisson 随机类型，种子值为 5，幅度为 0 0，开始时间为 0us，结束时间为 10us。

8. quit 命令

命令格式：quit–sim

命令功能：结束仿真。

5.1.3 ModelSim 的批处理工作方式

如果采用单步命令来控制仿真流程，每次都要输入相应的命令，是很烦琐的事情。ModelSim 提供了一个简化方式，即可以把这些命令形成一个批处理文件后再执行。如果读者对 ModelSim 的命令不熟悉，可以先用图形用户交互方式完成设计电路的仿真，然后把命令窗口中命令复制下来，构成批处理文件。

在 ModelSim 的主窗口，执行 "File" → "New" → "Source" → "DO" 命令，进入 ModelSim 的 DO 文件编辑方式。在编辑窗口输入下列计数器仿真批处理文件（cnt10y.do）的代码：

```
#//打开 work 库中的 cnt10y 文件
vsim work.cnt10y
#//打开 VHDL 相关库
# vsim work.cnt10y
# Loading std.standard
# Loading std.textio(body)
# Loading ieee.std_logic_1164(body)
# Loading ieee.numeric_std(body)
# Loading work.cnt10y(one)
#//添加信号到波形窗口
add wave \
sim:/cnt10y/clr \
```

```
        sim:/cnt10y/clk \
        sim:/cnt10y/q \
        sim:/cnt10y/cout
        #//设置复位信号为1
        force -freeze sim:/cnt10y/clr 1 0
        #//设置时钟信号
        force -freeze sim:/cnt10y/clk 1 0, 0 {50 ps} -r 100
        run 100
        #//设置复位信号为0
        force -freeze sim:/cnt10y/clr 0 0
        run 200
        force -freeze sim:/cnt10y/clr 1 0
        run 4000
```

Do 文件中的"#//"是注释符号。

完成计数器仿真批处理文件的编辑后,用"cnt10ym.do"为文件名保存在与计数器设计文件相同的文件夹中(.do 是 DO 文件的属性后缀)。在 ModelSim 的命令窗口中执行"do cnt10y.do"(如果 do 文件不在当前工程的文件夹中,则需要添加文件的路径如 "do D:/myeda/cnt10y.do")命令,完成对计数器设计(cnt10y)的仿真,仿真结果如图 5.8 所示。

5.1.4 ModelSim 与 Quartus II 的接口

ModelSim 是一种快速仿真工具,Quartus II 完成的 HDL 设计文件,也可以用 ModelSim 进行仿真。由于 ModelSim 是编译型仿真器,仅可以对编译后的 HDL 文件进行仿真,因此用 Quartus II 完成的非 HDL 设计文件(如图形文件)在进行仿真前,必须转换为 HDL 文件。下面以本书第 2 章设计波形发生器 mydds 为例,介绍 ModelSim 与 Quartus II 的接口方法。

1. Quartus II 宏功能模块的使用方法

Quartus II 13.0 的宏功能模块的使用方法在第 2 章中已介绍,本例中"LPM_ROM"的设置方法参考 2.3 节。

参照第 2 章 mydds 设计方法,完成电路的编辑和编译。

2. 用 ModelSim 对 Quartus II 设计文件的功能仿真

执行 ModelSim 主界面上的"Project"→"Add to Project"→"Existing File"命令,弹出如图 5.9 所示的添加文件到工程对话框,在对话框的"File Name"栏下直接查找到 Quartus II 13.0 编译时生成的并保存在/simulation/modelsim/目录下的仿真输出文件 mydds.vho(如 D:/myeda/simulation/modelsim/mydds.vho)后,单击"OK"按钮,完成文件的添加。当添加的 HDL 文件通过 ModelSim 编译后,源文件的设计实体就会出现在 work 库中。

在 ModelSim 主界面执行"Simulate"→"Start Simulate"命令,在弹出的"Start Simulate"对话框(见图 5.5)的"Design"页面中,将 work 库中的 mydds 选中,单击"OK"按钮完成设计文件的装载。将出现在 Objects 窗口中的 q、clk 和 qc 信号添加到波形窗口,并将 clk 设置为时钟,周期为 10000(ps),单击"运行全程"按钮数秒后停止运行,在波形窗口出现 mydds 的仿真波形,如图 5.10 所示。波形窗口呈现的 q 和 qc 的波形是平滑,没有微小毛刺(即竞争-冒险)现象,属于功能仿真。

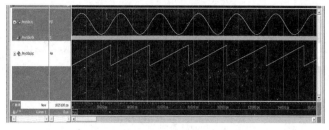

图 5.9 添加文件到工程对话框　　　　图 5.10 波形发生器的功能仿真波形

3. 用 ModelSim 对 Quartus II 设计文件的时序仿真

在 ModelSim 主界面执行"Simulate"→"Start Simulate"命令，在开始仿真对话框的"Design"页面选中 work 库中的 mydds 后，单击对话框上方的"SDF"按钮展开如图 5.11 所示的开始仿真对话框的"SDF"页面，单击页面右边的"Add"按钮，弹出"Add SDF Files"对话框（见图 5.11 中部），在对话框中找到/simulation/modelsim/目录下的仿真延迟文件 mydds_vho.sdo（如 D:/myeda/simulation/modelsim/mydds_vho.sdo）后，单击"OK"按钮，将延迟文件添加到页面的"SDF Files"栏中，再单击"OK"按钮，完成仿真文件与延迟文件的装载。

将出现在 Objects 窗口中的 q、clk 和 qc 信号添加到波形窗口，并设置 clk 的时钟周期，完成仿真。仿真波形如图 5.12 所示，波形窗口呈现的 q 和 qc 的波形存在微小毛刺（即竞争-冒险）现象，因为仿真时输出文件 mydds.vdo 调用延迟文件，将电路的延迟添加到输出波形中，完成时序仿真。

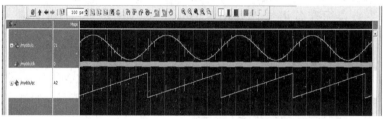

图 5.11 开始仿真对话框　　　　图 5.12 波形发生器的时序仿真波形
　　　的"SDF"页面

5.1.5 在 Quartus II 13.0 中使用 ModelSim 仿真

在安装 Quartus II 13.0 版本软件时，已安装 ModelSim-Altera 10.1d 版本软件，因此 Quartus II 13.0 也可以使用 ModelSim 软件进行仿真，但首先应将 ModelSim 的安装路径设置好（仅设置一次即可）。在 Quartus II 13.0 主界面窗口执行"Tools"→"Options"命令，在弹出的 Options 对话框中，选中"EDA tool options"，在该选项卡的"ModelSim-Altera"栏中指定 ModelSim-Altera 10.1d 的安装路径，如"d:/Altera/13.0sp1/modelsim_ae /win32aloem"。

1. 用 ModelSim-Altera 10.1d 实现功能仿真

功能仿真也叫前仿真，下面以十进制加法计数器 cnt10.v（Verilog HDL 源程序）为例，介绍基于 Quartus II 13.0 的 ModelSim-Altera 10.1d 功能仿真方法，cnt10.v 源程序如下：

```
module cnt10(clk,clrn,en,q,cout);
    input           clk,clrn,en;
    output reg [3:0] q;
```

```
        output reg      cout;
    always @(posedge clk or negedge clrn)
        begin
          if (~clrn) q=0;
            else if (en) begin
              if (q<9)  q = q+1;
                else q=0;
              if (q == 9) cout = 1;
                else   cout = 0;end
        end
endmodule
```

程序中的 clk 是时钟输入端；clrn 是异步清除输入端，低电平有效；en 是使能控制输入端，高电平有效；q 是 4 位计数器的状态输出端；cout 是进位输出端。

（1）源程序的编辑和编译

在 Quartus II 13.0 的主窗口执行"File"→"New Project Wizard"命令，为计数器 cnt10 建立新工程，在弹出的新建设计工程对话框的"EDA Tool Settings [page 4 of 5]"页面的"Tool Type"的"Simulation"栏中的"Tool Name"选择"ModelSim-Altera"，在"Format(s)"选择"Verilog HDL"（若是 VHDL 程序，则选择"VHDL"）。

完成新工程的建立后，进入 Verilog HDL 文本编辑方式，完成对 cnt10.v 源程序的编辑，并完成源程序的存盘和编译工作。

（2）生成并编辑仿真测试文件

完成设计工程的编译后，系统会自动生成输出网表文件 cnt10.vo（对 VHDL 设计则生成.vho 文件）和标准延迟文件 cnt10_v.sdo（对 VHDL 设计则生成_vhd.vho 文件），并保存在 cnt10/simulation/modelsim/路径的文件夹中，但没有生成用于功能仿真的测试文件（Test Bench）。执行主菜单中的"Processing"→"Start"→"Start Test Bench Template Writer"命令，系统就在 cnt10/simulation/modelsim/路径的文件夹中生成仿真测试文件 cnt10.vt（对 VHDL 设计则生成.vht 文件）。生成的仿真测试文件 cnt10.vt 如下（文件中的注释已删除）：

```
`timescale 1 ps/ 1 ps
module cnt10_vlg_tst();
reg eachvec;
reg clk;
reg clrn;
reg en;
wire cout;
wire [3:0] q;
cnt10 i1 (.clk(clk),.clrn(clrn),.cout(cout),.en(en),.q(q));
initial
begin
$display("Running testbench");
end
always
// @(event1 or event2 or .... eventn)
begin
@eachvec;
end
```

```
endmodule
```

在 Quartus II 13.0 界面打开仿真测试文件 cnt10.vt，根据仿真需要编辑文件，编辑结果如下：

```
`timescale 1 ns/ 1 ps    //将时间单位更改为1ns（即#1时间）、时间精度保持为1ps
module cnt10_vlg_tst();//仿真测试模块
reg clk;
reg clrn;
reg en;
wire cout;
wire [3:0]  q;
cnt10 i1 ( .clk(clk),.clrn(clrn),.cout(cout),.en(en),.q(q));
                      //例化cnt10元件，例化名为i1
initial
begin
clk=0;clrn=1;en=1;       //初始化输入参数
#500 clrn=0;             //延迟500个单位（ns）时间执行clrn=0（复位）
#200 clrn=1;
#200 en=0;
#400  en=1;
#2000 $finish;           //执行2000单位时间结束
$display("Running testbench");
end
always
begin forever #50 clk=~clk;    //生成clk时钟
end
endmodule
```

更改后的仿真测试文件需要重新存盘和编译。

(3) 设置和添加仿真测试文件

在 Quartus II 13.0 界面执行 "Assignments" → "Settings" 命令，在弹出的设置 Settings 窗口（见图 2.22）选中 "EDA Tool Settings" 项，对 "Simulation" 栏下的仿真测试文件进行设置。其中，在 "Tool name" 中选择 ModelSim-Altera；在 "Format for output netlist" 中选择开发语言的类型 Verilog（或者 VHDL）；在 "Time scale" 指定时间单位级别（本例选择 1ns）；在 "Output directory" 指定测试文件的输出路径（即测试文件 cnt10.vt 存放的路径 "simulation/modelsim"）。

单击 "Test Benches" 按钮，在弹出添加 Test Benches 文件对话框（见图 2.23）中单击 "New" 按钮，在弹出的 "New Test Bench Settings" 对话框（见图 2.24）中，对新的测试文件进行设置。在生成新的测试文件设置（Create new test bench settings）项的 "Test bench name" 栏中输入测试文件名 "cnt10"（注意不要加后缀），在 "Top module in test bench" 栏中输入顶层文件名 "cnt10"，在 "Design instance name in test bench"（测试文件中的设计文件名）栏中输入 "NA"。把 "Use test bench to perform VHD timing simulation" 选中（前面出现 "√"）后，在 "Design instance name in test bench" 栏中输入 "i1"（i1 是测试文件程序中的例化名）。在仿真周期（Simulation period）项中保持 "Run simulation until all vector stimuli are used" 默认，如果选中 "End simulation at"（前面出现 "⊙"）则需要填写仿真周期时间为多少秒（s 或 ms、us、ns、ps）。在测试文件（Test bench and simulation files）项的 "File name" 栏中找到测试文件和存放的路径（如 simulation/modelsim/cnt10.vt），然后单击 "Add" 按钮，完成新的测试文件设置与添加。

（4）执行仿真测试文件

执行 Quartus II 主窗口的"Tools"→"Run EDA Simulation Tool"→"EDA RTL Simulation"命令，对设计文件进行 RTL 级的功能仿真。命令执行后，系统会自动打开选中的 ModelSim 软件和相应的窗口，如命令（Transcript）、目标（Objects）、波形（Wave）、库（Library）等窗口。在波形窗口可以采用 ModelSim 的图形用户交互方式，通过各种命令按钮一步一步完成 cnt10 的仿真，这种方式在 5.1.4 节中已介绍，这里不再重复。下面介绍用"test bench"文件仿真的方法。

在 ModelSim 的主界面执行"Simulate"→"Start Simulation"命令，弹出开始仿真（Start Simulation）对话框（见图 5.5），展开 work 库中的测试文件"cnt10_vlg_tst"后单击"OK"按钮。

将出现在目标（Objects）窗口中的端口全部选中后，右击这些端口名，在出现的快捷菜单中执行"Add to"→"Wave"→"Selected Signals"命令，将全部端口加入波形（Wave）窗口中，然后在命令窗口执行"Run all"命令或单击波形窗口中的"运行全程"按钮，对测试文件进行仿真，得到仿真结果，如图 5.13 所示。

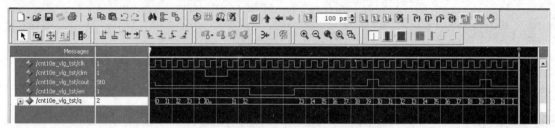

图 5.13　测试文件的仿真结果

2. 用 ModelSim-Altera 10.1d 实现时序仿真

时序仿真也叫后仿真，基于 Quartus II 13.0 的 ModelSim-Altera 10.1d 的时序仿真是将新工程建立时选择的目标芯片（如本例选择 DE2 上的 Cyclone II 系列的 EP2C35F672C6 器件）的传输延迟时间，加到系统生成的标准延迟（.sdo）文件中，仿真时输出网表（.vo）文件调用 SDO 标准延迟文件，将设计电路的输出信号与输入条件之间的延迟在 ModelSim 的波形窗口展示出来，实现时序仿真。

下面以十进制加法计数器 cnt10 为例，介绍基于 Quartus II 13.0 的 ModelSim-Altera 10.1d 的时序仿真方法。时序仿真方法与上述的功能仿真方法基本相同，主要区别是在设置和添加测试文件的操作中，添加的测试文件是输出网表 cnt10.vo 文件。完成 cnt10.vo 文件的设置与添加后，在 Quartus II 主窗口执行"Tools"→"Run Simulation Tool"→"RTL Simulation"命令，对设计文件进行 RTL 级的时序仿真。命令执行后，系统会自动打开选中的 ModelSim 软件和相应的窗口，并完成目标（Objects）窗口中全部端口到波形窗口的添加。在波形窗口可以采用 ModelSim 的图形用户交互方式，通过各种命令按钮一步一步完成 cnt10 的仿真，看到时序仿真结果，这种方式在 5.1.4 节中已介绍，这里不再重复。下面介绍采用 ModelSim 的批处理方式的仿真方法。

在执行 EDA RTL Simulation 仿真时，Quartus II 13.0 软件会在 simulation/modelsim/路径下自动生成一个 ModelSim 批处理（.do）文件，cnt10 的批处理文件为"cnt10_run_msim_rtl_verilog.do"，其内容如下：

```
transcript on
if {[file exists rtl_work]} {
    vdel -lib rtl_work -all
}
vlib rtl_work
vmap work rtl_work
vlog -vlog01compat -work work +incdir+C:/cnt10 {C:/cnt10/cnt10.v}
vlog -vlog01compat -work work +incdir+C:/cnt10/simulation/modelsim {C:/cnt10/simulation/modelsim/cnt10.vo}
vsim -t 1ps -L altera_ver -L lpm_ver -L sgate_ver -L altera_mf_ver -L altera_lnsim_ver -L cyclone_ver -L rtl_work -L work -voptargs="+acc" cnt10
add wave *
view structure
view signals
run -all
```

在 ModelSim 主界面打开 cnt10_run_msim_rtl_verilog.do 文件，将文件的最后一行语句"run–all"用下列语句替换并存盘（文件中的命令功能参见 5.1.2 节中叙述）：

```
force -freeze sim:/cnt10/clk 1 0, 0 {5000 ps} -r 10000
force -freeze sim:/cnt10/clrn 1 0
force -freeze sim:/cnt10/en 1 0
run 120000
force -freeze sim:/cnt10/clrn 0 0
run 10000
force -freeze sim:/cnt10/clrn 1 0
run 10000
force -freeze sim:/cnt10/en 0 0
run 50000
force -freeze sim:/cnt10/en 1 0
run 150000
```

在 ModelSim 的命令窗口（Transcript）执行"do cnt10_run_msim_rtl_verilog.do"命令，即可完成对十进制加法计数器 cnt10 的时序仿真，仿真结果如图 5.14 所示，从图可以看到延迟信息。

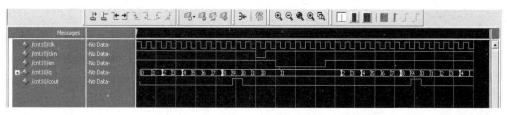

图 5.14　cnt10 的时序仿真结果

注意：本例设计的时钟周期为 10ns（10000ps），因为目标芯片 EP2C35F672C6 传输延迟时间在 10ns 左右，因此 clk 周期应大于对于 10ns，否则输出（q 和 cout）无法响应。

为了帮助读者进一步掌握基于 Quartus II 13.0 的 ModelSim-Altera 10.1d（高版本的 Quartus II 和 ModelSim-Altera 使用方法相同）的时序仿真，下面以一位加法器 adder1 为例，给出一个组合逻辑电路设计示例，供读者参考。

一位加法器设计源程序 adder1.v 如下：

```
module adder1(a,b,ci,so,co);
```

```
input a,b,ci;
output so,co;
assign {co,so}=a+b+ci;
endmodule
```

其中，a、b、ci 是 3 个 1 位二进制数输入端；so 是和输出端；co 是进位输出端。

Quartus II 13.0 为 adder1 生成的批处理文件 adder1_run_msim_rtl_verilog.do 经过修改后的结果如下：

```
transcript on
if {[file exists rtl_work]} {
    vdel -lib rtl_work -all
}
vlib rtl_work
vmap work rtl_work
vlog -vlog01compat -work work +incdir+C:/adder {C:/adder/adder1.v}
vlog -vlog01compat -work work +incdir+C:/adder/simulation/modelsim {C:/adder/simulation/modelsim/adder1.vo}
vsim -t 1ps -L altera_ver -L lpm_ver -L sgate_ver -L altera_mf_ver -L altera_lnsim_ver -L cyclone_ver -L rtl_work -L work -voptargs="+acc" adder1
add wave *
view structure
view signals
force -freeze sim:/adder1/a 0 0
force -freeze sim:/adder1/b 0 0
force -freeze sim:/adder1/ci 0 0
run 10000
force -freeze sim:/adder1/ci 1 0
run 10000
force -freeze sim:/adder1/ci 0 0
force -freeze sim:/adder1/b 1 0
run 10000
force -freeze sim:/adder1/ci 1 0
force -freeze sim:/adder1/b 1 0
run 10000
force -freeze sim:/adder1/a 1 0
force -freeze sim:/adder1/b 0 0
force -freeze sim:/adder1/ci 0 0
run 10000
force -freeze sim:/adder1/a 1 0
force -freeze sim:/adder1/b 0 0
force -freeze sim:/adder1/ci 1 0
run 10000
force -freeze sim:/adder1/a 1 0
force -freeze sim:/adder1/b 1 0
force -freeze sim:/adder1/ci 0 0
run 10000
force -freeze sim:/adder1/a 1 0
force -freeze sim:/adder1/b 1 0
force -freeze sim:/adder1/ci 1 0
run 20000
```

在 ModelSim 中执行"do adder1_run_msim_rtl_verilog.do"命令后的仿真结果如图 5.15 所示,从仿真波形可以见到组合逻辑电路的竞争-冒险现象。

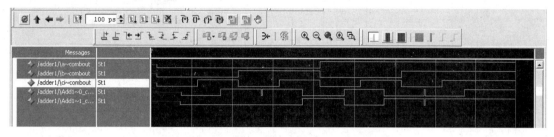

图 5.15　一位加法器的仿真结果

5.2　基于 MATLAB/DSP Builder 的 DSP 模块设计

MATLAB 是当前国际控制界最流行的面向工程与科学计算的高级语言,利用它可以设计出功能强大、界面优美、稳定可靠的高质量程序,编程效率和计算效率极高。Altera 公司充分利用了 MATLAB 的优势,将 Quartus II 与其进行无缝连接,完成 DSP 等复杂系统的设计。

本节介绍利用 MATLAB/DSP Builder 工具进行 DSP 模块设计、MATLAB 模型仿真、Signal Compiler 使用方法、使用 Modelsim 进行 RTL 级仿真、使用 Quartus II 实现时序仿真、使用 Quartus II 硬件实现与测试等方面的内容。

用 FPGA 实现 DSP 并不是说用 FPGA 来构造一个 DSP 芯片,而是直接用 FPGA 硬件来实现 DSP 功能,这与通用 DSP 芯片实现 DSP 功能是不同的,通用 DSP 芯片是用软件来实现 DSP 功能,其特点是应用灵活、低成本,但在速度上比用硬件实现的 DSP 要慢得多。随着 FPGA 规模越来越大、成本越来越低,越来越多的设计采用 FPGA 硬件来完成 DSP 功能。

Altera 公司的 DSP Builder 可以帮助开发者完成基于 FPGA 的 DSP 设计,可以自动完成大部分的设计过程和仿真,直至把设计文件下载至 FPGA 中。用户首先利用 MATLAB 进行 DSP 模块设计,然后用 DSP Builder 将用户设计的 DSP 模块转换成硬件描述语言(HDL),最终在 FPGA 上实现。利用 MATLAB/DSP Builder 进行 DSP 模块设计是 EDA 技术的一个组成部分,下面以一个简单的正弦信号调制电路的设计为例,介绍基于 MATLAB/DSP Builder 的 DSP 开发技术,电路设计模块在 MATLAB R2012a 版本软件中完成。

5.2.1　设计原理

正弦信号调制电路的原理如图 5.16 所示。电路由阶梯信号发生器模块 Increment Decrement、正弦函数值查找表模块 SinLUT、延时模块 Delay、乘法器模块 Product、数据输入模块 DATAIN 和输出模块 Output 等 6 个部分构成。阶梯信号发生器模块 Increment Decrement 产生线性递增的地址信号,送往 SinLUT 查找表。SinLUT 是一个正弦函数值的查找表模块,由递增的地址获得正弦波值输出,输出的 8 位正弦波数据经延时模块 Delay 后送往 Product 乘法模块,与 DATAIN 的数据相乘生成正弦波调制的数字信号,由 Output 输出。Output 输出的数据经过 D/A 转换后获得正弦调制信号。

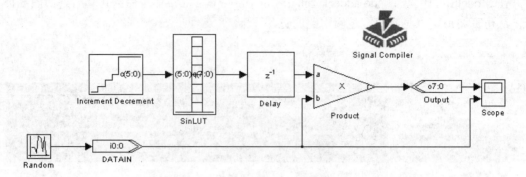

图 5.16　正弦信号调制电路的原理图

5.2.2　建立 MATLAB 设计模型

利用 MATLAB 建立 DSP 设计模型是基于 MATLAB/DSP Builder 的 DSP 模块设计的主要过程，下面以正弦信号调制电路设计为例，介绍建立 MATLAB 设计模型的步骤。

1. 运行 MATLAB

执行 D:\altera\13.0sp1\quartus\dspba\路径下 dsp_builder.bat 批处理文件，启动 MATLAB R2012a 软件，启动后的软件界面如图 5.17 所示，界面中有 3 个窗口，分别是命令窗口（Command Windows）、工作区（Workspace）、命令历史（Command History）。在命令窗口中，可以输入命令，同时得到响应信息、出错警告和提示等。在创建一个新的设计模型前，应先建立一个新的文件夹（如 myeda_q）作为工作目录，保存设计文件。

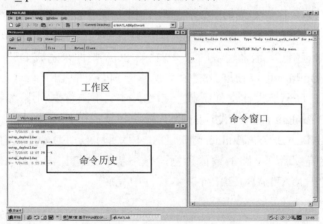

图 5.17　MATLAB 软件界面

2. 新建一个模型文件

在 MATLAB 软件界面执行"File"→"New"，在弹出的子菜单中选择"model"方式，弹出如图 5.18（b）所示的建立 MATLAB 设计模型的编辑窗口，设计电路的模型在此编辑窗口中完成编辑、分析、仿真控制和生成设计文件。

在图 5.18 中执行"View"→"Library browser"命令，打开 Simulink Library browser（Simulink 库管理器）窗口，如图 5.18（a）所示。Simulink 库管理器的左侧是 Simulink Library 列表，右侧是选中的 Library 中的组件。当安装完 DSP Builder 后，在 Simulink 库管理器的 Simulink

Library 列表中可以看到"Altera DSP Builder Blockset"库。在以下的设计中，主要使用 Altera DSP Builder Blockset 库中的组件和子模型来完成各项设计，然后用 Simulink 库来完成模型的仿真验证。

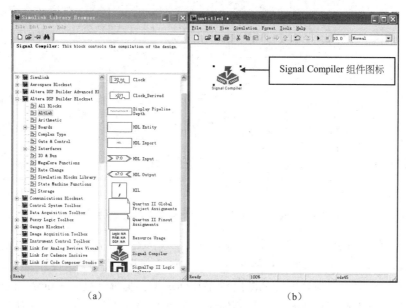

（a） （b）

图 5.18 建立 MATLAB 设计模型的 Simulink 库管理器窗口和编辑窗口

3. 放置 Signal Compiler 图标

单击 Library browser 窗口左侧的库内树形列表中的 Altera DSP Builder Blockset 项，打开 DSP Builder 库，再单击 AltLab 项展开 AltLab 库，单击选中库管理器右侧的 Signal Compiler 组件图标，按住鼠标左键将 Signal Compiler 图标拖动到新模型窗口中（见图 5.24（b））。Signal Compiler 组件图标是一个控制符号，双击时，可以启动软件对编辑窗口中的设计模型（电路）进行分析，并引导进入下一步的编译、适配和生成 HDL 代码文件操作。

4. 放置 Increment Decrement 模块

打开 Altera DSP Builder 中的 Arithmetic 库，把库中的 Increment Decrement 模块（图标）拖放到新建模型编辑窗口中。Increment Decrement 是阶梯信号发生器模块，其图标如图 5.19（a）所示，单击 Increment Decrement 模块下面的文字"Increment Decrement"，就可以修改模块名字。用此方法将模块名修改为"IncCounter"。

双击新建模型中的 IncCounter 模块，打开如图 5.19（b）所示的 IncCounter 模块参数设置（Block Parameters:IncCounter）对话框，该对话框有"Main"（主页面）和"Optional Ports and Setting"（可选择的端口与设置）两个页面。在"Main"页面可以进行"Bus Type"（总线类型）的设置。在总线类型的设置中，有 Signed Integer（有符号整数）、Signed Fractional（有符号小数）和 Unsigned Integer（无符号整数）3 种数据类型选择，本设计选择"Unsigned Integer"。还可以进行"Number of bits"（输出位宽）的设置。输出位宽是指模块输出的二进制位数，本设计中的输出位宽设置为 6，表示阶梯信号发生器共输出 2^6=64 个阶梯，作为正弦函数查找表的 64 个地址数据。

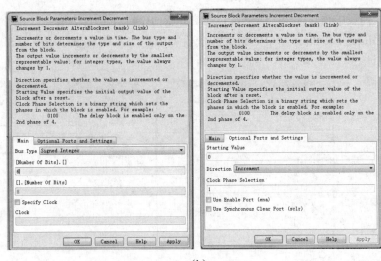

图 5.19 IncCounter 模块图标及其参数设置对话框

在"Optional Ports and Setting"页面，可以进行"Direction"（增减方向）的设置。增减方向设置有 Increment（增量方式）和 Decrement（减量方式）两种选择。本设计设置为 Increment（增量方式），使阶梯信号发生器的阶梯随时钟增加而递增。另外，"Use Control Inputs"（使用控制输入）不选，如果选择这个设置，则在阶梯信号发生器上会增加"ena"（使能）和"rst"（复位）两个输入控制端。

其他的设置采用 Increment Decrement 模块的默认设置。模块设置完成后，单击"OK"按钮确认。

5. 放置 SinLUT（正弦查找表）模块

打开 Altera DSP Builder 中的 Storage 库，将库中的 LUT 模块拖放到新建模型编辑窗口，将模块的名字修改成"SinLUT"。SinLUT 模块的图标如图 5.20（a）所示，双击 SinLUT 模块，弹出如图 5.20（b）所示的 SinLUT 模块参数设置对话框，此对话框有"Main"和"Implementation"两个页面。在"Main"页面，把 Bus Type（总线类型）设置为"Unsigned Integer"（无符号整数）；把 Output[number of bits]（输出位宽）设置为"8"；把 LUT Address Width（查找表地址线位宽）设置为"6"。在"MATLAB Array"编辑框中输入计算查找表内容的计算式，式中的"sin"是正弦函数名，其调用的格式为：sin([起始值:步进值:结束值])，表达式中的 pi 即为常数π。

如果表达式是"127*sin([0:2*pi/(2^6):2*pi])"，则其结果的数值变化范围是-127～+127，可以用 8 位二进制有符号整数表示；如果表达式为"128+127*sin([0:2*pi/(2^6):2*pi])"，则其结果的数值变化范围是 0～255，可以用 8 位二进制无符号整数表示。本设计采用后一种表达式。

另外，在"Implementation"两个页面，如果在"Use LPM"处选择打勾选中 LPM（Library of Parameterized Modules，参数化模块库），表示允许 Quartus II 利用目标器件中的嵌入式 RAM（在 EAB、ESB 或 M4K 模块中）来构成 SinLUT，即将生成的正弦波数据放在嵌入式 RAM 构成的 ROM 中，否则只能用芯片中的 LEs（逻辑元件）来构成。

6. 放置 Delay 模块

打开 Altera DSP Builder 中的 Storage 库，将库中的 Delay 模块拖放到新建模型编辑窗口。Delay 是一个延时环节，其图标如图 5.21（a）所示，双击 Delay 模块，弹出如图 5.21（b）所示的 Delay 模块参数设置对话框，该对话框有 Main、Optional Ports 和 Initialization 这 3 个页面。

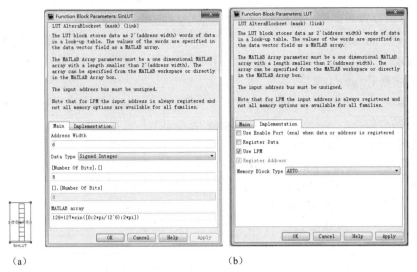

图 5.20 SinLUT 模块图标及其参数设置对话框

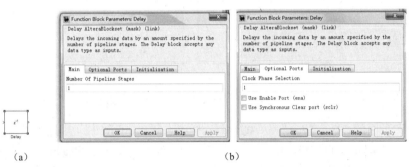

图 5.21 Delay 模块图标及其参数设置对话框

在"Main"页面的"Number of Pipeline Stages"栏中设置信号延时的深度。当延迟深度大于等于 1，延迟深度为 1 时，延时传输函数为 z^{-1}，表示信号传输延时 1 个时钟周期；当延迟深度为 n 时，延时传输函数为 z^{-n}，表示信号传输延时 n 个时钟周期。

在"Optional Ports"页面的"Clock Phase Selection"主要用来控制采样。当将其设置为"1"时，则控制 Delay 模块每个时钟周期数据都能通过；当将其设置为"01"时，则控制数据每隔 1 个时钟周期才能通过。另外，还有"Use Enable Port(ena)"（使用使能端口）和"Use Synchronous Clear port(sclr)"（使用同步清除端口）的选择，本设计不使用这些端口。

"Initialization"页面用于设置延迟模块是否具有预置到某个非 0 值的功能，本设计不设置（该页面图形省略）。

7. 放置数据输入端口 DATAIN 模块

打开 Altera DSP Builder 中的 IO & Bus 库，将库中的 Input 模块拖放到新建模型编辑窗口，修改 Input 模块的名字为 DATAIN。DATAIN 模块图标如图 5.22（a）所示，双击 DATAIN 模块，弹出图 5.22（b）所示的

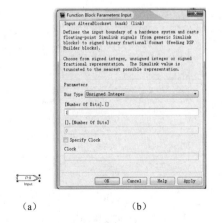

图 5.22 DATAIN 模块图标及其参数设置对话框

DATAIN 模块参数设置对话框。在参数设置对话框中，把 Bus Type 设置为 "Unsigned Integer"（无符号整数），把[number of bits].[]设置为 "1"，表示该输入模块是 1 位无符号数据输入。该模块在生成 HDL 代码文件时，是一个名为 DATAIN、宽度为 1 位的输入端口。

8. 放置乘法器 Product 模块

打开 Altera DSP Builder 中的 Arithmetic 库，将库中的 Product 模块拖放到新建模型编辑窗口。Product 有两个输入，一个是经过一个 Delay 的 SinLUT 查表输出，另一个是外部 1 位端口 DATAIN 送来的数据，用 DATAIN 对 SinLUT 查找表输出的控制，产生正弦调制输出。Product 模块的图标如图 5.23（a）所示，双击 Product 模块，弹出如图 5.23（b）所示的 Product 模块参数设置对话框，该对话框有 Main 和 Optional Ports and Setting 两个页面。

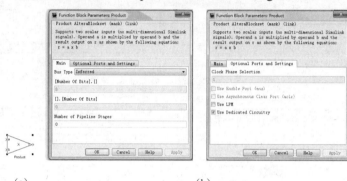

(a)   (b)

图 5.23　Product 模块图标及其参数设置对话框

在 "Main" 页面的 "Bus Type"（总线类型）栏中选择 "Inferred"（早期）类型。"Number of Pipeline Stages" 栏用于设置 Product 模块使用的流水线数，即控制 Product 的乘积延时几个脉冲周期后出现，本设计保持默认为 0 条流水线。

"Optional Ports and Setting" 页面设置是否使用 LPM 和使用 "Dedicated Circuitry"（专用电路）。本设计保持默认的使用 "Dedicated Circuitry"（即选中 "Use Dedicated Circuitry" 项）。

9. 放置输出端口 Output 模块

打开 Altera DSP Builder 中的 IO & Bus 库，将库中的 Output 模块拖放到新建模型编辑窗口。Output 模块的图标如图 5.24（a）所示，双击 Output 模块图标，弹出如图 5.24（b）所示的 Output 模块参数设置对话框。在参数设置对话框中，把 Bus Type 设置为 "Unsigned Integer"（无符号整数），把[number of bits].[]设置为 "8"，表示该输出模块是 8 位无符号数据输出。该模块在生成 HDL 代码文件时，是一个名为 Output、宽度为 8 位的输出端口。

至此，正弦信号调制电路的全部模块已经调入新建模型编辑窗口中，按照图 5.22 所示电路原理图结构，用鼠标完成各模块之间的电路连接。执行新建模型编辑窗口中 "File" → "Save" 命令，将设计文件以 FirstDSP（该名称由设计者自己定义）为文件名，保存在工作目录（如 myeda_q）中。

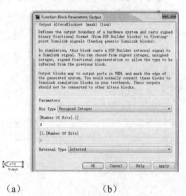

(a)   (b)

图 5.24　Output 模块图标及其参数设置对话框

5.2.3 MATLAB 模型仿真

设计好一个新的模型后，可以直接在 MATLAB 中进行算法级和系统级仿真验证。对一个模型进行仿真，需要施加适当的激励并设置仿真的步进方式和仿真的周期，添加合适的观察点和观察方式。

1. 加入仿真激励模块

在 Simulink 管理器中，打开 Simulink 的 Sources 库，该库提供了多种用于仿真的激励模块，包括 Step（步进）、Sin Wave（正弦波）、Pulse Generator（脉冲发生器）、Random Number（随机信号发生器）等。将库中的 Random Number 模块拖放到新建模型编辑窗口，其模块图标如图 5.25（a）所示，双击 Random Number 模块图标，弹出如图 5.25（b）所示的 Random Number 模块参数设置对话框，参数设置的结果如图中所示。在该对话框中，Mean 用于设置随机函数的平均值，Variance 用于设置偏差，Initial seed 用于设置起始值，Sample time 用于设置取样时间。设置不同的参数，可以改变随机函数的输出结果。

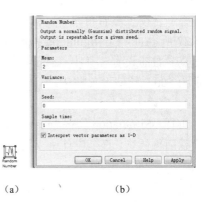

图 5.25 Random Number 模块图标及其参数设置对话框

在本设计中，随机仿真模块用来替代正弦调制电路的数据输入信号来进行仿真模拟。

2. 加入波形观察模块

打开 Simulink 的 Sinks 库，该库提供了多种用于仿真的波形观察模块，包括 Display（显示器）、Scope（示波器）、XY Graph（XY 图示仪）等。将库中的 Scope（示波器）模块拖放到新建模型编辑窗口，其模块图标如图 5.26（a）所示，双击 Scope（示波器）模块图标，弹出图 5.26（b）所示的 Scope 窗口。单击 Scope 窗口工具栏上的 "Parameters"（参数设置）按钮（左起第二个工具按钮），弹出如图 5.26（c）所示的 Scope 模块参数设置对话框，参数设置的结果如图中所示。在 Scope 模块参数设置对话框中，有 "General"（通用）和 "Data history"（历史数据）两个页面。在 General 页面中，通过修改 "Number of axes" 参数来改变示波器输入的踪数，参数为 "2" 表示是双踪示波器。本设计设置的 Number of axes 参数为 "2"，是因为需要观察 Output 及 DATAIN 两个信号。Scope 模块参数设置结束后，Scope 模块图标上会出现两个输入端，同时在 Scope 窗口也会出现两个波形窗口。

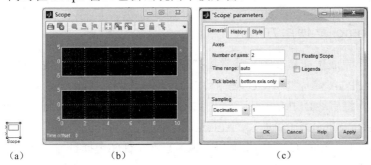

图 5.26 Scope 模块图标、Scope 窗口和 General 参数设置窗口

当激励模块和波形观察模块加入到新建模型编辑窗口中并设置好相应的参数后，按照图 5.16 所示的电路结构，将激励模块的输出与设计电路的 DATAIN 输入端连接好，将 Output

及 DATAIN 两个信号与波形观察模块的输入连接好。

> **注意**：凡是来自 Altera DSP Builder 库以外的模块（如 Random Number 和 Scope），Signal Compiler 都不能将其变成硬件电路，即不会影响生成的 HDL 代码程序，但在仿真时能产生激励信号（如 Random Number 信号）和收到波形观察信号（如 Scope）。

3. 设置仿真参数

在新建模型编辑窗口中，执行"Simulation"→"Configuration Parameters"命令，弹出如图 5.27 所示的"Configuration Parameters"（结构参数）设置对话框，图中给出的"Solver"用于仿真参数的设置。其中"Start time"（开始时间）设置为"0.0"，"Stop Time"（结束时间）设定为 500，其他设置默认。

4. 启动仿真

执行"Simulation"→"Start"命令开始仿真。如果设计有错误，MATLAB 会有提示，改正错误后再仿真，直至设计错误为 0 时才能出现仿真结果。本设计的正弦信号调制电路的仿真结果如图 5.28 所示。

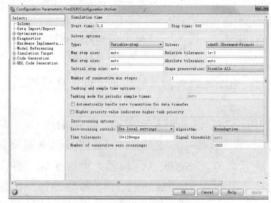

图 5.27 结构参数设置对话框

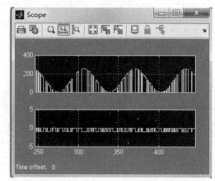

图 5.28 正弦信号调制电路的仿真波形

在仿真结果显示窗口，如果显示比例不好，可以右击仿真波形区，在弹出的菜单中选择"Autoscale"命令，由软件确定合适的显示比例，也可以选择"Axes properties"命令，控制显示波形幅度的范围。

至此，已完成了一个正弦波发生调制器的模型设计，下面介绍用 DSP Builder 将这个模型转换为 HDL 设计的过程。

5.2.4　Signal Compiler 使用方法

在 MATLAB 中完成仿真验证后，就需要把设计转到硬件上加以实现。通过 DSP Builder 可以获得针对特定 FPGA 芯片的 MOD 文件和 HDL 代码。双击 FirstDSP 模型窗口中的 Signal Compiler 模块图标，将启动 DSP Builder，弹出如图 5.29 所示的"DSP Builder-Signal Compiler"对话框，该对话框有"Simple"（简易）、"Advanced"（进阶）、"SignalTap"（嵌入式逻辑分析仪）和"Export"（输出）4 个页面。Simple 页面用于编译设计文件和选择目标芯片，首先在该页面的"Family"栏中选择目标芯片的型号（如 Cyclone II），然后单击"Compile"按钮，完成对设计文件的编译，并在 Signal Compiler 的信息（Messages）栏和 MATLAB 软件界面的命令窗口（Command Window）给出相关信息。如果设计存在错误，Signal Compiler 就会停止分析过程；如果设计无误，则单击"Advanced"按钮，进入如图 5.30 所示 Advanced 页面。Advanced 页面用于对设计文件的"Analyze"（分析）、"Synthesis"（综合）、"Fitter"（适配）和"Program"（编程）。首先单击"Analyze"按钮，对 DSP Builder 系统进行分析，如果无误则单击"Synthesis"按钮，进行 Quartus II 的综合，如果无误则再单击"Fitter"按钮，进行 Quartus II 的适配。

图 5.29 DSPBuilder-SignalCompiler
对话框的 Simple 页面

图 5.30 DSPBuilder-SignalCompiler
对话框的 Advanced 页面

在上述的进程中，都会在 Signal Compiler 的信息栏和 MATLAB 软件界面的命令窗口给出相关信息。如果设计存在错误，Signal Compiler 就会停止相应进程。当完成了分析、综合和适配后，Signal Compiler 就会在工程文件夹上建立了 Quartus II 的 FirstDSP 工程，并将其顶层文件 FirstDSP.del 保存在"FirstDSP_dspbuilder"文件夹中，另外还生成了 VHDL（如 FirstDSP.VHD）等相关文件，并保存在"FirstDSP_dspbuilder/db"文件夹中，FirstDSP.vhd 文件如下：

```
-- This file is not intended for synthesis, is present so that simulators
-- see a complete view of the system.
-- You may use the entity declaration from this file as the basis for a
-- component declaration in a VHDL file instantiating this entity.
--altera translate_off
library IEEE;
use IEEE.std_logic_1164.all;
use IEEE.NUMERIC_STD.all;
entity FirstDSP is
    port (
        Clock : in std_logic := '0';
        DATAIN : in std_logic_vector(1-1 downto 0) := (others=>'0');
        Output : out std_logic_vector(8-1 downto 0);
        aclr : in std_logic := '0';
        cs : out std_logic_vector(1-1 downto 0);
        wr : out std_logic_vector(1-1 downto 0)
    );
end entity FirstDSP;
architecture rtl of FirstDSP is
component FirstDSP_GN is
    port (
        Clock : in std_logic := '0';
        DATAIN : in std_logic_vector(1-1 downto 0) := (others=>'0');
```

```
            Output : out std_logic_vector(8-1 downto 0);
            aclr : in std_logic := '0';
            cs : out std_logic_vector(1-1 downto 0);
            wr : out std_logic_vector(1-1 downto 0)
        );
    end component FirstDSP_GN;
    begin
    FirstDSP_GN_0: if true generate
        inst_FirstDSP_GN_0: FirstDSP_GN
    port map(Clock => Clock, DATAIN => DATAIN, Output => Output, aclr => aclr,
cs => cs, wr => wr);
    end generate;
    end architecture rtl;
    --altera translate_on
```

如果设计软件平台已经与 EDA 开发板（或实验开发系统）连接好，可以单击图 5.29 中的"Program"按钮，对设计电路进行编程。在编程过程中，完成硬件系统的编程模式（如用计算机的并口编程，则采用"ByteBlasterMT[LPT1]"模式；用 USB 接口编程，则采用"USB-blaster"模式）和硬件下载型号的扫描。

> **注意**：在"DSP Builder-Signal Compiler"对话框的"Device"栏中，不能制定具体的器件型号，这需由 Quartus II 自动决定使用该器件系列中的某一个具体型号的器件，或在手动流程中由用户指定。另外，"DSP Builder-Signal Compiler"对话框的"SignalTap"和"Export"页面本设计不使用，其设置保持默认（页面图形省略）。

5.2.5 使用 ModelSim 仿真

在 Simulink 中进行仿真是对模型文件.mdl 进行的，属于系统验证性质的仿真，并没有对生成的 HDL 代码文件进行仿真。为了得到更加逼近真实电路的特性，需要对生成的 HDL 代码文件进行功能和时序仿真。

打开 Quartus II 13.0 集成环境，执行 Quartus II 软件界面上的"File"→"Open Project…"命令，打开 DSP Builder 为 Quartus II 建立的设计工程"FirstDSP"。在 Signal Compiler 的 Quartus II 编译过程中，具体的器件由 Quartus II 自动决定，在实际使用中，需要选择具体器件型号。执行"Assignments"→"Device…"命令，为设计工程选择具体目标芯片（如 EP2C35F672C6）。

在 Quartus II 主界面执行"Assignments"→"Settings"命令，在弹出的"Settings"的"EDA Tool Settings"窗口选中"EDA Tool Settings"项，对"Simulation"栏下的仿真测试文件进行设置。其中，在"Tool name"中选择 ModelSim-Altera；在"Format for output netlist"中选择"VHDL"（是 DSP Builder 开发环境中默认的语言）。完成设置后重新编译一遍，系统会自动生成 VHDL 输出网表文件 FirstDSP.vho 和延迟文件 FirstDSP_vhd.sdo，并保存在 D:\myeda_q\FirstDSP_dspbuilder\simulation\modelsim 路径中。

打开 ModelSim-Altera 10.1d 软件，在 ModelSim 的主界面执行"File"→"New"→"Project"命令，为 FirstDSP 设计建立新工程（如 FirstDSP），或在 ModelSim 当前工程中，将 D:\myeda_q\FirstDSP_dspbuilder\simulation\modelsim 目录下的 FirstDSP.vho 文件添加到工程中。编译添加的 FirstDSP.vho 文件，然后执行 ModelSim 主界面的"Simulate"→"Start Simulation…"命令，对 FirstDSP.vho 输出文件仿真。

首先为输入创建波形模式，主要为输入信号 Input 创建随机波形，为 Clock 创建时钟波形。右击 ModelSim 主界面的目标（Objects）窗口输入信号"Input"，在弹出的 Objects 设置快捷菜单（见图 2.27）中执行"Modify"→"Apply Wave…"命令，弹出"Create Pattern Wizard"（创建模式向导）窗口（见图 2.28），为 Input 输入信号创建 Random（随机）模式。在创建模式向导窗口中，保持"Start Time"（开始时间）栏的默认值"0"，将"End Time"（结束时间）栏的值更改为"10"，将"Time Unit"（时间单位）更改为"us"（默认值是 ps）。单击"Next"按钮，进入输入 Input 的随机波形模式设置窗口（Sim:/firstdsp/Input<Pattern:random>），如图 5.31 所示。在随机波形模式窗口的"Initial Value"（初始值）栏中输入"0"值，将"Pattern Period"（模式周期）栏中的值更改为"10"，将"Time Unit"更改为"ns"，在"Random Type"（随机类型）栏中选择"Poisson"为随机模式类型，"Seep Value"（种子值）保持默认值。随机类型除了 Poisson（泊松）外，还有"Normal"（正常）、"Uniform"（均衡）和"Exponential"（指数）类型。单击"Finish"按钮，结束输入信号 Input 的波形模式创建，为 Input 创建了 Poisson 类型随机波形模式，波形自 0us 开始至 10us 结束，信号周期为 10ns。

图 5.31 随机波形模式设置窗口

用相同方法为 Clock 输入信号创建 Clock（时钟）模式，Clock 波形自 0us 开始至 10us 结束，信号周期为 10ns。

完成输入信号的波形模式创建后，执行"Add"→"To Wave"→"Selected Signals"命令，将 Output 输出信号添加到波形窗口中。单击"运行全程"按钮，完成 FirstDSP 的仿真，并将输出展开为模拟格式，仿真波形如图 5.32 所示。

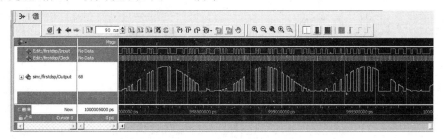

图 5.32 FirstDSP 的功能仿真波形

图 5.32 所示的输出波形不存在微小尖峰（竞争-冒险现象），说明属于功能仿真。展开开始仿真对话框的"SDF"页面，将 D:\myeda_q\FirstDSP_dspbuilder\simulation\modelsim 目录下的仿真延迟文件 FirstDSP_vho.sdo 添加到页面的"SDF Files"栏中，完成仿真文件与延迟文件的装载，仿真后的波形如图 5.33 所示，呈现的 Output 输出波形存在微小毛刺现象，属于时序仿真。

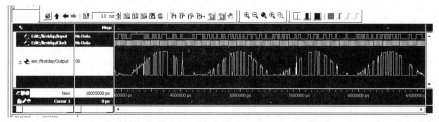

图 5.33 FirstDSP 的时序仿真波形

5.2.6 DSP Builder 的层次设计

对于一个复杂的 DSP 系统设计，如果把所有的模块都放在同一个 DSP Builder 的 Simulink 图中，设计图就变得非常庞大且复杂，不利于读图和排错。利用 DSP Builder 的层次设计，就可以方便地解决这个难题。

DSP Builder 的层次设计的思路是利用 DSP Builder 软件工具，将设计好的 DSP 模型生成子系统（SubSystem），这个子系统是一个元件，可以独立工作，也可以与其他模块或子系统构成更大的设计模型，还可以作为基层模块，被任意复制到其他设计模型中。

下面以前面完成的正弦信号调制电路设计模型为例，介绍生成 DSP Builder 的子系统的操作过程。

在 MATLAB 软件界面打开正弦信号调制电路设计模型文件（即 FirstDDS），将模型文件中的全部模块及模块之间的连线选中（即按住 Shift 键，单击要选中的模块或连线），但不要将 Signal Compiler 图标、仿真的激励模块 Random Number 和波形观察模块 Scope 选中。右击原理图选中的部分，在弹出的快捷菜单中选择"Create Subsystem"项，如图 5.34 所示，完成 DSP Builder 子系统的生成。生成的子系统如图 5.35 所示。

对于生成的子系统，仍然可以对其内部的结构、名称等内容进行修改。双击图 5.35 所示的 SubSystem 图标，就可以进入该子系统，对其内部的结构和名称进行编辑或修改。例如，修改 SubSystem 的输入名称 In1，修改输出名称 Out1、Out2、Out3 和 Out4 等。

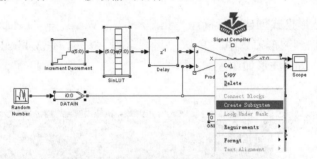

图 5.34 生成 DSP Builder 子系统操作过程

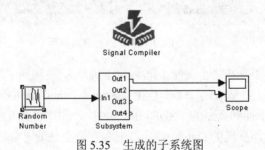

图 5.35 生成的子系统图

5.3 Qsys 系统集成软件

Qsys 是一个功能强大的系统集成的工具，包含在软件 Quartus II 11.0 以上版本中，属于 SOPC Builder 的升级版本，是 Altera 公司推出的一种可加快在 PLD 内实现 Nios II 嵌入式处理器及其相关接口的设计工具。设计者可以根据需要确定处理器模块及其参数，选择所需的外围控制电路和外部设备，创立一个完整的嵌入式处理器系统。Qsys 也允许用户修改已经存在的设计,为其添加新的设备和功能。

与 SOPC Builder 软件类似,Qsys 系统集成软件分为硬件开发和软件调试两部分,硬件开发在 Qsys 引导下完成,软件调试为 eclispe 方式。下面以一个简单的设计示例,介绍基于 DE2 开发板的 Quartus II 13.0 的 Qsys 系统集成软件的使用方法(复杂的例子可参考 5.4 节 Nios II 嵌入式系统开发软件的内容)。

5.3.1 Qsys 的硬件开发

在进行 Qsys 系统的硬件开发前,用户应建立一个文件夹(如 qsys_de2),作为保存设计文件的工程目录。

1. 新建 Qsys 设计项目

执行 Quartus II 13.0 主窗口中"File"→"New Project Wizard"命令,为 Qsys 设计建立设计项目名(如 qsys_de2),并选择 Cyclone II 系列的 EP2C35F672C6 器件为目标芯片(EP2C35F672C6 是 DE2 开发板上的目标芯片)。结束新建项目操作后,执行"Tools"→"Qsys"命令,打开 Quartus II 集成环境的 Qsys 开发工具,呈现如图 5.36 所示的 Qsys 软件窗口界面。

Qsys 软件窗口左边是元件库(Component Library),右边是设计窗口,下边是消息(Message)窗口。系统设计在设计窗口完成,该窗口包括 System Contents(系统连接)、Address Map(地址映射)、Clock Settings(时钟设置)、Project Settings(工程设置)、Instance Parameters(实例参数)、System Inspector(系统检查)、HDL Example(硬件描述语言示例)和 Generation(生成)等页面。系统设计在系统连接(System Contents)页面完成。

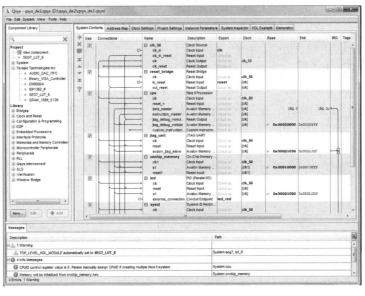

图 5.36 Qsys 软件窗口界面

2. 加入 Qsys 系统的组件

打开一个新的 Qsys 软件窗口时,已经自动加入了一个 50MHz 的时钟源(Clock Source)组件,该时钟源的名称及频率可以在时钟设置(Clock Settings)页面中设置。此外,本例设计还需要加入复位(reset)、处理器(cpu)、JTAG UART、存储器(ram)、定时器(timer)、led 显示器等组件。

(1) 加入复位 (reset) 组件

在 Qsys 软件窗口的"Component Library"(组件库)中,双击"Library"→"Clock and Reset"→"Reset Controller"项,弹出复位组件加入对话框(图略),单击对话框的"Finish"按钮,完成复位组件的加入。

(2) 加入 Nios II CPU 核

在 Qsys 的组件库中,双击"Embedded Processor"→"Nios II Processor"项,弹出如图 5.43 所示的添加 Nios II Processor 对话框。在对话框中提供了 Nios II 系列微处理器的 3 个成员供选择:

① Nios II/e (经济型) 成员,具有占用最小逻辑的优化,占用 600~700LEs (逻辑元件);
② Nios II/f (快速型) 成员,具有高性能的优化,占用 1400~1800LEs;
③ Nios II/s (标准型) 成员,在占用逻辑和高性能优化方面的性能居中,占用 1200~1400LEs。

此窗口界面还有复位向量(Reset Vector)、异常向量(Exception Vector)等内容的设置,这些设置要等到存储器(ram)添加到系统中才能选择。另外,还要完成 Nios II Processor 与 clock 和 reset 端口的连接,加入 Nios II Processor 后在对话框中出现了 4 个错误,当完成上述操作后,错误会自动消失。

单击"Finish"按钮,完成 Nios II Processor 的添加,随后 Nios II Processor 就会出现在 Qsys 软件设计界面(见图 5.37)。添加后的 Nios II Processor 自动命名为"nios2_qsys_0",根据需要可以更改其名字。右击选中"nios2_qsys_0",弹出如图 5.38 所示的组件操作快捷菜单,在快捷菜单中选择"Rename"项,可以更改组件名称(本设计将 nios2_qsys_0 更改为 cpu)。在快捷菜单中还可以选择"Edit…"(编辑)、"Remove"(删除)等操作。

(3) 加入 JTAG UART

JTAG UART(JTAG 通用异步通信总线)用于存储器和外部设备的控制与信息传输。双击组件库中的"Interface Protocols"→"Serial"→"JTAG UART"项,弹出加入 JTAG UART 属性对话框(图略),保持对话框各参数值的默认,单击"Finish"按钮,完成 JTAG UART 组件的加入,组件名称保持默认的"jtag_uart_0"不变。

图 5.37 添加 Nios II Processor 对话框

图 5.38 组件操作快捷菜单

（4）加入存储器 RAM

双击组件库的"Memories and Memory Controllers"→"On-Chip"→"On-Chip Memory (RAM or ROM)"项，弹出加入片内 RAM 属性对话框（图略），在对话框中保持各参数的默认值不变，单击"Finish"按钮，完成片内 RAM 组件的加入，组件名称保持默认的"onchip_memory"不变。

（5）加入电平开关 SW PIO

DE2 开发板上有 18 只按钮开关 SW17~SW0，设计中需要加入一个 18 位的 SW PIO。双击组件库中的"Peripherals"→"Microcontroller Peripherals"→"PIO(Parallel I/O)"项，在弹出的加入 PIO 对话框（图略）中设置"Width"为 18 位，对应 18 位 SW PIO 按钮，并在"Direction"栏下选择"Input Ports Only"（输入）模式。完成电平开关组件的加入后，将组件名称更改为"switch_pio"。

（6）加入 LED

DE2 开发板上有 18 只红色发光二极管，设计中需要加入发光二极管 LED_PIO。双击组件库"Peripherals"→"Microcontroller Peripherals"→"PIO (Parallel I/O)"项，弹出加入 PIO 对话框（图略），设置"Width"为 18 位，对应 18 个红色 LED，并在"Direction:"栏下选择"Output"（输出）模式。完成 LED 组件的加入后将组件名称更改为"led"。

（7）加入七段数码管

七段数码管属于 DE2 开发板自定义的组件，因此在进行 Qsys 系统开发之前，应将这些组件的程序包加入到 Nios II 的用户自定义组件（User Logic）中。在 DE2 开发板提供的用户（升级版）光盘的 DE2_NIOS_HOST_MOUSE_VGA 工程文件夹（或其他工程文件夹）中，包含 FIFO、VGA 控制器、DM9000、ISP1362、七段数码管和 SRAM 器件的程序包，它们分别是 Audio_DAC_FIFO、Binary_VGA_Controller、DM9000A、ISP1362、SEG7_LUT_8 和 SRAM_16Bit_512K。这些程序包均包含在 ip 文件夹中，将 ip 文件夹复制到用户工程（如 qsys_de2）目录中，打开 Qsys 软件后，这些组件会出现在组件库的"Terasic Technologies Inc"栏下。

双击组件库的"Terasic Technologies Inc"→"SEG7_LUT_8"项，完成七段数码管的加入，并将组件名称更改为"seg7"。

（8）加入定时器 Timer

双击组件库的"Peripherals"→"Microcontroller Peripherals"→"Interval Timer"项，完成 Timer 的加入，组件名称保持默认的"timer_0"不变。

（9）加入系统标识 System ID 组件

双击组件库的"Peripherals"→"Debug and Performance"→"System ID Peripheral"项，弹出加入 System ID 组件对话框（图略），单击对话框的"Finish"按钮，完成 System ID 组件的加入，并将组件的名称更改为"sysid"。

3. Qsys 系统连接、调整与生成

首先进入 CPU 的编辑方式，将设置复位向量（Reset Vector）和异常向量（Exception Vector）放在 onchip_memory 中，然后在系统设计的系统连接（System Contents）页面完成系统的连接（连接方法是单击连接线上的圆点，圆点是"黑点"时表示连接，为"空心"时表示不连接）。本例设计要求将 cpu、jtag_uart_0、onchip_memory、switch_pio、led、timer_0、seg7 组件的时钟输入端 clk 与时钟组件 clk_50 的输出端 clk 连接，它们的复位输入端 reset 与复位组件 reset_bridge 的输出端 out_reset 连接；将 cpu 的 instruction_master 输出端与 onchip_memory 和 Timer 的 s1 输入端连接；将 cpu 的 data_master 输出端与 jtag_uart_0 的 avalon_jtag_alave 输入端以及 led 的 s1 输入端连接。

在系统设计页面的"export"栏中单击 switch_pio 组件 external_connection 输出对应的"Click to"名称，为 switch_pio 的输出端命名，本例设计将 switch_pio 组件的输出端命名为"switch_pio"；将 led 组件的输出端命名为"led_red"；将 seg7 组件的输出端名称更改为"seg7"。此外，还要在系统设计页面的"IRG"栏中，完成 CPU 与 jtag_uart_0 以及 timer_0 组件的中断连接。

完成系统连接后，配置 CPU，双击 CPU，然后配置向量。

执行 Qsys 窗口的"System"→"Create Global Reset Network"命令，创建重置网络。执行 Qsys 窗口的"System"→"Assign Base Addresses"命令，系统将自动调整各组件的基本地址。执行 Qsys 窗口的"System"→"Assign interrupt Numbers"命令，系统将自动调整各组件的中断优先级别。如图 5.39 所示。

完成系统设计后，用"qsys_de2"名存盘，然后单击 Qsys 设计窗口 Generate 页面下的"Generate"按钮，生成设计的 Qsys 系统。

图 5.39 添加 Nios II Processor 对话框

Qsys 系统生成后，在 project 库中生成一个如图 5.40 所示的元件符号，同时还在 qsys_de2/synthesis/路径下生成一个 HDL 文件 qsys_de2.v（或.vhd），支持图形编辑输入法和文本输入法完成其他系统电路的设计。

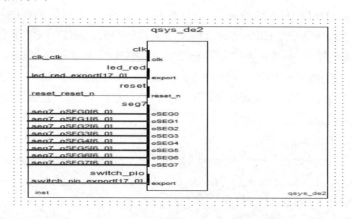

图 5.40 Qsys 系统生成的元件符号

5.3.2 Qsys 系统的编译与下载

Qsys 系统核生成后还要下载到目标芯片中，转换成实际的硬件电路并进行调试，验证设计的正确性。

1. 编译 Qsys 系统

在 Quartus II 的主窗口首先执行"Project"→"Add/Remove Files in project"命令，弹出如图 5.41 所示的工程文件添加对话框。在对话框中选中 Qsys 设计文件（本例为 qsys_de2.qsys）后，单击"Add"按钮，然后单击"OK"按钮，完成工程文件的添加，然后执行"Processing"→"Start Compilation"命令，完成 Qsys 系统的编译。

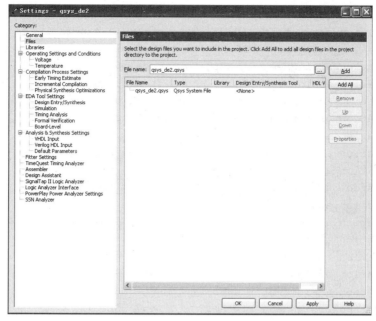

图 5.41 工程文件添加对话框

2. 引脚锁定

在 Quartus II 的主窗口执行"Assignment"→"Pin Planner"命令,根据本书附录 A 提供的 DE2 开发板与目标芯片的引脚连接表,完成设计电路的引脚连接。或者打开引脚锁定文件 qsys_de2.qsf,将下列引脚锁定信息粘贴到该文件的最后部分:

```
set_location_assignment PIN_N2 -to clk_clk
set_location_assignment PIN_AD12 -to led_red_export[17]
set_location_assignment PIN_AE12 -to led_red_export[16]
set_location_assignment PIN_AE13 -to led_red_export[15]
set_location_assignment PIN_AF13 -to led_red_export[14]
set_location_assignment PIN_AE15 -to led_red_export[13]
set_location_assignment PIN_AD15 -to led_red_export[12]
set_location_assignment PIN_AC14 -to led_red_export[11]
set_location_assignment PIN_AA13 -to led_red_export[10]
set_location_assignment PIN_Y13 -to led_red_export[9]
set_location_assignment PIN_AA14 -to led_red_export[8]
set_location_assignment PIN_AC21 -to led_red_export[7]
set_location_assignment PIN_AD21 -to led_red_export[6]
set_location_assignment PIN_AD23 -to led_red_export[5]
set_location_assignment PIN_AD22 -to led_red_export[4]
set_location_assignment PIN_AC22 -to led_red_export[3]
set_location_assignment PIN_AB21 -to led_red_export[2]
set_location_assignment PIN_AF23 -to led_red_export[1]
set_location_assignment PIN_AE23 -to led_red_export[0]
set_location_assignment PIN_W26 -to reset_reset_n
set_location_assignment PIN_V2 -to switch_pio_export[17]
set_location_assignment PIN_V1 -to switch_pio_export[16]
set_location_assignment PIN_U4 -to switch_pio_export[15]
```

```
set_location_assignment PIN_U3 -to switch_pio_export[14]
set_location_assignment PIN_T7 -to switch_pio_export[13]
set_location_assignment PIN_P2 -to switch_pio_export[12]
set_location_assignment PIN_P1 -to switch_pio_export[11]
set_location_assignment PIN_N1 -to switch_pio_export[10]
set_location_assignment PIN_A13 -to switch_pio_export[9]
set_location_assignment PIN_B13 -to switch_pio_export[8]
set_location_assignment PIN_C13 -to switch_pio_export[7]
set_location_assignment PIN_AC13 -to switch_pio_export[6]
set_location_assignment PIN_AD13 -to switch_pio_export[5]
set_location_assignment PIN_AF14 -to switch_pio_export[4]
set_location_assignment PIN_AE14 -to switch_pio_export[3]
set_location_assignment PIN_P25 -to switch_pio_export[2]
set_location_assignment PIN_N26 -to switch_pio_export[1]
set_location_assignment PIN_N25 -to switch_pio_export[0]
set_location_assignment PIN_AF10 -to seg7_oSEG0[0]
set_location_assignment PIN_AB12 -to seg7_oSEG0[1]
set_location_assignment PIN_AC12 -to seg7_oSEG0[2]
set_location_assignment PIN_AD11 -to seg7_oSEG0[3]
set_location_assignment PIN_AE11 -to seg7_oSEG0[4]
set_location_assignment PIN_V14 -to seg7_oSEG0[5]
set_location_assignment PIN_V13 -to seg7_oSEG0[6]
set_location_assignment PIN_V20 -to seg7_oSEG1[0]
set_location_assignment PIN_V21 -to seg7_oSEG1[1]
set_location_assignment PIN_W21 -to seg7_oSEG1[2]
set_location_assignment PIN_Y22 -to seg7_oSEG1[3]
set_location_assignment PIN_AA24 -to seg7_oSEG1[4]
set_location_assignment PIN_AA23 -to seg7_oSEG1[5]
set_location_assignment PIN_AB24 -to seg7_oSEG1[6]
set_location_assignment PIN_AB23 -to seg7_oSEG2[0]
set_location_assignment PIN_V22 -to seg7_oSEG2[1]
set_location_assignment PIN_AC25 -to seg7_oSEG2[2]
set_location_assignment PIN_AC26 -to seg7_oSEG2[3]
set_location_assignment PIN_AB26 -to seg7_oSEG2[4]
set_location_assignment PIN_AB25 -to seg7_oSEG2[5]
set_location_assignment PIN_Y24 -to seg7_oSEG2[6]
set_location_assignment PIN_Y23 -to seg7_oSEG3[0]
set_location_assignment PIN_AA25 -to seg7_oSEG3[1]
set_location_assignment PIN_AA26 -to seg7_oSEG3[2]
set_location_assignment PIN_Y26 -to seg7_oSEG3[3]
set_location_assignment PIN_Y25 -to seg7_oSEG3[4]
set_location_assignment PIN_U22 -to seg7_oSEG3[5]
set_location_assignment PIN_W24 -to seg7_oSEG3[6]
set_location_assignment PIN_U9 -to seg7_oSEG4[0]
set_location_assignment PIN_U1 -to seg7_oSEG4[1]
set_location_assignment PIN_U2 -to seg7_oSEG4[2]
set_location_assignment PIN_T4 -to seg7_oSEG4[3]
set_location_assignment PIN_R7 -to seg7_oSEG4[4]
```

```
set_location_assignment PIN_R6 -to seg7_oSEG4[5]
set_location_assignment PIN_T3 -to seg7_oSEG4[6]
set_location_assignment PIN_T2 -to seg7_oSEG5[0]
set_location_assignment PIN_P6 -to seg7_oSEG5[1]
set_location_assignment PIN_P7 -to seg7_oSEG5[2]
set_location_assignment PIN_T9 -to seg7_oSEG5[3]
set_location_assignment PIN_R5 -to seg7_oSEG5[4]
set_location_assignment PIN_R4 -to seg7_oSEG5[5]
set_location_assignment PIN_R3 -to seg7_oSEG5[6]
set_location_assignment PIN_R2 -to seg7_oSEG6[0]
set_location_assignment PIN_P4 -to seg7_oSEG6[1]
set_location_assignment PIN_P3 -to seg7_oSEG6[2]
set_location_assignment PIN_M2 -to seg7_oSEG6[3]
set_location_assignment PIN_M3 -to seg7_oSEG6[4]
set_location_assignment PIN_M5 -to seg7_oSEG6[5]
set_location_assignment PIN_M4 -to seg7_oSEG6[6]
set_location_assignment PIN_L3 -to seg7_oSEG7[0]
set_location_assignment PIN_L2 -to seg7_oSEG7[1]
set_location_assignment PIN_L9 -to seg7_oSEG7[2]
set_location_assignment PIN_L6 -to seg7_oSEG7[3]
set_location_assignment PIN_L7 -to seg7_oSEG7[4]
set_location_assignment PIN_P9 -to seg7_oSEG7[5]
set_location_assignment PIN_N9 -to seg7_oSEG7[6]
```

在引脚锁定文件中,"set_location_assignment PIN_N2 -to clk_clk"表示将目标芯片的"N2"引脚在"clk_clk"(时钟)端口;"set_location_assignment PIN_W26 -to reset_reset_n"表示将"W26"引脚锁定在"reset_reset_n"(复位)端口;"set_location_assignment PIN_AD12-to led_red_export[17]"表示将"AD12"引脚锁定在"led_red_export[17]"(led)输出端口;以此类推。

完成引脚锁定后,重新编译一次,并执行下载命令,将设计文件下载到 DE2 开发板中。

注意:一定要先下载后再调试,否则在调试时将无法找到信息传输的路径。

5.4 Nios II 嵌入式系统开发软件

Qsys 是 Altera 公司推出的一种可加快在 PLD 内实现 Nios II 嵌入式处理器及其相关接口的设计工具。其功能与 PC 应用程序中的"引导模板"类似,设计者可以根据需要确定处理器模块及其参数,选择所需的外围控制电路(如存储器控制器、总线控制器、I/O 控制器、定时器等)和外设(如存储器、鼠标、按钮、LED、LCD、VGA 等),创立一个完整的嵌入式处理器系统。Qsys 还允许用户修改已经存在的设计,为其添加新的设备和功能。

Nios II 嵌入式系统开发分为硬件开发和软件调试两部分。Nios II 的硬件开发在 Qsys 引导下完成,软件调试为 EDS(Embedded Design Suite)方式。下面以 Quartus II 13.0 中的 Qsys 为例,介绍 Nios II 软件的使用方法。

5.4.1 Nios II 的硬件开发

与专用的 CPU 不同,Nios II 是一个用户可以自行定制的 CPU,用户可以增加新的外设、增加新的指令、分配外设的地址等。Nios II 的硬件开发就是由用户定制合适的 CPU 和外设。

SOPC Builder 提供了大量的 IP Core 来加快 Nios II 外设的开发速度，用户也可以使用 VHDL 或 Verilog HDL 来定制外设。

Nios II 的硬件开发必须得到特定的开发板（或实验开发系统）的硬件支持，开发板不同对应的 Nios II 的硬件系统也不同。下面以 DE2（含 DE2 70）开发板为例，介绍 Nios II 硬件开发的具体流程。

在 DE2 开发板上，支持 Nios II 系统的外部设备包括 SDRAM、SRAM、Flash、LCD、七段数码管、发光二极管、按钮开关、电平开关、VGA、ISP1362、I^2C 器件等，大部分外设都采用 Nios II 软件提供的组件，但 SRAM、七段数码管、VGA 控制器和 I^2C 器件属于 DE2 开发板自定义的组件，因此在进行 Nios II 系统开发之前，应将这些组件的程序包加入 Nios II 的用户自定义组件（User Logic）中。

在 DE2 开发板提供的用户光盘的\DE2\DE2_NIOS_HOST_MOUSE_VGA 工程文件夹（或其他工程文件夹）中，包含 SRAM、七段数码管、VGA 控制器、I^2C 器件的程序包，它们分别是 user_logic_SRAM_16Bits_512K、user_logic_SEG7_LUT_8、user_logic_VGA_Controller 和 user_logic_Open_I2C。将这些程序包（文件夹）复制到用户工程（如 Qsys_DE2）目录中，打开 Qsys 软件后，在其组件库的"User Logic"项下，就可以找到这些自定义组件。对于新版 DE2 开发板上的组件程序包，DE2 的组件名分别为 SRAM_16Bits_512K、SEG7_LUT_8、Binary_VGA_Controller 等，将这些组件的文件夹复制到工程目录中后，这些组件会出现在 Qsys 软件组件库的"Terasic Technologies Inc"栏下。

在进行 Nios II 系统的硬件开发前，用户应建立一个文件夹（如 Qsys_DE2），作为保存设计文件的工程目录。

设计前首先需要在 Quartus II 中建立一个设计项目。执行 Quartus II 主窗口中的"File"→"New Project Wizard"命令，为 Nios II 设计建立设计项目名（如 Qsys_DE2），并选择 Cyclone II 系列的 EP2C35F672C6 或 EP2C70F896C6 器件为目标芯片（EP2C35F672C6 是 DE2 开发板上的目标芯片，EP2C70F896C6 是 DE2 70 开发板上的目标芯片），单击"Finish"按钮，结束新建项目的操作。执行"Tools"→"Qsys"命令，打开 Quartus II 集成环境的 Qsys 开发工具，操作方法参见 5.3 节，为 Nios II 设计建立 Qsys 系统(如 Qsys_DE2)，单击 Qsys 窗口中的"Generate"按钮，启动系统生成 Nios II 开发者的 Qsys 系统。至此 Nios II 核（nios_0）已生成，单击 Qsys 窗口中的"Exit"按钮，退出 Qsys 窗口界面（也可以不退出）。

5.4.2 生成 Nios II 硬件系统

Nios II 核生成后还要将其下载到目标芯片中，转换成实际的硬件电路并进行调试，验证设计的正确性。生成 Nios II 硬件系统需要建立相应的顶层设计文件，顶层设计文件可以用原理图编辑法实现，也可以用 HDL 文本编辑法实现。基于 DE2 开发板的 Nios II 硬件系统的顶层文件，采用 Verilog HDL 文本编辑方式实现。

1. 编辑 Nios II 顶层文件

在基于 DE2 开发板的 Nios II 系统中，需要一块复位电路 Reset_Delay 实现系统的复位操作，还需要一块锁相环电路 SDRAM_PLL 产生 50MHz 和 27MHz 的系统时钟。这两种电路用 Verilog HDL 编写，并保存在\DE2\DE2_NIOS_HOST_MOUSE_VGA 文件夹（或其他文件夹）中，需要将它们的设计文件（Reset_Delay.v 和 SDRAM_PLL.v）复制到用户自己的工程文件夹（如 Qsys_DE2）中。另外，用户的 Nios II 系统加入了 I^2C 组件和 VGA 组件，也需要把 I2C

控制器文件 I²C_Controller.v、I²C 配置文件 I2C_AV_Config.v 和 VGA 控制器文件 VGA_Controller.v 复制到自己的工程文件夹中。

在 Quartus II 软件界面打开 Verilog HDL 文本编辑窗口，编辑 Nios II 系统的顶层文件。Nios II 系统的顶层文件的源程序 Qsys_DE2.v 如下：

```verilog
moduleQsys_DE2
(
/////////////////////    Clock Input    /////////////////////

CLOCK_27,
CLOCK_50,
EXT_CLOCK,
/////////////////////    Push Button    /////////////////////
KEY,
/////////////////////    DPDT Switch    /////////////////////
SW,
/////////////////////    7-SEG Dispaly   /////////////////////
HEX0,
HEX1,
HEX2,
HEX3,
HEX4,
HEX5,
HEX6,
HEX7,
//////////////////////    LED    //////////////////////////
LEDG,
LEDR,
//////////////////////    UART    //////////////////////////
UART_TXD,
UART_RXD,
//////////////////////    IRDA    //////////////////////////
IRDA_TXD,
IRDA_RXD,
/////////////////////    SDRAM Interface    ////////////////
DRAM_DQ,                     //  16Bits
DRAM_ADDR,                   //  12Bits
DRAM_LDQM,
DRAM_UDQM,
DRAM_WE_N,
DRAM_CAS_N,
DRAM_RAS_N,
DRAM_CS_N,
DRAM_BA_0,
DRAM_BA_1,
DRAM_CLK,
DRAM_CKE,
/////////////////////    Flash Interface    ////////////////
```

```
                    FL_DQ,                      //  8Bits
                    FL_ADDR,                    //  20Bits
                    FL_WE_N,
                    FL_RST_N,
                    FL_OE_N,
                    FL_CE_N,
                    //////////////////    SRAM Interface    ////////////////
                    SRAM_DQ,                    //  16Bits
                    SRAM_ADDR,                  //  18Bits
                    SRAM_UB_N,
                    SRAM_LB_N,
                    SRAM_WE_N,
                    SRAM_CE_N,
                    SRAM_OE_N,
                    //////////////////    ISP1362 Interface  ////////////////
                    OTG_DATA,                   //  16Bits
                    OTG_ADDR,                   //  2Bits
                    OTG_CS_N,
                    OTG_RD_N,
                    OTG_WR_N,
                    OTG_RST_N,
                    OTG_FSPEED,
                    OTG_LSPEED,
                    OTG_INT0,
                    OTG_INT1,
                    OTG_DREQ0,
                    OTG_DREQ1,
                    OTG_DACK0_N,
                    OTG_DACK1_N,
                    //////////////////    LCD Module 16X2    ////////////////
                    LCD_ON,                     //  LCD ON/OFF
                    LCD_BLON,                   //  LCD Back Light ON/OFF
                    LCD_RW,
                    LCD_EN,
                    LCD_RS,
                    LCD_DATA,
                    //////////////////    SD_Card Interface  ////////////////
                    SD_DAT,
                    SD_WP_N,
                    SD_CMD,
                    SD_CLK,
                    //////////////////    USB JTAG link    //////////////////
                    TDI,
                    TCK,
                    TCS,
                    TDO,
                    //////////////////    I2C    /////////////////////////////
                    I2C_SDAT,
```

```verilog
        I2C_SCLK,
        //////////////////    PS2      /////////////////////////
        PS2_DAT,
        PS2_CLK,
        //////////////////    VGA      /////////////////////////
        VGA_CLK,                    //  VGA Clock
        VGA_HS,                     //  VGA H_SYNC
        VGA_VS,                     //  VGA V_SYNC
        VGA_BLANK,                  //  VGA BLANK
        VGA_SYNC,                   //  VGA SYNC
        VGA_R,                      //  VGA Red[9:0]
        VGA_G,                      //  VGA Green[9:0]
        VGA_B,                      //  VGA Blue[9:0]
        //////////    Ethernet Interface  /////////////////////////
        ENET_DATA,                  //   16Bits
        ENET_CMD,
        ENET_CS_N,
        ENET_WR_N,
        ENET_RD_N,
        ENET_RST_N,
        ENET_INT,
        ENET_CLK,
        ///////////////    Audio CODEC    ////////////////////////
        AUD_ADCLRCK,
        AUD_ADCDAT,
        AUD_DACLRCK,
        AUD_DACDAT,
        AUD_BCLK,
        AUD_XCK,
        ///////////////    TV Decoder    /////////////////////////
        TD_DATA,                    //   8Bits
        TD_HS,
        TD_VS,
        TD_RESET,
        TD_CLK27,
        //////////////////    GPIO     /////////////////////////
        GPIO_0,
        GPIO_1
    );

////////////////////////    Clock Input    /////////////////////////
input           CLOCK_27;
input           CLOCK_50;
input           EXT_CLOCK;
////////////////////////    Push Button    /////////////////////////
input   [3:0]   KEY;
////////////////////////    DPDT Switch    /////////////////////////
input   [17:0]  SW;
```

```verilog
///////////////////////     7-SEG Display    ///////////////////////
output  [6:0]   HEX0;
output  [6:0]   HEX1;
output  [6:0]   HEX2;
output  [6:0]   HEX3;
output  [6:0]   HEX4;
output  [6:0]   HEX5;
output  [6:0]   HEX6;
output  [6:0]   HEX7;
///////////////////////////     LED     ///////////////////////////
output  [8:0]   LEDG;
output  [17:0]  LEDR;
///////////////////////////     UART    ///////////////////////////
output          UART_TXD;
input           UART_RXD;
///////////////////////////     IRDA    ///////////////////////////
output          IRDA_TXD;
input           IRDA_RXD;
///////////////////////     SDRAM Interface ///////////////////////
inout   [15:0]  DRAM_DQ;            //16Bits
output  [11:0]  DRAM_ADDR;          //12Bits
output          DRAM_LDQM;
output          DRAM_UDQM;
output          DRAM_WE_N;
output          DRAM_CAS_N;
output          DRAM_RAS_N;
output          DRAM_CS_N;
output          DRAM_BA_0;
output          DRAM_BA_1;
output          DRAM_CLK;
output          DRAM_CKE;
///////////////////////     Flash Interface ///////////////////////
inout   [7:0]   FL_DQ;              //8Bits
output  [21:0]  FL_ADDR;            //22Bits
output          FL_WE_N;
output          FL_RST_N;
output          FL_OE_N;
output          FL_CE_N;
///////////////////////     SRAM Interface ///////////////////////
inout   [15:0]  SRAM_DQ;            //16Bits
output  [17:0]  SRAM_ADDR;          //18Bits
output          SRAM_UB_N;
output          SRAM_LB_N;
output          SRAM_WE_N;
output          SRAM_CE_N;
output          SRAM_OE_N;
///////////////////////    ISP1362 Interface ///////////////////////
inout   [15:0]  OTG_DATA;           //16Bits
```

```verilog
    output  [1:0]   OTG_ADDR;               //2Bits
    output          OTG_CS_N;
    output          OTG_RD_N;
    output          OTG_WR_N;
    output          OTG_RST_N;
    output          OTG_FSPEED;
    output          OTG_LSPEED;
    input           OTG_INT0;
    input           OTG_INT1;
    input           OTG_DREQ0;
    input           OTG_DREQ1;
    output          OTG_DACK0_N;
    output          OTG_DACK1_N;
    /////////////////////    LCD Module 16X2    /////////////////////////
    inout   [7:0]   LCD_DATA;               //  8bits
    output          LCD_ON;                 //  LCD ON/OFF
    output          LCD_BLON;               //  LCD Back Light ON/OFF
    output          LCD_RW;
    output          LCD_EN;
    output          LCD_RS;
    /////////////////////    SD Card Interface  /////////////////////////
    inout   [3:0]   SD_DAT;
    input           SD_WP_N;
    inout           SD_CMD;
    output          SD_CLK;
    /////////////////////////    I2C    /////////////////////////////////
    inout           I2C_SDAT;
    output          I2C_SCLK;
    /////////////////////////    PS2    /////////////////////////////////
    input           PS2_DAT;
    input           PS2_CLK;
    /////////////////////    USB JTAG link  /////////////////////////////
    input           TDI;
    input           TCK;
    input           TCS;
    output          TDO;
    //////////////////////////    VGA     ///////////////////////////////
    output          VGA_CLK;
    output          VGA_HS;
    output          VGA_VS;
    output          VGA_BLANK;
    output          VGA_SYNC;
    output  [9:0]   VGA_R;
    output  [9:0]   VGA_G;
    output  [9:0]   VGA_B;
    ///////////////////    Ethernet Interface  //////////////////////////
    inout   [15:0]  ENET_DATA;              //  16Bits
    output          ENET_CMD;
```

```verilog
        output          ENET_CS_N;
        output          ENET_WR_N;
        output          ENET_RD_N;
        output          ENET_RST_N;
        input           ENET_INT;
        output          ENET_CLK;
        ///////////////////   Audio CODEC   ///////////////////////////
        inout           AUD_ADCLRCK;
        input           AUD_ADCDAT;
        inout           AUD_DACLRCK;
        output          AUD_DACDAT;
        inout           AUD_BCLK;
        output          AUD_XCK;
        ///////////////////   TV Devoder    ///////////////////////////
        input   [7:0]   TD_DATA;        //8Bits
        input           TD_HS;
        input           TD_VS;
        output          TD_RESET;
        input TD_CLK27;
        /////////////////////   GPIO   /////////////////////////////
        inout   [35:0]  GPIO_0;
        inout   [35:0]  GPIO_1;

        wire    CPU_CLK;
        wire    CPU_RESET;
        wire    CLK_18_4;
        wire    CLK_25;

        //  Flash
        assign  FL_RST_N    =   1'b1;

        //  16*2 LCD Module
        assign  LCD_ON      =   1'b1;   //  LCD ON
        assign  LCD_BLON    =   1'b1;   //  LCD Back Light

        //  All inout port turn to tri-state
        assign  SD_DAT[0]   =   1'bz;
        assign  AUD_ADCLRCK =   AUD_DACLRCK;
        assign  GPIO_0      =   36'hzzzzzzzzz;
        assign  GPIO_1      =   36'hzzzzzzzzz;

        //  Disable USB speed select
        assign  OTG_FSPEED  =   1'bz;
        assign  OTG_LSPEED  =   1'bz;

        //  Turn On TV Decoder
        assign  TD_RESET    =   1'b1;
```

```verilog
//  Set SD Card to SD Mode
assign  SD_DAT[3]   =   1'b1;

Reset_Delay delay1  (.iRST(KEY[0]),.iCLK(CLOCK_50),.oRESET(CPU_RESET));

SDRAM_PLL   PLL1
(.inclk0(CLOCK_50),.c0(CPU_CLK),.c1(DRAM_CLK),.c2(CLK_25));
Audio_PLL   PLL2
(.areset(!CPU_RESET),.inclk0(CLOCK_27),.c0(CLK_18_4));

system_0    qsys_isnt   (
                    .reset_n_reset_n(CPU_RESET),
                    .clk_clk(CPU_CLK) ,

            // the_Audio_0
            .iCLK_18_4_to_the_Audio_0(CLK_18_4),
            .oAUD_BCK_from_the_Audio_0(AUD_BCLK),
            .oAUD_DATA_from_the_Audio_0(AUD_DACDAT),
            .oAUD_LRCK_from_the_Audio_0(AUD_DACLRCK),
            .oAUD_XCK_from_the_Audio_0(AUD_XCK),

            // the_VGA_0
            .VGA_BLANK_from_the_VGA_0(VGA_BLANK),
            .VGA_B_from_the_VGA_0(VGA_B),
            .VGA_CLK_from_the_VGA_0(VGA_CLK),
            .VGA_G_from_the_VGA_0(VGA_G),
            .VGA_HS_from_the_VGA_0(VGA_HS),
            .VGA_R_from_the_VGA_0(VGA_R),
            .VGA_SYNC_from_the_VGA_0(VGA_SYNC),
            .VGA_VS_from_the_VGA_0(VGA_VS),
            .iCLK_25_to_the_VGA_0(CLK_25),

            // the_SD_CLK
            .out_port_from_the_SD_CLK(SD_CLK),

            // the_SD_CMD
            .bidir_port_to_and_from_the_SD_CMD(SD_CMD),

            // the_SD_DAT
            .bidir_port_to_and_from_the_SD_DAT(SD_DAT[0]),

            // the_SEG7_Display
            .oSEG0_from_the_SEG7_Display(HEX0),
            .oSEG1_from_the_SEG7_Display(HEX1),
            .oSEG2_from_the_SEG7_Display(HEX2),
            .oSEG3_from_the_SEG7_Display(HEX3),
            .oSEG4_from_the_SEG7_Display(HEX4),
            .oSEG5_from_the_SEG7_Display(HEX5),
```

```verilog
        .oSEG6_from_the_SEG7_Display(HEX6),
        .oSEG7_from_the_SEG7_Display(HEX7),

    // the_DM9000A
    .ENET_CLK_from_the_DM9000A(ENET_CLK),
        .ENET_CMD_from_the_DM9000A(ENET_CMD),
        .ENET_CS_N_from_the_DM9000A(ENET_CS_N),
        .ENET_DATA_to_and_from_the_DM9000A(ENET_DATA),
        .ENET_INT_to_the_DM9000A(ENET_INT),
        .ENET_RD_N_from_the_DM9000A(ENET_RD_N),
        .ENET_RST_N_from_the_DM9000A(ENET_RST_N),
        .ENET_WR_N_from_the_DM9000A(ENET_WR_N),
    .iOSC_50_to_the_DM9000A(CLOCK_50),

    // the_ISP1362
        .USB_DATA_to_and_from_the_ISP1362   (OTG_DATA),
        .USB_ADDR_from_the_ISP1362          (OTG_ADDR),
        .USB_RD_N_from_the_ISP1362          (OTG_RD_N),
        .USB_WR_N_from_the_ISP1362          (OTG_WR_N),
        .USB_CS_N_from_the_ISP1362          (OTG_CS_N),
        .USB_RST_N_from_the_ISP1362         (OTG_RST_N),
        .USB_INT0_to_the_ISP1362            (OTG_INT0),
        .USB_INT1_to_the_ISP1362            (OTG_INT1),
    // the_button_pio

        .in_port_to_the_button_pio(KEY),

    // the_lcd_16207_0
     .LCD_E_from_the_lcd_16207_0(LCD_EN),
     .LCD_RS_from_the_lcd_16207_0(LCD_RS),
     .LCD_RW_from_the_lcd_16207_0(LCD_RW),
     .LCD_data_to_and_from_the_lcd_16207_0(LCD_DATA),

    // the_led_green
     .out_port_from_the_led_green(LEDG),

    // the_led_red
     .out_port_from_the_led_red(LEDR),

    // the_sdram_0
     .zs_addr_from_the_sdram_0(DRAM_ADDR),
     .zs_ba_from_the_sdram_0({DRAM_BA_1,DRAM_BA_0}),
     .zs_cas_n_from_the_sdram_0(DRAM_CAS_N),
     .zs_cke_from_the_sdram_0(DRAM_CKE),
     .zs_cs_n_from_the_sdram_0(DRAM_CS_N),
     .zs_dq_to_and_from_the_sdram_0(DRAM_DQ),
     .zs_dqm_from_the_sdram_0({DRAM_UDQM,DRAM_LDQM}),
     .zs_ras_n_from_the_sdram_0(DRAM_RAS_N),
```

```
            .zs_we_n_from_the_sdram_0(DRAM_WE_N),

           // the_sram_0
             .sram_0_avalon_slave_0_export_1_DQ    (SRAM_DQ),
             .sram_0_avalon_slave_0_export_1_ADDR  (SRAM_ADDR),
             .sram_0_avalon_slave_0_export_1_UB_N  (SRAM_UB_N),
             .sram_0_avalon_slave_0_export_1_LB_N  (SRAM_LB_N),
             .sram_0_avalon_slave_0_export_1_WE_N  (SRAM_WE_N),
             .sram_0_avalon_slave_0_export_1_CE_N  (SRAM_CE_N),
             .sram_0_avalon_slave_0_export_1_OE_N  (SRAM_OE_N),

          // the_switch_pio
          .in_port_to_the_switch_pio(SW),

          // the_tri_state_bridge_0_avalon_slave
          .select_n_to_the_cfi_flash_0(FL_CE_N),
          .tri_state_bridge_0_address(FL_ADDR),
          .tri_state_bridge_0_data(FL_DQ),
          .tri_state_bridge_0_readn(FL_OE_N),
          .write_n_to_the_cfi_flash_0(FL_WE_N),

          // the_uart_0
          .rxd_to_the_uart_0(UART_RXD),
          .txd_from_the_uart_0(UART_TXD)
          );



   I2C_AV_Config u1 (   // Host Side
                    .iCLK(CLOCK_50),
                    .iRST_N(KEY[0]),
                    // I2C Side
                    .I2C_SCLK(I2C_SCLK),
                    .I2C_SDAT(I2C_SDAT) );

   Endmodule
```
上述顶层文件可以从 DE2/DE2_NIOS_HOST_MOUSE_VGA/目录（或其他目录）下的顶层文件 DE2_NIOS_HOST_MOUSE_VGA.v 复制或以"另存为"方式得到，只需要将顶层文件名和 Verilog HDL 模块名更改为用户自己的顶层文件名和模块名（如 Qsys_DE2）即可。

在顶层文件中，对 Nios II 系统的输入/输出端口进行了命名。其中，按钮开关命名为"KEY"（KEY0～KEY3），红色发光二极管命名为"LED_RED"（LED_RED[0]～LED_RED[17]），绿色发光二极管命名为"LED_GREEN"（LED_GREEN[0]～LED_GREEN[8]），七段数码管组件命名为"HEX"（HEX0～HEX7），电平开关命名为"SW"（SW0～SW17），其余端口名称均可在顶层文件中找到。顶层文件编辑结束后，通过 Quartus II 软件的编译。

2．引脚锁定

由于 DE2 开发板中的电路是固定的（即只有一个实验模式），Nios II 系统的引脚锁定也是唯一的，因此可以利用 DE2 开发板提供的引脚锁定文件，节省引脚锁定操作的时间。将 DE2/DE2_NIOS_HOST_MOUSE_VGA/目录（或其他目录）下的顶层文件的引脚锁定文件 DE2_NIOS_HOST_MOUSE_VGA.qsf 复制或以"另存为"方式生成用户自己的引脚锁定文件（如 Qsys_DE2.qsf）即可。基于 DE2 开发板的引脚锁定文件 Qsys_DE2.qsf 如下：

```
# Copyright (C) 1991-2005 Altera Corporation
# Your use of Altera Corporation's design tools, logic functions
# and other software and tools, and its AMPP partner logic
# functions, and any output files any of the foregoing
# (including device programming or simulation files), and any
# associated documentation or information are expressly subject
# to the terms and conditions of the Altera Program License
# Subscription Agreement, Altera MegaCore Function License
# Agreement, or other applicable license agreement, including,
# without limitation, that your use is for the sole purpose of
# programming logic devices manufactured by Altera and sold by
# Altera or its authorized distributors.  Please refer to the
# applicable agreement for further details.
# The default values for assignments are stored in the file
# Qsys_DE2_assignment_defaults.qdf
# If this file doesn't exist, and for assignments not listed, see file
# assignment_defaults.qdf
# Altera recommends that you do not modify this file. This
# file is updated automatically by the Quartus II software
# and any changes you make may be lost or overwritten.
# Project-Wide Assignments
# ========================
set_global_assignment -name LAST_QUARTUS_VERSION "13.0 SP1"
# Pin & Location Assignments
# ==========================
set_location_assignment PIN_N25 -to SW[0]
set_location_assignment PIN_N26 -to SW[1]
set_location_assignment PIN_P25 -to SW[2]
set_location_assignment PIN_AE14 -to SW[3]
set_location_assignment PIN_AF14 -to SW[4]
set_location_assignment PIN_AD13 -to SW[5]
set_location_assignment PIN_AC13 -to SW[6]
set_location_assignment PIN_C13 -to SW[7]
set_location_assignment PIN_B13 -to SW[8]
set_location_assignment PIN_A13 -to SW[9]
set_location_assignment PIN_N1 -to SW[10]
set_location_assignment PIN_P1 -to SW[11]
set_location_assignment PIN_P2 -to SW[12]
set_location_assignment PIN_T7 -to SW[13]
set_location_assignment PIN_U3 -to SW[14]
set_location_assignment PIN_U4 -to SW[15]
set_location_assignment PIN_V1 -to SW[16]
set_location_assignment PIN_V2 -to SW[17]
```

```
set_location_assignment PIN_T6 -to DRAM_ADDR[0]
set_location_assignment PIN_V4 -to DRAM_ADDR[1]
set_location_assignment PIN_V3 -to DRAM_ADDR[2]
set_location_assignment PIN_W2 -to DRAM_ADDR[3]
set_location_assignment PIN_W1 -to DRAM_ADDR[4]
set_location_assignment PIN_U6 -to DRAM_ADDR[5]
set_location_assignment PIN_U7 -to DRAM_ADDR[6]
set_location_assignment PIN_U5 -to DRAM_ADDR[7]
set_location_assignment PIN_W4 -to DRAM_ADDR[8]
set_location_assignment PIN_W3 -to DRAM_ADDR[9]
set_location_assignment PIN_Y1 -to DRAM_ADDR[10]
set_location_assignment PIN_V5 -to DRAM_ADDR[11]
set_location_assignment PIN_AE2 -to DRAM_BA_0
set_location_assignment PIN_AE3 -to DRAM_BA_1
set_location_assignment PIN_AB3 -to DRAM_CAS_N
set_location_assignment PIN_AA6 -to DRAM_CKE
set_location_assignment PIN_AA7 -to DRAM_CLK
set_location_assignment PIN_AC3 -to DRAM_CS_N
set_location_assignment PIN_V6 -to DRAM_DQ[0]
set_location_assignment PIN_AA2 -to DRAM_DQ[1]
set_location_assignment PIN_AA1 -to DRAM_DQ[2]
set_location_assignment PIN_Y3 -to DRAM_DQ[3]
set_location_assignment PIN_Y4 -to DRAM_DQ[4]
set_location_assignment PIN_R8 -to DRAM_DQ[5]
set_location_assignment PIN_T8 -to DRAM_DQ[6]
set_location_assignment PIN_V7 -to DRAM_DQ[7]
set_location_assignment PIN_W6 -to DRAM_DQ[8]
set_location_assignment PIN_AB2 -to DRAM_DQ[9]
set_location_assignment PIN_AB1 -to DRAM_DQ[10]
set_location_assignment PIN_AA4 -to DRAM_DQ[11]
set_location_assignment PIN_AA3 -to DRAM_DQ[12]
set_location_assignment PIN_AC2 -to DRAM_DQ[13]
set_location_assignment PIN_AC1 -to DRAM_DQ[14]
set_location_assignment PIN_AA5 -to DRAM_DQ[15]
set_location_assignment PIN_AD2 -to DRAM_LDQM
set_location_assignment PIN_Y5 -to DRAM_UDQM
set_location_assignment PIN_AB4 -to DRAM_RAS_N
set_location_assignment PIN_AD3 -to DRAM_WE_N
set_location_assignment PIN_AC18 -to FL_ADDR[0]
set_location_assignment PIN_AB18 -to FL_ADDR[1]
set_location_assignment PIN_AE19 -to FL_ADDR[2]
set_location_assignment PIN_AF19 -to FL_ADDR[3]
set_location_assignment PIN_AE18 -to FL_ADDR[4]
set_location_assignment PIN_AF18 -to FL_ADDR[5]
set_location_assignment PIN_Y16 -to FL_ADDR[6]
set_location_assignment PIN_AA16 -to FL_ADDR[7]
set_location_assignment PIN_AD17 -to FL_ADDR[8]
set_location_assignment PIN_AC17 -to FL_ADDR[9]
```

```
set_location_assignment PIN_AE17 -to FL_ADDR[10]
set_location_assignment PIN_AF17 -to FL_ADDR[11]
set_location_assignment PIN_W16 -to FL_ADDR[12]
set_location_assignment PIN_W15 -to FL_ADDR[13]
set_location_assignment PIN_AC16 -to FL_ADDR[14]
set_location_assignment PIN_AD16 -to FL_ADDR[15]
set_location_assignment PIN_AE16 -to FL_ADDR[16]
set_location_assignment PIN_AC15 -to FL_ADDR[17]
set_location_assignment PIN_AB15 -to FL_ADDR[18]
set_location_assignment PIN_AA15 -to FL_ADDR[19]
set_location_assignment PIN_V17 -to FL_CE_N
set_location_assignment PIN_W17 -to FL_OE_N
set_location_assignment PIN_AD19 -to FL_DQ[0]
set_location_assignment PIN_AC19 -to FL_DQ[1]
set_location_assignment PIN_AF20 -to FL_DQ[2]
set_location_assignment PIN_AE20 -to FL_DQ[3]
set_location_assignment PIN_AB20 -to FL_DQ[4]
set_location_assignment PIN_AC20 -to FL_DQ[5]
set_location_assignment PIN_AF21 -to FL_DQ[6]
set_location_assignment PIN_AE21 -to FL_DQ[7]
set_location_assignment PIN_AA18 -to FL_RST_N
set_location_assignment PIN_AA17 -to FL_WE_N
set_location_assignment PIN_AF10 -to HEX0[0]
set_location_assignment PIN_AB12 -to HEX0[1]
set_location_assignment PIN_AC12 -to HEX0[2]
set_location_assignment PIN_AD11 -to HEX0[3]
set_location_assignment PIN_AE11 -to HEX0[4]
set_location_assignment PIN_V14 -to HEX0[5]
set_location_assignment PIN_V13 -to HEX0[6]
set_location_assignment PIN_V20 -to HEX1[0]
set_location_assignment PIN_V21 -to HEX1[1]
set_location_assignment PIN_W21 -to HEX1[2]
set_location_assignment PIN_Y22 -to HEX1[3]
set_location_assignment PIN_AA24 -to HEX1[4]
set_location_assignment PIN_AA23 -to HEX1[5]
set_location_assignment PIN_AB24 -to HEX1[6]
set_location_assignment PIN_AB23 -to HEX2[0]
set_location_assignment PIN_V22 -to HEX2[1]
set_location_assignment PIN_AC25 -to HEX2[2]
set_location_assignment PIN_AC26 -to HEX2[3]
set_location_assignment PIN_AB26 -to HEX2[4]
set_location_assignment PIN_AB25 -to HEX2[5]
set_location_assignment PIN_Y24 -to HEX2[6]
set_location_assignment PIN_Y23 -to HEX3[0]
set_location_assignment PIN_AA25 -to HEX3[1]
set_location_assignment PIN_AA26 -to HEX3[2]
set_location_assignment PIN_Y26 -to HEX3[3]
set_location_assignment PIN_Y25 -to HEX3[4]
```

```
set_location_assignment PIN_U22 -to HEX3[5]
set_location_assignment PIN_W24 -to HEX3[6]
set_location_assignment PIN_U9 -to HEX4[0]
set_location_assignment PIN_U1 -to HEX4[1]
set_location_assignment PIN_U2 -to HEX4[2]
set_location_assignment PIN_T4 -to HEX4[3]
set_location_assignment PIN_R7 -to HEX4[4]
set_location_assignment PIN_R6 -to HEX4[5]
set_location_assignment PIN_T3 -to HEX4[6]
set_location_assignment PIN_T2 -to HEX5[0]
set_location_assignment PIN_P6 -to HEX5[1]
set_location_assignment PIN_P7 -to HEX5[2]
set_location_assignment PIN_T9 -to HEX5[3]
set_location_assignment PIN_R5 -to HEX5[4]
set_location_assignment PIN_R4 -to HEX5[5]
set_location_assignment PIN_R3 -to HEX5[6]
set_location_assignment PIN_R2 -to HEX6[0]
set_location_assignment PIN_P4 -to HEX6[1]
set_location_assignment PIN_P3 -to HEX6[2]
set_location_assignment PIN_M2 -to HEX6[3]
set_location_assignment PIN_M3 -to HEX6[4]
set_location_assignment PIN_M5 -to HEX6[5]
set_location_assignment PIN_M4 -to HEX6[6]
set_location_assignment PIN_L3 -to HEX7[0]
set_location_assignment PIN_L2 -to HEX7[1]
set_location_assignment PIN_L9 -to HEX7[2]
set_location_assignment PIN_L6 -to HEX7[3]
set_location_assignment PIN_L7 -to HEX7[4]
set_location_assignment PIN_P9 -to HEX7[5]
set_location_assignment PIN_N9 -to HEX7[6]
set_location_assignment PIN_G26 -to KEY[0]
set_location_assignment PIN_N23 -to KEY[1]
set_location_assignment PIN_P23 -to KEY[2]
set_location_assignment PIN_W26 -to KEY[3]
set_location_assignment PIN_AE23 -to LEDR[0]
set_location_assignment PIN_AF23 -to LEDR[1]
set_location_assignment PIN_AB21 -to LEDR[2]
set_location_assignment PIN_AC22 -to LEDR[3]
set_location_assignment PIN_AD22 -to LEDR[4]
set_location_assignment PIN_AD23 -to LEDR[5]
set_location_assignment PIN_AD21 -to LEDR[6]
set_location_assignment PIN_AC21 -to LEDR[7]
set_location_assignment PIN_AA14 -to LEDR[8]
set_location_assignment PIN_Y13 -to LEDR[9]
set_location_assignment PIN_AA13 -to LEDR[10]
set_location_assignment PIN_AC14 -to LEDR[11]
set_location_assignment PIN_AD15 -to LEDR[12]
set_location_assignment PIN_AE15 -to LEDR[13]
```

```
set_location_assignment PIN_AF13 -to LEDR[14]
set_location_assignment PIN_AE13 -to LEDR[15]
set_location_assignment PIN_AE12 -to LEDR[16]
set_location_assignment PIN_AD12 -to LEDR[17]
set_location_assignment PIN_AE22 -to LEDG[0]
set_location_assignment PIN_AF22 -to LEDG[1]
set_location_assignment PIN_W19 -to LEDG[2]
set_location_assignment PIN_V18 -to LEDG[3]
set_location_assignment PIN_U18 -to LEDG[4]
set_location_assignment PIN_U17 -to LEDG[5]
set_location_assignment PIN_AA20 -to LEDG[6]
set_location_assignment PIN_Y18 -to LEDG[7]
set_location_assignment PIN_Y12 -to LEDG[8]
set_location_assignment PIN_D13 -to CLOCK_27
set_location_assignment PIN_N2 -to CLOCK_50
set_location_assignment PIN_P26 -to EXT_CLOCK
set_location_assignment PIN_D26 -to PS2_CLK
set_location_assignment PIN_C24 -to PS2_DAT
set_location_assignment PIN_C25 -to UART_RXD
set_location_assignment PIN_B25 -to UART_TXD
set_location_assignment PIN_K4 -to LCD_RW
set_location_assignment PIN_K3 -to LCD_EN
set_location_assignment PIN_K1 -to LCD_RS
set_location_assignment PIN_J1 -to LCD_DATA[0]
set_location_assignment PIN_J2 -to LCD_DATA[1]
set_location_assignment PIN_H1 -to LCD_DATA[2]
set_location_assignment PIN_H2 -to LCD_DATA[3]
set_location_assignment PIN_J4 -to LCD_DATA[4]
set_location_assignment PIN_J3 -to LCD_DATA[5]
set_location_assignment PIN_H4 -to LCD_DATA[6]
set_location_assignment PIN_H3 -to LCD_DATA[7]
set_location_assignment PIN_L4 -to LCD_ON
set_location_assignment PIN_K2 -to LCD_BLON
set_location_assignment PIN_AE4 -to SRAM_ADDR[0]
set_location_assignment PIN_AF4 -to SRAM_ADDR[1]
set_location_assignment PIN_AC5 -to SRAM_ADDR[2]
set_location_assignment PIN_AC6 -to SRAM_ADDR[3]
set_location_assignment PIN_AD4 -to SRAM_ADDR[4]
set_location_assignment PIN_AD5 -to SRAM_ADDR[5]
set_location_assignment PIN_AE5 -to SRAM_ADDR[6]
set_location_assignment PIN_AF5 -to SRAM_ADDR[7]
set_location_assignment PIN_AD6 -to SRAM_ADDR[8]
set_location_assignment PIN_AD7 -to SRAM_ADDR[9]
set_location_assignment PIN_V10 -to SRAM_ADDR[10]
set_location_assignment PIN_V9 -to SRAM_ADDR[11]
set_location_assignment PIN_AC7 -to SRAM_ADDR[12]
set_location_assignment PIN_W8 -to SRAM_ADDR[13]
set_location_assignment PIN_W10 -to SRAM_ADDR[14]
```

```
set_location_assignment PIN_Y10 -to SRAM_ADDR[15]
set_location_assignment PIN_AB8 -to SRAM_ADDR[16]
set_location_assignment PIN_AC8 -to SRAM_ADDR[17]
set_location_assignment PIN_AD8 -to SRAM_DQ[0]
set_location_assignment PIN_AE6 -to SRAM_DQ[1]
set_location_assignment PIN_AF6 -to SRAM_DQ[2]
set_location_assignment PIN_AA9 -to SRAM_DQ[3]
set_location_assignment PIN_AA10 -to SRAM_DQ[4]
set_location_assignment PIN_AB10 -to SRAM_DQ[5]
set_location_assignment PIN_AA11 -to SRAM_DQ[6]
set_location_assignment PIN_Y11 -to SRAM_DQ[7]
set_location_assignment PIN_AE7 -to SRAM_DQ[8]
set_location_assignment PIN_AF7 -to SRAM_DQ[9]
set_location_assignment PIN_AE8 -to SRAM_DQ[10]
set_location_assignment PIN_AF8 -to SRAM_DQ[11]
set_location_assignment PIN_W11 -to SRAM_DQ[12]
set_location_assignment PIN_W12 -to SRAM_DQ[13]
set_location_assignment PIN_AC9 -to SRAM_DQ[14]
set_location_assignment PIN_AC10 -to SRAM_DQ[15]
set_location_assignment PIN_AE10 -to SRAM_WE_N
set_location_assignment PIN_AD10 -to SRAM_OE_N
set_location_assignment PIN_AF9 -to SRAM_UB_N
set_location_assignment PIN_AE9 -to SRAM_LB_N
set_location_assignment PIN_AC11 -to SRAM_CE_N
set_location_assignment PIN_K7 -to OTG_ADDR[0]
set_location_assignment PIN_F2 -to OTG_ADDR[1]
set_location_assignment PIN_F1 -to OTG_CS_N
set_location_assignment PIN_G2 -to OTG_RD_N
set_location_assignment PIN_G1 -to OTG_WR_N
set_location_assignment PIN_G5 -to OTG_RST_N
set_location_assignment PIN_F4 -to OTG_DATA[0]
set_location_assignment PIN_D2 -to OTG_DATA[1]
set_location_assignment PIN_D1 -to OTG_DATA[2]
set_location_assignment PIN_F7 -to OTG_DATA[3]
set_location_assignment PIN_J5 -to OTG_DATA[4]
set_location_assignment PIN_J8 -to OTG_DATA[5]
set_location_assignment PIN_J7 -to OTG_DATA[6]
set_location_assignment PIN_H6 -to OTG_DATA[7]
set_location_assignment PIN_E2 -to OTG_DATA[8]
set_location_assignment PIN_E1 -to OTG_DATA[9]
set_location_assignment PIN_K6 -to OTG_DATA[10]
set_location_assignment PIN_K5 -to OTG_DATA[11]
set_location_assignment PIN_G4 -to OTG_DATA[12]
set_location_assignment PIN_G3 -to OTG_DATA[13]
set_location_assignment PIN_J6 -to OTG_DATA[14]
set_location_assignment PIN_K8 -to OTG_DATA[15]
set_location_assignment PIN_B3 -to OTG_INT0
set_location_assignment PIN_C3 -to OTG_INT1
```

```
set_location_assignment PIN_C2 -to OTG_DACK0_N
set_location_assignment PIN_B2 -to OTG_DACK1_N
set_location_assignment PIN_F6 -to OTG_DREQ0
set_location_assignment PIN_E5 -to OTG_DREQ1
set_location_assignment PIN_F3 -to OTG_FSPEED
set_location_assignment PIN_G6 -to OTG_LSPEED
set_location_assignment PIN_B14 -to TDI
set_location_assignment PIN_A14 -to TCS
set_location_assignment PIN_D14 -to TCK
set_location_assignment PIN_F14 -to TDO
set_location_assignment PIN_C4 -to TD_RESET
set_location_assignment PIN_C8 -to VGA_R[0]
set_location_assignment PIN_F10 -to VGA_R[1]
set_location_assignment PIN_G10 -to VGA_R[2]
set_location_assignment PIN_D9 -to VGA_R[3]
set_location_assignment PIN_C9 -to VGA_R[4]
set_location_assignment PIN_A8 -to VGA_R[5]
set_location_assignment PIN_H11 -to VGA_R[6]
set_location_assignment PIN_H12 -to VGA_R[7]
set_location_assignment PIN_F11 -to VGA_R[8]
set_location_assignment PIN_E10 -to VGA_R[9]
set_location_assignment PIN_B9 -to VGA_G[0]
set_location_assignment PIN_A9 -to VGA_G[1]
set_location_assignment PIN_C10 -to VGA_G[2]
set_location_assignment PIN_D10 -to VGA_G[3]
set_location_assignment PIN_B10 -to VGA_G[4]
set_location_assignment PIN_A10 -to VGA_G[5]
set_location_assignment PIN_G11 -to VGA_G[6]
set_location_assignment PIN_D11 -to VGA_G[7]
set_location_assignment PIN_E12 -to VGA_G[8]
set_location_assignment PIN_D12 -to VGA_G[9]
set_location_assignment PIN_J13 -to VGA_B[0]
set_location_assignment PIN_J14 -to VGA_B[1]
set_location_assignment PIN_F12 -to VGA_B[2]
set_location_assignment PIN_G12 -to VGA_B[3]
set_location_assignment PIN_J10 -to VGA_B[4]
set_location_assignment PIN_J11 -to VGA_B[5]
set_location_assignment PIN_C11 -to VGA_B[6]
set_location_assignment PIN_B11 -to VGA_B[7]
set_location_assignment PIN_C12 -to VGA_B[8]
set_location_assignment PIN_B12 -to VGA_B[9]
set_location_assignment PIN_B8 -to VGA_CLK
set_location_assignment PIN_D6 -to VGA_BLANK
set_location_assignment PIN_A7 -to VGA_HS
set_location_assignment PIN_D8 -to VGA_VS
set_location_assignment PIN_B7 -to VGA_SYNC
set_location_assignment PIN_A6 -to I2C_SCLK
set_location_assignment PIN_B6 -to I2C_SDAT
```

```
set_location_assignment PIN_J9 -to TD_DATA[0]
set_location_assignment PIN_E8 -to TD_DATA[1]
set_location_assignment PIN_H8 -to TD_DATA[2]
set_location_assignment PIN_H10 -to TD_DATA[3]
set_location_assignment PIN_G9 -to TD_DATA[4]
set_location_assignment PIN_F9 -to TD_DATA[5]
set_location_assignment PIN_D7 -to TD_DATA[6]
set_location_assignment PIN_C7 -to TD_DATA[7]
set_location_assignment PIN_D5 -to TD_HS
set_location_assignment PIN_K9 -to TD_VS
set_location_assignment PIN_C5 -to AUD_ADCLRCK
set_location_assignment PIN_B5 -to AUD_ADCDAT
set_location_assignment PIN_C6 -to AUD_DACLRCK
set_location_assignment PIN_A4 -to AUD_DACDAT
set_location_assignment PIN_A5 -to AUD_XCK
set_location_assignment PIN_B4 -to AUD_BCLK
set_location_assignment PIN_D17 -to ENET_DATA[0]
set_location_assignment PIN_C17 -to ENET_DATA[1]
set_location_assignment PIN_B18 -to ENET_DATA[2]
set_location_assignment PIN_A18 -to ENET_DATA[3]
set_location_assignment PIN_B17 -to ENET_DATA[4]
set_location_assignment PIN_A17 -to ENET_DATA[5]
set_location_assignment PIN_B16 -to ENET_DATA[6]
set_location_assignment PIN_B15 -to ENET_DATA[7]
set_location_assignment PIN_B20 -to ENET_DATA[8]
set_location_assignment PIN_A20 -to ENET_DATA[9]
set_location_assignment PIN_C19 -to ENET_DATA[10]
set_location_assignment PIN_D19 -to ENET_DATA[11]
set_location_assignment PIN_B19 -to ENET_DATA[12]
set_location_assignment PIN_A19 -to ENET_DATA[13]
set_location_assignment PIN_E18 -to ENET_DATA[14]
set_location_assignment PIN_D18 -to ENET_DATA[15]
set_location_assignment PIN_B24 -to ENET_CLK
set_location_assignment PIN_A21 -to ENET_CMD
set_location_assignment PIN_A23 -to ENET_CS_N
set_location_assignment PIN_B21 -to ENET_INT
set_location_assignment PIN_A22 -to ENET_RD_N
set_location_assignment PIN_B22 -to ENET_WR_N
set_location_assignment PIN_B23 -to ENET_RST_N
set_location_assignment PIN_AE24 -to IRDA_TXD
set_location_assignment PIN_AE25 -to IRDA_RXD
set_location_assignment PIN_AD24 -to SD_DAT[0]
set_location_assignment PIN_P17 -to SD_DAT[1]
set_location_assignment PIN_R17 -to SD_DAT[2]
set_location_assignment PIN_AC23 -to SD_DAT[3]
set_location_assignment PIN_T17 -to SD_WP_N
set_location_assignment PIN_Y21 -to SD_CMD
set_location_assignment PIN_AD25 -to SD_CLK
```

```
set_location_assignment PIN_D25 -to GPIO_0[0]
set_location_assignment PIN_J22 -to GPIO_0[1]
set_location_assignment PIN_E26 -to GPIO_0[2]
set_location_assignment PIN_E25 -to GPIO_0[3]
set_location_assignment PIN_F24 -to GPIO_0[4]
set_location_assignment PIN_F23 -to GPIO_0[5]
set_location_assignment PIN_J21 -to GPIO_0[6]
set_location_assignment PIN_J20 -to GPIO_0[7]
set_location_assignment PIN_F25 -to GPIO_0[8]
set_location_assignment PIN_F26 -to GPIO_0[9]
set_location_assignment PIN_N18 -to GPIO_0[10]
set_location_assignment PIN_P18 -to GPIO_0[11]
set_location_assignment PIN_G23 -to GPIO_0[12]
set_location_assignment PIN_G24 -to GPIO_0[13]
set_location_assignment PIN_K22 -to GPIO_0[14]
set_location_assignment PIN_G25 -to GPIO_0[15]
set_location_assignment PIN_H23 -to GPIO_0[16]
set_location_assignment PIN_H24 -to GPIO_0[17]
set_location_assignment PIN_J23 -to GPIO_0[18]
set_location_assignment PIN_J24 -to GPIO_0[19]
set_location_assignment PIN_H25 -to GPIO_0[20]
set_location_assignment PIN_H26 -to GPIO_0[21]
set_location_assignment PIN_H19 -to GPIO_0[22]
set_location_assignment PIN_K18 -to GPIO_0[23]
set_location_assignment PIN_K19 -to GPIO_0[24]
set_location_assignment PIN_K21 -to GPIO_0[25]
set_location_assignment PIN_K23 -to GPIO_0[26]
set_location_assignment PIN_K24 -to GPIO_0[27]
set_location_assignment PIN_L21 -to GPIO_0[28]
set_location_assignment PIN_L20 -to GPIO_0[29]
set_location_assignment PIN_J25 -to GPIO_0[30]
set_location_assignment PIN_J26 -to GPIO_0[31]
set_location_assignment PIN_L23 -to GPIO_0[32]
set_location_assignment PIN_L24 -to GPIO_0[33]
set_location_assignment PIN_L25 -to GPIO_0[34]
set_location_assignment PIN_L19 -to GPIO_0[35]
set_location_assignment PIN_K25 -to GPIO_1[0]
set_location_assignment PIN_K26 -to GPIO_1[1]
set_location_assignment PIN_M22 -to GPIO_1[2]
set_location_assignment PIN_M23 -to GPIO_1[3]
set_location_assignment PIN_M19 -to GPIO_1[4]
set_location_assignment PIN_M20 -to GPIO_1[5]
set_location_assignment PIN_N20 -to GPIO_1[6]
set_location_assignment PIN_M21 -to GPIO_1[7]
set_location_assignment PIN_M24 -to GPIO_1[8]
set_location_assignment PIN_M25 -to GPIO_1[9]
set_location_assignment PIN_N24 -to GPIO_1[10]
set_location_assignment PIN_P24 -to GPIO_1[11]
```

```
set_location_assignment PIN_R25 -to GPIO_1[12]
set_location_assignment PIN_R24 -to GPIO_1[13]
set_location_assignment PIN_R20 -to GPIO_1[14]
set_location_assignment PIN_T22 -to GPIO_1[15]
set_location_assignment PIN_T23 -to GPIO_1[16]
set_location_assignment PIN_T24 -to GPIO_1[17]
set_location_assignment PIN_T25 -to GPIO_1[18]
set_location_assignment PIN_T18 -to GPIO_1[19]
set_location_assignment PIN_T21 -to GPIO_1[20]
set_location_assignment PIN_T20 -to GPIO_1[21]
set_location_assignment PIN_U26 -to GPIO_1[22]
set_location_assignment PIN_U25 -to GPIO_1[23]
set_location_assignment PIN_U23 -to GPIO_1[24]
set_location_assignment PIN_U24 -to GPIO_1[25]
set_location_assignment PIN_R19 -to GPIO_1[26]
set_location_assignment PIN_T19 -to GPIO_1[27]
set_location_assignment PIN_U20 -to GPIO_1[28]
set_location_assignment PIN_U21 -to GPIO_1[29]
set_location_assignment PIN_V26 -to GPIO_1[30]
set_location_assignment PIN_V25 -to GPIO_1[31]
set_location_assignment PIN_V24 -to GPIO_1[32]
set_location_assignment PIN_V23 -to GPIO_1[33]
set_location_assignment PIN_W25 -to GPIO_1[34]
set_location_assignment PIN_W23 -to GPIO_1[35]
set_location_assignment PIN_Y15 -to FL_ADDR[20]
set_location_assignment PIN_Y14 -to FL_ADDR[21]

# Analysis & Synthesis Assignments
# ================================
set_global_assignment -name FAMILY "Cyclone II"
set_global_assignment -name TOP_LEVEL_ENTITY Qsys_DE2

# Fitter Assignments
# ==================
set_global_assignment -name DEVICE EP2C35F672C6
set_global_assignment -name CYCLONEII_RESERVE_NCEO_AFTER_CONFIGURATION
"USE AS REGULAR IO"
set_global_assignment -name RESERVE_ALL_UNUSED_PINS "AS INPUT TRI-STATED"
set_global_assignment -name RESERVE_ASDO_AFTER_CONFIGURATION "AS INPUT
TRI-STATED"
set_instance_assignment -name IO_STANDARD LVTTL -to TD_DATA[0]
set_instance_assignment -name IO_STANDARD LVTTL -to TD_DATA[1]
set_instance_assignment -name IO_STANDARD LVTTL -to TD_DATA[2]
set_instance_assignment -name IO_STANDARD LVTTL -to TD_DATA[3]
set_instance_assignment -name IO_STANDARD LVTTL -to TD_DATA[4]
set_instance_assignment -name IO_STANDARD LVTTL -to TD_DATA[5]
set_instance_assignment -name IO_STANDARD LVTTL -to TD_DATA[6]
set_instance_assignment -name IO_STANDARD LVTTL -to TD_DATA[7]
```

```
set_instance_assignment -name IO_STANDARD LVTTL -to TD_HS
set_instance_assignment -name IO_STANDARD LVTTL -to TD_VS
set_instance_assignment -name IO_STANDARD LVTTL -to AUD_ADCLRCK
set_instance_assignment -name IO_STANDARD LVTTL -to AUD_ADCDAT
set_instance_assignment -name IO_STANDARD LVTTL -to AUD_DACLRCK
set_instance_assignment -name IO_STANDARD LVTTL -to AUD_DACDAT
set_instance_assignment -name IO_STANDARD LVTTL -to AUD_XCK
set_instance_assignment -name IO_STANDARD LVTTL -to AUD_BCLK
set_instance_assignment -name IO_STANDARD LVTTL -to ENET_DATA[0]
set_instance_assignment -name IO_STANDARD LVTTL -to SD_DAT[0]
set_instance_assignment -name IO_STANDARD LVTTL -to SD_DAT[1]
set_instance_assignment -name IO_STANDARD LVTTL -to SD_DAT[2]
set_instance_assignment -name IO_STANDARD LVTTL -to SD_DAT[3]
set_instance_assignment -name IO_STANDARD LVTTL -to SD_WP_N
set_instance_assignment -name IO_STANDARD LVTTL -to SD_CMD
set_instance_assignment -name IO_STANDARD LVTTL -to SD_CLK
set_global_assignment -name STRATIX_DEVICE_IO_STANDARD LVTTL
set_global_assignment -name ERROR_CHECK_FREQUENCY_DIVISOR 1
set_instance_assignment -name IO_STANDARD LVTTL -to FL_ADDR[20]
set_instance_assignment -name IO_STANDARD LVTTL -to FL_ADDR[21]


set_instance_assignment -name IO_STANDARD LVTTL -to TD_CLK27
set_location_assignment PIN_C16 -to TD_CLK27

# Assembler Assignments
# =====================
set_global_assignment -name RESERVE_ALL_UNUSED_PINS_NO_OUTPUT_GND "AS INPUT TRI-STATED"

# ---------------------
# start CLOCK(CLOCK_27)

    # Timing Assignments
    # ==================
set_global_assignment -name FMAX_REQUIREMENT "27 MHz" -section_id CLOCK_27

# end CLOCK(CLOCK_27)
# -------------------


# ---------------------
# start CLOCK(CLOCK_50)

    # Timing Assignments
    # ==================
set_global_assignment -name FMAX_REQUIREMENT "50 MHz" -section_id CLOCK_50

# end CLOCK(CLOCK_50)
```

```
# -------------------

# ----------------------
# start ENTITY(DE2_NIOS_HOST_MOUSE_VGA)

    # Timing Assignments
    # ==================

# end ENTITY(DE2_NIOS_HOST_MOUSE_VGA)
# --------------------

set_global_assignment -name MIN_CORE_JUNCTION_TEMP 0
set_global_assignment -name MAX_CORE_JUNCTION_TEMP 85
set_global_assignment -name POWER_PRESET_COOLING_SOLUTION "23 MM HEAT SINK WITH 200 LFPM AIRFLOW"
set_global_assignment -name POWER_BOARD_THERMAL_MODEL "NONE (CONSERVATIVE)"
set_global_assignment -name NUM_PARALLEL_PROCESSORS 2
#set_global_assignment -name IGNORE_PARTITIONS OFF
set_global_assignment                    -name              VERILOG_FILE system_0/synthesis/submodules/VGA_OSD_RAM.v
set_global_assignment                    -name              VERILOG_FILE system_0/synthesis/submodules/VGA_NIOS_CTRL.v
set_global_assignment                    -name              VERILOG_FILE system_0/synthesis/submodules/VGA_Controller.v
set_global_assignment                    -name              VERILOG_FILE system_0/synthesis/submodules/system_0_uart_0.v
set_global_assignment                    -name           SYSTEMVERILOG_FILE system_0/synthesis/submodules/system_0_tri_state_bridge_0_pinSharer_0_pin_sharer.sv
set_global_assignment                    -name           SYSTEMVERILOG_FILE system_0/synthesis/submodules/system_0_tri_state_bridge_0_pinSharer_0_arbiter.sv
set_global_assignment                    -name              VERILOG_FILE system_0/synthesis/submodules/system_0_tri_state_bridge_0_pinSharer_0.v
set_global_assignment                    -name           SYSTEMVERILOG_FILE system_0/synthesis/submodules/system_0_tri_state_bridge_0_bridge_0.sv
set_global_assignment                    -name              VERILOG_FILE system_0/synthesis/submodules/system_0_timer_0.v
set_global_assignment                    -name              VERILOG_FILE system_0/synthesis/submodules/system_0_sysid_qsys_0.v
set_global_assignment                    -name              VERILOG_FILE system_0/synthesis/submodules/system_0_switch_pio.v
set_global_assignment                    -name              VERILOG_FILE system_0/synthesis/submodules/system_0_sdram_0_test_component.v
set_global_assignment                    -name              VERILOG_FILE system_0/synthesis/submodules/system_0_sdram_0.v
set_global_assignment                    -name              VERILOG_FILE system_0/synthesis/submodules/system_0_SD_DAT.v
```

```
    set_global_assignment              -name            VERILOG_FILE
system_0/synthesis/submodules/system_0_SD_CLK.v
    set_global_assignment              -name            SYSTEMVERILOG_FILE
system_0/synthesis/submodules/system_0_rsp_xbar_mux_001.sv
    set_global_assignment              -name            SYSTEMVERILOG_FILE
system_0/synthesis/submodules/system_0_rsp_xbar_mux.sv
    set_global_assignment              -name            SYSTEMVERILOG_FILE
system_0/synthesis/submodules/system_0_rsp_xbar_demux_006.sv
    set_global_assignment              -name            SYSTEMVERILOG_FILE
system_0/synthesis/submodules/system_0_rsp_xbar_demux_005.sv
    set_global_assignment              -name            SYSTEMVERILOG_FILE
system_0/synthesis/submodules/system_0_rsp_xbar_demux_004.sv
    set_global_assignment              -name            SYSTEMVERILOG_FILE
system_0/synthesis/submodules/system_0_rsp_xbar_demux.sv
    set_global_assignment              -name            VERILOG_FILE
system_0/synthesis/submodules/system_0_led_red.v
    set_global_assignment              -name            VERILOG_FILE
system_0/synthesis/submodules/system_0_led_green.v
    set_global_assignment              -name            VERILOG_FILE
system_0/synthesis/submodules/system_0_lcd_16207_0.v
    set_global_assignment              -name            VERILOG_FILE
system_0/synthesis/submodules/system_0_LCD.v
    set_global_assignment              -name            VERILOG_FILE
system_0/synthesis/submodules/system_0_jtag_uart_0.v
    set_global_assignment              -name            SYSTEMVERILOG_FILE
system_0/synthesis/submodules/system_0_irq_mapper.sv
    set_global_assignment              -name            SYSTEMVERILOG_FILE
system_0/synthesis/submodules/system_0_id_router_006.sv
    set_global_assignment              -name            SYSTEMVERILOG_FILE
system_0/synthesis/submodules/system_0_id_router_005.sv
    set_global_assignment              -name            SYSTEMVERILOG_FILE
system_0/synthesis/submodules/system_0_id_router_004.sv
    set_global_assignment              -name            SYSTEMVERILOG_FILE
system_0/synthesis/submodules/system_0_id_router_003.sv
    set_global_assignment              -name            SYSTEMVERILOG_FILE
system_0/synthesis/submodules/system_0_id_router_002.sv
    set_global_assignment              -name            SYSTEMVERILOG_FILE
system_0/synthesis/submodules/system_0_id_router.sv
    set_global_assignment              -name            VERILOG_FILE
system_0/synthesis/submodules/system_0_epcs_controller.v
    set_global_assignment              -name            VERILOG_FILE
system_0/synthesis/submodules/system_0_cpu_0_test_bench.v
    set_global_assignment              -name            VERILOG_FILE
system_0/synthesis/submodules/system_0_cpu_0_oci_test_bench.v
    set_global_assignment              -name            VERILOG_FILE
system_0/synthesis/submodules/system_0_cpu_0_mult_cell.v
    set_global_assignment              -name            VERILOG_FILE
system_0/synthesis/submodules/system_0_cpu_0_jtag_debug_module_wrapper.v
```

```
set_global_assignment            -name            VERILOG_FILE
system_0/synthesis/submodules/system_0_cpu_0_jtag_debug_module_tck.v
set_global_assignment            -name            VERILOG_FILE
system_0/synthesis/submodules/system_0_cpu_0_jtag_debug_module_sysclk.v
set_global_assignment            -name            VERILOG_FILE
system_0/synthesis/submodules/system_0_cpu_0.v
set_global_assignment            -name            SYSTEMVERILOG_FILE
system_0/synthesis/submodules/system_0_cmd_xbar_mux.sv
set_global_assignment            -name            SYSTEMVERILOG_FILE
system_0/synthesis/submodules/system_0_cmd_xbar_demux_001.sv
set_global_assignment            -name            SYSTEMVERILOG_FILE
system_0/synthesis/submodules/system_0_cmd_xbar_demux.sv
set_global_assignment            -name            VERILOG_FILE
system_0/synthesis/submodules/system_0_cfi_flash_0.v
set_global_assignment            -name            VERILOG_FILE
system_0/synthesis/submodules/system_0_button_pio.v
set_global_assignment            -name            SYSTEMVERILOG_FILE
system_0/synthesis/submodules/system_0_addr_router_001.sv
set_global_assignment            -name            SYSTEMVERILOG_FILE
system_0/synthesis/submodules/system_0_addr_router.sv
set_global_assignment            -name            VERILOG_FILE
system_0/synthesis/submodules/SRAM_16Bit_512K.v
set_global_assignment            -name            VERILOG_FILE
system_0/synthesis/submodules/SEG7_LUT_8.v
set_global_assignment            -name            VERILOG_FILE
system_0/synthesis/submodules/SEG7_LUT.v
set_global_assignment            -name            VERILOG_FILE
system_0/synthesis/submodules/ISP1362_IF.v
set_global_assignment            -name            VERILOG_FILE
system_0/synthesis/submodules/Img_RAM.v
set_global_assignment            -name            VERILOG_FILE
system_0/synthesis/submodules/FIFO_16_256.v
set_global_assignment            -name            VERILOG_FILE
system_0/synthesis/submodules/DM9000A_IF.v
set_global_assignment            -name            VERILOG_FILE
system_0/synthesis/submodules/AUDIO_DAC_FIFO.v
set_global_assignment            -name            SYSTEMVERILOG_FILE
system_0/synthesis/submodules/altera_tristate_controller_translator.sv
set_global_assignment            -name            SYSTEMVERILOG_FILE
system_0/synthesis/submodules/altera_tristate_controller_aggregator.sv
set_global_assignment            -name            VERILOG_FILE
system_0/synthesis/submodules/altera_reset_synchronizer.v
set_global_assignment            -name            VERILOG_FILE
system_0/synthesis/submodules/altera_reset_controller.v
set_global_assignment            -name            SYSTEMVERILOG_FILE
system_0/synthesis/submodules/altera_merlin_width_adapter.sv
set_global_assignment            -name            SYSTEMVERILOG_FILE
system_0/synthesis/submodules/altera_merlin_traffic_limiter.sv
```

```
    set_global_assignment                -name        SYSTEMVERILOG_FILE
system_0/synthesis/submodules/altera_merlin_std_arbitrator_core.sv
    set_global_assignment                -name        SYSTEMVERILOG_FILE
system_0/synthesis/submodules/altera_merlin_slave_translator.sv
    set_global_assignment                -name        SYSTEMVERILOG_FILE
system_0/synthesis/submodules/altera_merlin_slave_agent.sv
    set_global_assignment                -name        SYSTEMVERILOG_FILE
system_0/synthesis/submodules/altera_merlin_master_translator.sv
    set_global_assignment                -name        SYSTEMVERILOG_FILE
system_0/synthesis/submodules/altera_merlin_master_agent.sv
    set_global_assignment                -name        SYSTEMVERILOG_FILE
system_0/synthesis/submodules/altera_merlin_burst_uncompressor.sv
    set_global_assignment                -name        SYSTEMVERILOG_FILE
system_0/synthesis/submodules/altera_merlin_burst_adapter.sv
    set_global_assignment                -name        SYSTEMVERILOG_FILE
system_0/synthesis/submodules/altera_merlin_arbitrator.sv
    set_global_assignment                -name             VERILOG_FILE
system_0/synthesis/submodules/altera_avalon_st_pipeline_base.v
    set_global_assignment                -name             VERILOG_FILE
system_0/synthesis/submodules/altera_avalon_sc_fifo.v
    set_global_assignment -name VERILOG_FILE system_0/synthesis/system_0.v
    set_global_assignment -name VERILOG_FILE I2C_Controller.v
    set_global_assignment -name VERILOG_FILE I2C_AV_Config.v
    set_global_assignment -name VERILOG_FILE SDRAM_PLL.v
    set_global_assignment -name VERILOG_FILE Audio_PLL.v
    set_global_assignment -name VERILOG_FILE DE2_NIOS_HOST_MOUSE_VGA.v
    #set_global_assignment -name IGNORE_PARTITIONS OFF
    set_global_assignment -name SDC_FILE DE2_NIOS_HOST_MOUSE_VGA.sdc
    set_global_assignment -name IGNORE_PARTITIONS ON
    set_global_assignment -name VERILOG_FILE Qsys_DE2.v
    set_global_assignment -name PARTITION_NETLIST_TYPE SOURCE -section_id Top
    set_global_assignment     -name     PARTITION_FITTER_PRESERVATION_LEVEL
PLACEMENT_AND_ROUTING -section_id Top
    set_global_assignment -name PARTITION_COLOR 16764057 -section_id Top
    set_instance_assignment -name CLOCK_SETTINGS CLOCK_50 -to CLOCK_50
    set_instance_assignment -name CLOCK_SETTINGS CLOCK_27 -to CLOCK_27
    set_instance_assignment -name PARTITION_HIERARCHY root_partition -to |
-section_id Top
```

完成引脚锁定后，再次编译顶层设计文件。至此，基于 DE2 开发板的 Nios II 系统的开发完成。

执行 Quartus II 软件的"Tools"→"RTL Viewer"命令，打开 Nios II 系统设计的网表文件对应的 RTL 电路图，如图 5.42 所示。

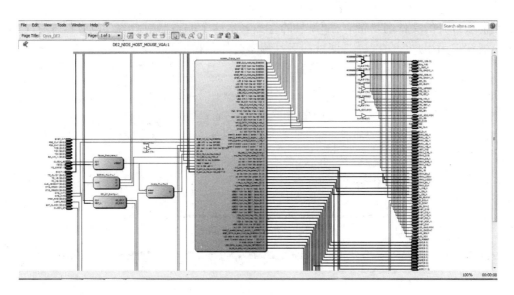

图 5.42 Nios 系统的 RTL 电路图

5.4.3 Nios II 系统的调试

对于初学者，建立一个新的 Nios II 系统是困难而复杂的，但任何一个 Qsys 开发系统（如 DE2 或 DE2 70），都有自己的示例，每个示例均有相应的 Nios II 系统，因此读者没有必要自己新建 Nios II 系统，可以利用 Qsys 开发系统上建立的 Nios II 系统来完成嵌入式系统的开发或研究。下面以 DE2（或 DE2 70）开发板为例，介绍 Nios II 系统的 EDS 调试方法。

在 Quartus II 的主窗口，打开 DE2 的一个示例的工程，如"DE2_demonstrations_Qsys"或"DE2_70_demonstrations_Qsys"文件夹下的"DE2_NIOS_HOST_MOUSE_VGA"工程。执行主窗口中的"Tools"→"Qsys"命令，进入该工程的 Qsys 开发环境。在 Nios II 环境下打开 DE2 的 Qsys 示例工程时，软件系统会提示是否对 DE2 的 Nios II 系统升级，读者应采用不升级方式，保留原来的 Nios II 系统，而且执行 Qsys 开发环境窗口下的"Generate"命令，重新生成 Nios II 环境下的 DE2 的 Nios II 系统。重新生成结束后，回到 Quartus II 的主窗口，为"DE2_NIOS_HOST_MOUSE_VGA"工程重新编译一次。

单击 Qsys 主窗口的"Tools"→"Nios II Software Build Tools for Eclipse"命令（或者单击 Quartus II 主窗口的"Tools"→"Nios II Software Build Tools for Eclipse"命令），进入 Nios II 的调试方式。在进入 Nios II 软件界面之前，一般先弹出如图 5.43 所示的"Workspace Launcher"（工作间选择）对话框。在此对话框选择用户工程目录（如 G:\DE2_demonstrations_Qsys\DE2_NIOS_HOST_MOUSE_VGA）。当工作间选择结束后，单击"OK"按钮，弹出如图 5.44 所示的 Nios II EDS 主窗口界面（在 Nios II EDS 主窗口执行"File"→"Switch Workspace"命令，也可以进行工作间选择）。

在 Nios II EDS 主窗口界面，上部是主菜单和工具栏，中下部是工作界面。每个工作界面都包括一个或多个窗口，如 C/C++工程浏览器窗口、编辑区窗口、提示信息浏览器窗口等。C/C++工程浏览器窗口向用户提供有关工程目录的信息。编辑区窗口用于编辑 C/C++程序，在此窗口中用户可以同时打开多个编辑器，但同一时刻只能有一个编辑器处于激活状态。在工作界面上的主菜单和工具条上的各种操作只对处于激活状态的编辑器起作用。在编辑区中的各个标签是当前被打开的文件名，带有"*"号的标签表示这个编辑器中内容还没有被保存。提示信息浏览器窗口为用户提供编译、调试和运行程序时的各种信息。

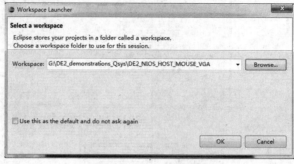

图 5.43　工作间选择对话框

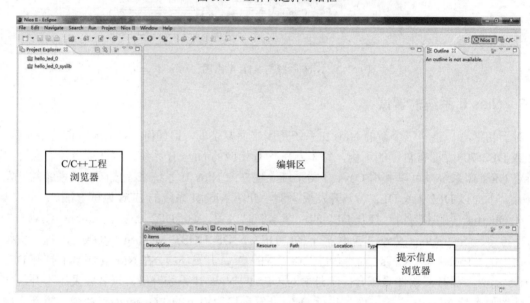

图 5.44　Nios EDS 主窗口界面

Nios II EDS 调试分为新建软件工程、编译工程、调试工程和运行工程等过程。

1．新建软件工程

执行 Nios II EDS 软件的"File"→"New"命令，弹出如图 5.45 所示的新建工程快捷菜单，在菜单中选择"Nios II Application and BSP from Template"命令，进入如图 5.46 所示"Nios II Application and BSP from Template"对话框。

在图 5.46 中"SOPC Information File name"栏中添加 SOPC 文件，如"G:\DE2_demonstrations_Qsys\DE2_NIOS_HOST_MOUSE_VGA\system_0.sopcinfo"，在"CPU"栏中有用户建立的 Nios II 系统的 CPU 名称（即 cpu_0）。

在图 5.46 中的"Project Template"（工程模板）栏中，是已经做好的软件工程设计模板，用户可以选择其中的某一个模板来创建自己的工程。也可以选择"Blank Project"（空白工程），完全由用户来编写所有的代码。如果选择已经做好的软件工程（如"Hello LED"、"Hello world"、"Count Binary"等），用户可以根据自己的需要，在其基础上更改程序，完成 C/C++应用程序的编写。一般情况下，使用做好的软件工程比从空白工程做起来容易得多，也方便得多。

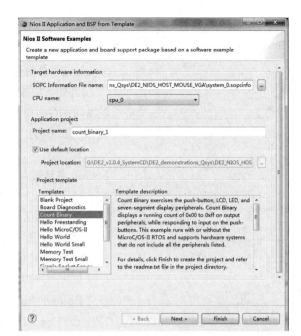

图 5.45　新建工程快捷菜单　　　　图 5.46　"Nios II Application and BSP from Template"对话框

本例在"Templates"中选择"Count Binary"模板，在"Project name"中输入任意工程名，例如"count_binary_1"，此新建的工程名称可以由用户更改。

单击图 5.46 中的"Finish"按钮，新建工程就会添加到工作区中，同时 Nios II EDS 会创建一个系统库项目 bsp（如 count_binary_0_bsp[nios_0]）。在新建的 count_binary_1 工程中，count_binary.c 是该工程 C/C++主程序，用户可以根据需要对 count_binary.c 程序进行补充或修改。

count_binary.c 是一个 PIO 控制程序，在程序中使用一个 8 位的整型变量不断重复地从 0 计数到 ff，然后用 4 个按钮（SW0～SW3）来控制计数结果分别输出到发光二极管 LED、七段数码管和 LCD 上。Count Binary 模板提供的 count_binary.c 程序比较复杂，不适于初学者。

为了便于初学与调试，下面以一个简单的 C/C++调试程序替换原来的 count_binary.c 程序。即把 count_binary.c 程序中的原有内容除了头文件 count_binary.h 外，其余全部清除，然后将用户的应用程序重新编辑输入到 count_binary.c 中作为主程序。简单 C/C++调试程序如下：

```c
#include "count_binary.h"
int alt_main (void)
{
  int second;
  while (1)
  {
    usleep(100000); //延迟 0.1s
    second++;
    IOWR(SEG7_DISPLAY_BASE,0,second);
    IOWR(LED_RED_BASE,0,second);
  }
}
```

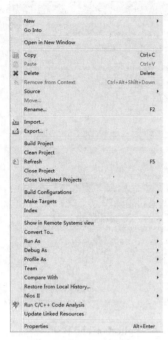

图 5.47 编辑工程快捷菜单

在上述调试程序中，用一个变量 second 记录 0.1s 的延迟次数，并用 DE2 开发板上的七段数码管和红色发光二极管显示 second 中的数据。

另外，如果主程序需要增加其他子程序或头文件（C/C++的.h 文件），可以右击 Nios II EDS 的工作界面 C/C++工程浏览器窗口中的"count_binary_1"工程名，在弹出如图 5.47 所示的编辑工程快捷菜单中选择"New"项，然后在"New"的快捷菜单选择增加的文件类型，如"Project…"（工程）、"C/C++ Project"（C/C++工程）、"Header File"（头文件）等。

2．编译工程

完成用户 C/C++应用程序的编写后，保存文件，右击选中的工程名（如 count_binary_1），在弹出的编辑工程快捷菜单（见图 5.47）中选择"Build Project"项，或执行"Project"→"Builder Project"命令，开始编译工程文件（也可以执行"Project"→"Builder All"命令，对全部已建工程进行编译）。编译开始后，Nios II EDS 会首先编译系统库工程及其他相关工程，然后再编译主工程，并把源代码编译到.elf 文件中。编译完成后，会在 Problems 浏览器中显示警告和错误信息。

3．调试工程

右击选中的工程名（如"count_binary_1"），在弹出的快捷菜单中选择"Debug As"中的"Debug configurations…"项，进入仿真模式。

4．运行工程

运行工程是通过 Nios II EDS 将 C/C++应用软件的机器代码文件（.elf）下载到用户 Nios II 系统的工作存储器 SDRAM 中，通过执行程序实现相应的功能。

在运行工程之前，首先执行 EDS 主窗口的"Tool"→"Quartus II Programmer…"命令，把顶层设计的编程下载文件（如 Qsys_DE2.sof）下载到 DE2 开发板的目标芯片中。然后执行"Run"→"Run Configurations…"命令（见图 5.48），弹出如图 5.49 所示的运行设置对话框，对运行工程进行设置。第一次运行单击"Nios II Hardware"，会出现 New_configuration 运行设置对话框，在"Name"处可修改名称，运行设置对话框共有"Project"、"Target Connection"、"Debugger"、"Source"和"Common" 5 个页面。在"Project"栏中输入或选择运行的工程名称，如"count_binary_1"。

单击"Target Connection"，进入如图 5.50 所示的"Target Connection"页面。如果是通过 USB 接口（如 DE2 开发板）与计算机连接，设备会自动识别"USB-Blaster on localhost[USB-0]"，在"Device"栏中显示工程下载的目标芯片类型。若设备没有自动识别，可单击"Target Connection"页面中的"Refresh Connections"进行更新。

运行设置对话框中的其他页面可以按默认设置。运行设置结束后，单击对话框下方的"Run"按钮，开始程序下载、复位处理器和运行程序的过程。

在完成一次运行设置后，对于同一个工程没有必要每次运行前都设置，只要执行 Nios II 主窗口中的"Run As"→"Nios II Hardware"命令，就可以直接运行工程。

图 5.48 运行设置对话框（Main 页面）

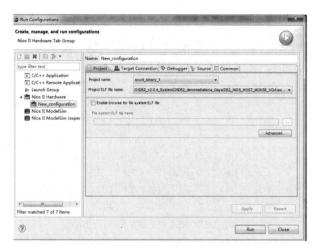

图 5.49 运行设置对话框（Target Connection 页面）

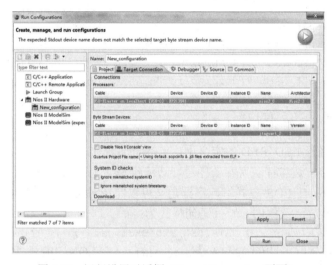

图 5.50 运行设置对话框（Target Connection 页面）

5.4.4 Nios II 的常用组件与编程

在一个基于 Nios II 的 Qsys 系统上，常用组件包括通用异步串口 UART、发光二极管 LED、七段数码管、按钮、LCD、存储器、定时器、鼠标、VGA 等。另外，Nios II 还允许用户创建自己的外围设备，并通过用户逻辑接口向导将其集成到 Nios II 处理器系统中。这种自动化工具能够检验 VHDL 或 Verilog HDL 源代码，识别顶层端口并将这些端口连接到合适的处理器总线信号上，整个过程用户介入很少，使电路与系统设计方便而快捷。下面以基于 DE2（或 DE2 70）开发板的 Nios II 系统为例，介绍 Nios II 系统常用组件的硬件结构和软件编程，让读者进一步掌握 Nios II 嵌入式系统的开发技能。

1. 通用输入/输出端口 PIO

通用输入/输出端口 PIO 包括输入 IO（如按钮）、输出 IO（如发光二极管 LED、七段数码管等）和双向三态 IO（如液晶显示屏 LCD）。

（1）红色发光二极管 LEDR

在 DE2 开发板有 18 只红色发光二极管（详见附录 A），硬件设备命名为 LEDR17~LEDR0，

Nios II 系统命名为 LED_RED。采用 Nios II EDS 方式调试运行 C++应用程序,利用 Nios II EDS 的"count_binary"工程模板(或其他模板)建立 C++工程时,在系统为工程自动生成 system.h 头文件中,有关发光二极管 LEDR 定义的信息如下:

```
#define LED_RED_BASE 0x1b02070                          //组件的偏移地址
#define LED_RED_BIT_CLEARING_EDGE_REGISTER 0            //组件清除有效边沿
#define LED_RED_BIT_MODIFYING_OUTPUT_REGISTER 0
#define LED_RED_CAPTURE 0                               //组件的捕获寄存器序号
#define LED_RED_DATA_WIDTH 18                           //组件的数据位宽
#define LED_RED_DO_TEST_BENCH_WIRING 0                  //组件测试平台接线序号
#define LED_RED_DRIVEN_SIM_VALUE 0
#define LED_RED_EDGE_TYPE "NONE"                        //组件边缘类型
#define LED_RED_FREQ 50000000                           //组件的工作频率
#define LED_RED_HAS_TRI 0                               //组件的三态寄存器序号
#define LED_RED_HAS_OUT 1                               //组件的输出寄存器序号
#define LED_RED_HAS_IN 0                                //组件的输入寄存器序号
#define LED_RED_IRQ -1
#define LED_RED_IRQ_INTERRUPT_CONTROLLER_ID -1
#define LED_RED_IRQ_TYPE "NONE"                         //组件中断类型
#define LED_RED_NAME "/dev/led_red"                     //组件的名称
#define LED_RED_RESET_VALUE 0
#define LED_RED_SPAN 16
#define LED_RED_TYPE "altera_avalon_pio"                //组件的类型
```

在对红色发光二极管 LED_RED 的定义中,包括组件名称、类型、偏移地址、输入寄存器序号、输出寄存器序号、边缘捕获寄存器序号、边缘类型(上升沿或下降沿)、中断类型、工作频率等信息。在 Nios II EDS 方式下,根据定义可以完成对 LEDR 的相关操作。例如,在 LED_RED 上输出显示 data 数据的 C/C++语句格式为:

```
IOWR_Altera_AVALON_PIO_DATA(LED_RED_BASE,data);
```

其中,IOWR_Altera_AVALON_PIO_DATA 表示对 Altera_AVALON_PIO 类型的组件进行写(输出)数据操作;LED_RED_BASE 是用组件名称表示的偏移地址,此偏移地址也直接用"0x1b02070",因此在 LEDR 上输出显示 data 数据的 C/C++语句格式还可以为:

```
IOWR_Altera_AVALON_PIO_DATA(0x1b02070,data);
```

不过直接用偏移地址的数据传送方式不灵活,一般不使用。另外,也可以用 IO 写函数 IOWR()语句实现数据的输出。例如,在 LED_RED 上输出显示 data 数据的函数语句格式为:

```
IOWR(LED_RED_BASE,0,data);  (或 IOWR(0x1b02070,0,data);)
```

语句中的"0"是 LEDR 的输入寄存器序号,该寄存器用于保存 data 数据。

例如,编写 C/C++程序,让 DE2 开发板上的 18 只红色发光二极管 LEDR17~LEDR0 依次向左移位发光,其 C/C++源程序 LEDR18.c 如下:

```
#include "count_binary.h"
int alt_main (void)
{ int i,data;
    while (1)
    { data = 0x01;
      for (i=0; i<18; i++)
      { IOWR(LED_RED_BASE,0,data);
        data <<= 1;
```

```
        usleep(100000);          //延迟
} } }
```
如果使用DE2 70开发板,其LEDR的组件名称为"PIO_RED_LED",则其输出语句格式为:
```
IOWR(PIO_RED_ LED_BASE, 0,data);
```
(2) 绿色发光二极管LEDG

在DE2开发板有9只绿色发光二极管LEDG8~LEDG0,Nios II系统命名为LED_GREEN。采用Nios II EDS方式调试运行C++应用程序时,在system.h头文件中,有关发光二极管LEDG定义的信息如下:
```
#define LED_GREEN_BASE 0x1b02080
#define LED_GREEN_BIT_CLEARING_EDGE_REGISTER 0
#define LED_GREEN_BIT_MODIFYING_OUTPUT_REGISTER 0
#define LED_GREEN_CAPTURE 0
#define LED_GREEN_DATA_WIDTH 9
#define LED_GREEN_DO_TEST_BENCH_WIRING 0
#define LED_GREEN_DRIVEN_SIM_VALUE 0
#define LED_GREEN_EDGE_TYPE "NONE"
#define LED_GREEN_FREQ 50000000
#define LED_GREEN_HAS_IN 0
#define LED_GREEN_HAS_OUT 1
#define LED_GREEN_HAS_TRI 0
#define LED_GREEN_IRQ -1
#define LED_GREEN_IRQ_INTERRUPT_CONTROLLER_ID -1
#define LED_GREEN_IRQ_TYPE "NONE"
#define LED_GREEN_NAME "/dev/led_green"
#define LED_GREEN_RESET_VALUE 0
#define LED_GREEN_SPAN 16
#define LED_GREEN_TYPE "altera_avalon_pio"
```
根据对发光二极管LEDG的定义,在Nios II EDS方式下,在LEDG上输出显示data数据的C/C++语句格式为:
```
IOWR_Altera_AVALON_PIO_DATA(LED_GREEN_BASE,data);
```
或
```
IOWR(LED_GREEN_BASE,0,data);
```
例如,编写C/C++程序,让DE2开发板上的9只绿色发光二极管LEDG8~LEDG0依次向右移位发光,其C/C++源程序LEDG9.c如下:
```
#include "count_binary.h"
void main(void)
{ int i, data;
  while (1)
  { data = 0x01;
      for (i=0; i<8; i++)
      {IOWR(LED_GREEN_BASE,0,data);
         data <<= 1;
            usleep(100000);}}}
```
如果使用DE2 70开发板,其LEDG的组件名称为"PIO_GREEN_LED",则其输出语句格式为:
```
IOWR(PIO_GREEN_LED_BASE,0,data);
```

（3）七段数码管

在 DE2 上有 8 只七段数码管 HEX7～HEX0，Nios II 系统命名为 SEG7_DISPLAY。采用 Nios II EDS 方式调试运行 C++应用程序时，在 system.h 头文件中，有关七段数码管 HEX 定义的信息如下：

```
#define SEG7_DISPLAY_NAME "/dev/SEG7_Display"
#define SEG7_DISPLAY_TYPE "seg7_lut_8"
#define SEG7_DISPLAY_BASE 0x00681100
#define SEG7_DISPLAY_SPAN 4
#define SEG7_DISPLAY_HDL_PARAMETERS ""
#define ALT_MODULE_CLASS_SEG7_Display seg7_lut_8
```

根据对七段数码管 HEX 的定义，在 Nios II EDS 方式下，在七段数码管 HEX 上输出显示 data 数据的 C/C++语句格式为：

```
IOWR_Altera_AVALON_PIO_DATA(SEG7_BASE,data);
```

或

```
IOWR(SEG7_BASE,0,data);
```

例如，编写 C/C++程序，让 DE2 开发板上的 8 只七段数码管 HEX7～HEX0 以两屏显示 sum 数据，其 C/C++源程序 HEX7.c 如下：

```
#include "count_binary.h"
int alt_main (void)
{ int sum;
    while (1)
    { sum = 0x20090101;
    IOWR(SEG7_BASE, 0,sum);
    usleep(1000000);   //延迟
    sum = 0x00235959;
    IOWR(SEG7_BASE,0,sum);
    usleep(1000000);   //延迟
}}
```

如果使用 DE2 70 开发板，其 HEX 的组件名称为"SEG7"，则其输出语句格式为：

```
IOWR(SEG7_BASE,0,data);
```

由于 DE2 70 中的 SEG7 组件是不带译码器的电路，而且每个语句只能控制一个 HEX 的输出。例如，语句"IOWR(SEG7_BASE,0,data);"只能控制 HEX0 的输出；语句"IOWR(SEG7_BASE, 1,data);"只能控制 HEX1 的输出，以此类推。下面是用 DE2 70 的 8 只 HEX 显示数据的 C/C++程序：

```
#include "count_binary.h"
/*63, 6, 91, 79, 102, 109, 125, 7,127, 111,
 119, 124, 57, 94, 121, 113
 0,1,2,....9, a, b, c, d, e, f*/
#define SEG7_SET(index, seg_mask)   IOWR(SEG7_BASE,index,seg_mask)
static  unsigned char szMap_1[] = {
        102,6,127,63,111,63,63,91
    }; // 4,1,8,0,9,0,0,2
static  unsigned char szMap_2[] = {
        102,6,91,91,102,6,63,63
    }; // 4,1,2,2,1,4,0,0
```

```
void main(void)
{ while (1)
{ int i;
    for(i=0;i<8;i++){
        SEG7_SET(i,szMap_1[i]);  }
    usleep(10000000);       //延迟
 for(i=0;i<8;i++){ SEG7_SET(i,szMap_2[i]); }
    usleep(10000000);       //延迟
}}
```

程序执行结果是在DE2 70的8个HEX上，分两屏显示"20090814"和"00412214"数据。

（4）电平开关SW

在DE2上有18只电平开关SW17～SW0，Nios II 系统命名为SWITCH_PIO。采用Nios II EDS方式调试运行C/C++应用程序时，在system.h头文件中，有关电平开关SW定义的信息如下：

```
#define SWITCH_PIO_BASE 0x1b020a0
#define SWITCH_PIO_BIT_CLEARING_EDGE_REGISTER 0
#define SWITCH_PIO_BIT_MODIFYING_OUTPUT_REGISTER 0
#define SWITCH_PIO_CAPTURE 0
#define SWITCH_PIO_DATA_WIDTH 18
#define SWITCH_PIO_DO_TEST_BENCH_WIRING 1
#define SWITCH_PIO_DRIVEN_SIM_VALUE 0
#define SWITCH_PIO_EDGE_TYPE "NONE"
#define SWITCH_PIO_FREQ 50000000
#define SWITCH_PIO_HAS_IN 1
#define SWITCH_PIO_HAS_OUT 0
#define SWITCH_PIO_HAS_TRI 0
#define SWITCH_PIO_IRQ -1
#define SWITCH_PIO_IRQ_INTERRUPT_CONTROLLER_ID -1
#define SWITCH_PIO_IRQ_TYPE "NONE"
#define SWITCH_PIO_NAME "/dev/switch_pio"
#define SWITCH_PIO_RESET_VALUE 0
#define SWITCH_PIO_SPAN 16
#define SWITCH_PIO_TYPE "altera_avalon_pio"
```

根据对电平开关SW的定义，在Nios II EDS方式下，用变量key读取电平开关SW上的数据的C/C++语句格式为：

```
key = IORD_Altera_AVALON_PIO_DATA(SWITCH_PIO_BASE);
```

也可以用IO读函数IORD()语句实现数据的输入，例如用变量key读取电平开关SW上的数据的语句格式为：

```
key = IORD(SWITCH_PIO_BASE,0);
```

其中，语句中的"0"是组件输出寄存器的序号。

例如，编写C/C++程序，用key变量读取DE2开发板上18只电平开关SW上的数据，并用七段数码管显示读出的数据。C/C++源程序SW18.c如下：

```
#include "count_binary.h"
int alt_main (void)
{ int key;
    while (1)
    { key = IORD(SWITCH_PIO_BASE,0);
```

```
            IOWR(SEG7_DISPLAY_BASE,0,key);}}
```
如果使用 DE2 70 开发板，其 SW 的组件名称为"PIO_SWITCH"，则其输入语句格式为：
```
        key = IORD(PIO_SWITCH_BASE,0);
```
(5) 按钮 BUTTON

在 DE2 开发板上有 4 只按钮 KEY3～KEY0，在 nios_0 系统上命名为 BUTTON_PIO。采用 Nios II EDS 方式调试运行 C++应用程序时，在 system.h 头文件中，有关按钮 BUTTON 定义的信息如下：
```
        #define ALT_MODULE_CLASS_button_pio altera_avalon_pio
        #define BUTTON_PIO_BASE 0x1b02090
        #define BUTTON_PIO_BIT_CLEARING_EDGE_REGISTER 0
        #define BUTTON_PIO_BIT_MODIFYING_OUTPUT_REGISTER 0
        #define BUTTON_PIO_CAPTURE 1
        #define BUTTON_PIO_DATA_WIDTH 4
        #define BUTTON_PIO_DO_TEST_BENCH_WIRING 1
        #define BUTTON_PIO_DRIVEN_SIM_VALUE 0
        #define BUTTON_PIO_EDGE_TYPE "FALLING"
        #define BUTTON_PIO_FREQ 50000000
        #define BUTTON_PIO_HAS_IN 1
        #define BUTTON_PIO_HAS_OUT 0
        #define BUTTON_PIO_HAS_TRI 0
        #define BUTTON_PIO_IRQ 5
        #define BUTTON_PIO_IRQ_INTERRUPT_CONTROLLER_ID 0
        #define BUTTON_PIO_IRQ_TYPE "EDGE"
        #define BUTTON_PIO_NAME "/dev/button_pio"
        #define BUTTON_PIO_RESET_VALUE 0
        #define BUTTON_PIO_SPAN 16
        #define BUTTON_PIO_TYPE "altera_avalon_pio"
```
根据对按钮 BUTTON 的定义，在 Nios II EDS 方式下，用变量 key 读取按钮 BUTTON 上的数据的 C/C++语句格式为：
```
        key = IORD_Altera_AVALON_PIO_DATA(BUTTON_PIO_BASE);
```
或
```
        key = IORD(BUTTON_PIO_BASE,0);
```
例如，编写 C/C++程序，让 ED2 开发板上的 18 只红色发光二极管 LEDR17～LEDR0 依次向左移位或向右移位发光，用按钮 KEY0 来控制 LED 移位的方向，其 C/C++源程序 button_1.c 如下：
```
        #include "count_binary.h"
        int alt_main (void)
        { int i, key, data;
          while (1)
          { key = IORD(BUTTON_PIO_BASE,0);
            if (key & 0x02)
          { data = 0x01;
            for (i=0; i<18; i++)
          { IOWR(LED_RED_BASE,0,data);
              data <<= 1;
            usleep(100000);       //延迟
          }}
```

```
      else
        { data = 0x20000;
          for (i=0; i<18; i++)
      {IOWR(LED_RED_BASE,0,data);
              data >>= 1;
          usleep(100000);}}}}
```

本例仅把 KEY1（KEY0 是 DE2 或 DE2 70 的复位开关）当作一个高低电平按钮来使用，当 KEY1 没有按下去时，其输出值为"0"，使 18 只 LEDR 依次向左移位；当 KEY1 按下后，其输出值为"1"，使 18 只 LEDR 依次向右移位。

在 nios_0 系统加入按钮组件 BUTTON_PIO 时，是把它设置为具有中断功能的按钮，因此在应用中要充分利用 BUTTON_PIO 的中断功能。BUTTON_PIO 有一个用于存储按钮值的边沿捕获寄存器 edge_capture_ptr，采用中断方式时，每当任何按钮按下时，其值就被边沿捕获寄存器捕获并保存其中。用边沿捕获寄存器捕获按钮数据的语句格式为：

```
*edge_capture_ptr = IORD_Altera_AVALON_PIO_EDGE_CAP(BUTTON_PIO_BASE);
```

另外，采用中断方式时，还需要对按钮进行开放中断、复位边沿捕获寄存器和登记中断源的初始化处理过程。按钮初始化过程语句如下：

```
        void* edge_capture_ptr = (void*) &edge_capture;
          /* 开放全部 4 个按钮的中断 */
          IOWR_Altera_AVALON_PIO_IRQ_MASK(BUTTON_PIO_BASE,0xf);
          /* 复位边沿捕获寄存器 */
          IOWR_Altera_AVALON_PIO_EDGE_CAP(BUTTON_PIO_BASE,0x0);
          /* 登记中断源 */
          alt_irq_register( BUTTON_PIO_IRQ, edge_capture_ptr, handle_button_
                            interrupts);
```

例如，编写一个按钮控制程序，在 DE2 开发板用 3 个按钮（KEY3～KEY1）分别控制七段数码管显示不同的数据，其 C/C++源程序 button_2.c 如下：

```
      #include "count_binary.h"
      volatile int edge_capture;
      static void handle_button_interrupts(void* context, alt_u32 id)
      {
        volatile int* edge_capture_ptr = (volatile int*) context;
        /* 存储按钮的值到边沿捕获寄存器中. */
      *edge_capture_ptr = IORD_ALTERA_AVALON_PIO_EDGE_CAP(BUTTON_PIO_BASE);
        /* 复位边沿捕获寄存器. */
        IOWR_ALTERA_AVALON_PIO_EDGE_CAP(BUTTON_PIO_BASE,0);
      }
      /* 初始化 button_pio. */
      static void init_button_pio()
      { void* edge_capture_ptr = (void*) &edge_capture;
        /* 开放全部 4 个按钮的中断. */
        IOWR_ALTERA_AVALON_PIO_IRQ_MASK(BUTTON_PIO_BASE,0xf);
        /* 复位边沿捕获寄存器. */
        IOWR_ALTERA_AVALON_PIO_EDGE_CAP(BUTTON_PIO_BASE,0x0);
        /* 登记中断源.*/
        alt_irq_register( BUTTON_PIO_IRQ, edge_capture_ptr, handle_button_
                          interrupts );}
```

```
int main(void)
{ init_button_pio();
 while (1)
 { switch(edge_capture)//检测按钮
   { case 0x08:
     IOWR(SEG7_BASE,0,0x00001234);
     break;
     case 0x04:
     IOWR(SEG7_BASE,0,0x00005678);
     break;
     case 0x02:
     IOWR(SEG7_BASE,0,0x12340000);
     break;}}}
```

2. 定时器

Nios II 系统中的定时器是 Qsys 组件库中的一个组件模块,该定时器是一个 32 位的可控减法计数器,在 Nios II 软件开发中,主要通过对定时器中的几个寄存器进行读/写操作来定制该定时器实现定时。采用 Nios II EDS 方式调试运行 C++应用程序,利用 Nios II EDS 的 count_binary 工程模板建立 C++工程时,在系统为工程生成的 system.h 头文件中,有关定时器 timer_0 定义的信息如下:

```
#define ALT_MODULE_CLASS_timer_0 altera_avalon_timer
#define TIMER_0_ALWAYS_RUN 0
#define TIMER_0_BASE 0x1b02020
#define TIMER_0_COUNTER_SIZE 32
#define TIMER_0_FIXED_PERIOD 0
#define TIMER_0_FREQ 50000000
#define TIMER_0_IRQ 3
#define TIMER_0_IRQ_INTERRUPT_CONTROLLER_ID 0
#define TIMER_0_LOAD_VALUE 49999
#define TIMER_0_MULT 0.0010
#define TIMER_0_NAME "/dev/timer_0"
#define TIMER_0_PERIOD 1
#define TIMER_0_PERIOD_UNITS "ms"
#define TIMER_0_RESET_OUTPUT 0
#define TIMER_0_SNAPSHOT 1
#define TIMER_0_SPAN 32
#define TIMER_0_TICKS_PER_SEC 1000.0
#define TIMER_0_TIMEOUT_PULSE_OUTPUT 0
#define TIMER_0_TYPE "altera_avalon_timer"
```

采用 Nios II EDS 调试方式时,可以充分利用 Nios II 提供的标准函数编写 C++应用程序,使程序大大简化。例如,用定时器 timer_0 作为秒脉冲发生器,可以利用 usleep 函数来完成定时,usleep(1000000)函数语句可实现周期为 1 秒的定时。

例如,编写一个秒显示程序,利用 usleep()函数实现 1 秒定时,定时到后让秒计数器 second 加 1,然后在 DE2 开发板的七段数码管上显示秒计数的结果,其 C/C++应用程序 timer_1.c 如下:

```
#include "count_binary.h"
int main (void)
```

```
{ int second;
   while (1)
{ usleep(1000000);
    second++;
        IOWR(SEG7_BASE,0,second);}}
```

3. 液晶显示器 LCD

当 Nios II 系统加入型号为 Optrex 16207 的 LCD 液晶显示器后，在 Nios II EDS 调试方式下，系统为工程生成的 system.h 头文件中，有关液晶显示器 LCD 定义的信息如下：

```
#define ALT_MODULE_CLASS_LCD altera_avalon_lcd_16207
#define LCD_BASE 0x1b02060
#define LCD_IRQ -1
#define LCD_IRQ_INTERRUPT_CONTROLLER_ID -1
#define LCD_NAME "/dev/LCD"
#define LCD_SPAN 16
#define LCD_TYPE "altera_avalon_lcd_16207"
```

对 LCD 的编程可以采用直接在底层开发应用程序、调用标准函数开发和使用标准函数控制 I/O 设备 3 种方式，其中使用标准函数控制 I/O 设备方式最简单，下面介绍这种方式。

使用标准输入（stdin）、标准输出（stdout）和标准错误（stderr）函数是最简单的控制 I/O 设备的方法。例如，将字符"hello world!"发送给任何一个与 stdout 相连的 C/C++源程序如下：

```
#include "stdio.h"
int main()
{
  printf("hello world!");
  return 0;}
```

在编译此源程序之前，右击 Nios II EDS 的工作界面的 C/C++工程浏览器窗口中的软件工程名（如 count_binary_1），在弹出的编辑工程快捷菜单（见图 5.51）中选择"Nios II"→"BSP Editor…"项，弹出如图 5.52 所示的对 count_binary_1 工程参数进行设置的对话框（Properties for count_binary_1_syslib）。

如果在对话框中的"stdout"（标准输出）、"stderr"（标准错误）和"stdin"（标准输入）栏中都选择"LCD"（DE2 开发板上的 LCD 命名）项，则应用程序的信息或变量变化的数据将在 LCD 上显示（见图 5.52（a））；如果都选择"jtag_uart_0"（DE2 开发板上的 JTAG 总线命名），则上述信息将在 EDS 软件界面的"Console"（控制台）上显示（见图 5.52（b））。若选择在 LCD 上显示，只需勾选"enable_small_c_library"项，不用勾选"enable_reduced_device_divers"项。当程序通过编译并执行后，如果选择 LCD 方式显示，则字符"hello world!"将出现在 LCD 显示器上。

5.1.5 基于 Nios II 的 Qsys 系统应用

Qsys 技术的应用是十分广泛的，在信息、通信、自动控制、航空航天、汽车电子、家用电器等领域都有广阔的天地。为了帮助读者初步掌握 Qsys 技术的应用，下面仅列举了几个不十分复杂的应用例子，供读者参考。这些例子均通过软、硬件的验证，确保无误。

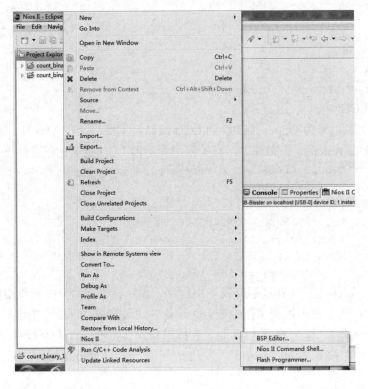

图 5.51 编辑工程快捷菜单

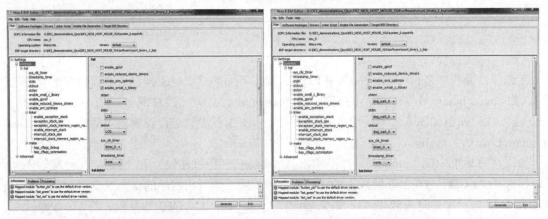

(a) LCD 显示选择　　　　　　　　　　　(b) 控制台显示选择

图 5.52 工程参数设置对话框

1. PIO 控制程序

count_binary.c 是 Nios II EDS 软件提供的一个 PIO 控制模板程序，在程序中使用一个 8 位的整型变量不断重复地从 0 计数到 ff，计数结果分别输出到发光二极管 LED、七段数码管和 LCD 上。用 4 个按钮（SW0~SW3）来控制这些显示设备，当 SW0（Button1）按下时，变量数据在发光二极管 LED 上显示；当 SW1（Button2）按下时，变量数据在七段数码管上显示；当 SW2（Button3）按下时，变量数据在 LCD 上显示；当 SW3（Button4）按下时，变量数据在以上 3 种设备上显示。

LCD 除了显示变量数据外，还承担其他信息的显示，在变量开始计数时首先显示"Hello

from Nios II!"和"Counting from 00 to ff"信息，然后根据按钮的控制显示变量数据。另外，当某个按钮按下时，在 LCD 上显示相应按钮的信息。计数变量在完成一次计数循环后，有一个短暂的休息（延迟）时间。

为了让 PIO 控制程序可以直接在 DE2 开发板上运行，需要对源程序中的 PIO 组件的名称进行更改，使之与 DE2 开发板上的组件命名相符。在源程序中，按钮组件命名为"BUTTON_PIO_BASE"，与 DE2 开发板上的组件命名相符不必更改。七段数码管组件原名称为"SEVEN_SEG_PIO_BASE"，与 DE2 开发板上的组件命名不符，需要更改为"SEG7_BASE"。发光二极管原名称为"LED_PIO_BASE"，与 DE2 开发板上的组件命名不符，需要更改为"LED_RED_BASE"。LCD 组件原名称为"LCD_DISPLAY_BASE"，与 DE2 开发板上的组件命名不符，需要更改为"LCD_BASE"。另外，由于 SW0（Button1）是 DE2 的复位键，因此将其功能删除。完成了组件名称修改的 PIO 控制的 C/C++应用程序 count_binary.c 如下：

```c
#include "count_binary.h"
/* 定义 count 是一个 8 位循环计数器变量. */
static alt_u8 count;
/* 定义 edge_capture 是一个存放按钮 button_pio 的边沿捕获寄存器值的变量. */
volatile int edge_capture;
/* 按钮 Button_pio 的中断响应函数. */
#ifdef BUTTON_PIO_BASE

#ifdef ALT_ENHANCED_INTERRUPT_API_PRESENT
static void handle_button_interrupts(void* context)
#else
static void handle_button_interrupts(void* context, alt_u32 id)
#endif
{ volatile int* edge_capture_ptr = (volatile int*) context;
  /*存储按钮的值到边沿捕获寄存器. */
  *edge_capture_ptr =IORD_Altera_AVALON_PIO_EDGE_CAP(BUTTON_PIO_BASE);
  /* 复位边沿捕获寄存器. */
  IOWR_Altera_AVALON_PIO_EDGE_CAP(BUTTON_PIO_BASE,0);
IORD_ALTERA_AVALON_PIO_EDGE_CAP(BUTTON_PIO_BASE);}
  /* 初始化 button_pio. */
static void init_button_pio()
{ void* edge_capture_ptr = (void*) &edge_capture;
  /* 开放全部 4 个按钮的中断. */
  IOWR_Altera_AVALON_PIO_IRQ_MASK(BUTTON_PIO_BASE,0xf);
  /* 复位边沿捕获寄存器. */
  IOWR_Altera_AVALON_PIO_EDGE_CAP(BUTTON_PIO_BASE,0x0);
  /* 登记中断源. */
#ifdef ALT_ENHANCED_INTERRUPT_API_PRESENT
alt_ic_isr_register(BUTTON_PIO_IRQ_INTERRUPT_CONTROLLER_ID,BUTTON_PIO_IRQ,
handle_button_interrupts, edge_capture_ptr,0x0);
#else
  alt_irq_register( BUTTON_PIO_IRQ, edge_capture_ptr, handle_button_
  interrupts );
#endif}
#endif
```

```c
/* 定义七段数码管显示函数 sevenseg_set_hex().*/
#ifdef SEG7_BASE
static void sevenseg_set_hex(int hex)
{ static alt_u8 segments[16] = {
    0x81,0xCF,0x92,0x86,0xCC,0xA4,0xA0,0x8F,0x80,0x84,  /* 0-9 */
0x88,0xE0,0xF2,0xC2,0xB0,0xB8 };                         /* a-f */
unsignedint data = segments[hex & 15]|(segments[(hex >> 4)& 15] << 8);
    /*调用七段数码管的系统函数*/
IOWR_Altera_AVALON_PIO_DATA(SEG7_BASE,data);}
#endif
static void lcd_init( FILE *lcd )
{
/* 让 LCD 显示一段提示信息.*/
LCD_PRINTF(lcd, "%c%s Counting will be displayed below...", ESC, ESC_TOP_
         LEFT);}
static void initial_message()
{ printf("\n\n************************\n");
printf("* Hello from Nios II!   *\n");
printf("* Counting from 00 to ff *\n");
printf("************************\n");}
/*LED 显示函数.*/
static void count_led()
{#ifdef LED_RED_BASE
   IOWR_ALTERA_AVALON_PIO_DATA(LED_RED_BASE,count);
#endif}
/*七段数码管显示函数.*/
static void count_sevenseg()
{#ifdef SEG7_BASE
   sevenseg_set_hex(count);
#endif}
/*LCD 显示函数.*/
static void count_lcd( void* arg )
{ FILE *lcd = (FILE*) arg;
   LCD_PRINTF(lcd, "%c%s 0x%x\n", ESC, ESC_COL2_INDENT5, count);}
/* 让全部设备显示函数. */
static void count_all( void* arg )
{ count_led();
  count_sevenseg();
  count_lcd( arg );
printf("%02x,  ", count);}
static void handle_button_press(alt_u8 type, FILE *lcd)
{
   /* 如果按钮 Button_pio 发生变化且类型 type='c'.*/
if (type == 'c')
   {
      count_led();
switch (edge_capture)
     {
```

```c
        /* 开始仅由 LED 显示计数值 */
case 0x1:
        count_led();
    break;
        /* Button 2: 仅由七段数码管显示计数值. */
    case 0x2:
            count_sevenseg();
    break;
        /* Button 3: 仅由 LCD 显示计数值. */
    case 0x4:
            count_lcd( lcd );
    break;
        /* Button 4: 让全部设备显示计数值. */
    case 0x8:
            count_all(lcd);
    break;
        /* 如果计数结束由 LCD 显示其他信息. */
    default:
            count_all( lcd );
    break;         }}
      /* 若类型 type 不是'c'则*/
    else
    { switch (edge_capture)
    {  case 0x1:
    printf( "Button 1\n");
            edge_capture = 0;
    break;
    case 0x2:
    printf( "Button 2\n");
            edge_capture = 0;
    break;
    case 0x4:
    printf( "Button 3\n");
            edge_capture = 0;
    break;
    case 0x8:
    printf( "Button 4\n");
            edge_capture = 0;
    break;
    printf( "Button press UNKNOWN!!\n");    }}}
    /*主程序*/
    int main(void)
    { int i;
    int wait_time;
    FILE * lcd;
    count = 0;
      /* 打开 LCD 设备. */
lcd = LCD_OPEN();
```

```c
if(lcd != NULL) {lcd_init( lcd );}
    /* 初始化按钮 button_pio. */
    #ifdef BUTTON_PIO_BASE
     init_button_pio();
    #endif
    /* 初始化输出信息. */
    initial_message();
    /* 继续 0-ff 计数循环. */
    while( 1 )
    { usleep(100000);
    if (edge_capture != 0)
        {
          /* 当计数的时候处理按钮操作. */
          handle_button_press('c', lcd);      }
          /* 如果没有按钮按下，尝试把计数值输出到全部设备. */
    else
    { count_all( lcd ); }
        /*
         * 如果完成了计数，等待约 10s.
         * 当等待的时候发现按钮按下.
         */
    if( count == 0xff )
    { LCD_PRINTF(lcd, "%c%s %c%s %c%s Waiting...\n", ESC, ESC_TOP_LEFT, ESC,
        ESC_CLEAR, ESC, ESC_COL1_INDENT5);
    printf("\nWaiting...");
        edge_capture = 0;
    /* 在等待/中止时期，复位边沿捕获变量. */
    /* 清除 LCD 显示屏第 2 行. */
    LCD_PRINTF(lcd, "%c%s, %c%s", ESC, ESC_COL2_INDENT5, ESC, ESC_CLEAR);
        wait_time =0;
    for (i = 0; i<70; ++i)
        {
    printf(".");
      wait_time = i/10;
    LCD_PRINTF(lcd, "%c%s %ds\n", ESC, ESC_COL2_INDENT5, wait_time);
    if (edge_capture != 0)
          {
    printf( "\nYou pushed: " );
        handle_button_press('w',lcd);
          }
          usleep(100000); /* 延迟 0.1s. */
        }
        /* 在计数循环开始前，输出"loop start" 信息. */
        initial_message();
        lcd_init( lcd );
      }
    count++;
        }
```

```
        LCD_CLOSE(lcd);
    return 0;
}
```

在上述 C/C++源程序中，删去了部分信息方面的注释，而关于功能与操作方面的中文信息是由作者加入的。在 Nios II EDS 软件环境下调试运行 PIO 控制程序（count_binary_1）时，右击 EDS 软件界面工程浏览器中的工程项目名，在弹出的快捷菜单中执行"BSP Editor…"命令，弹出工程参数设置对话框（见图 5.52）。在对话框中的"stdout"（标准输出）、"stderr"（标准错误）和"stdin"（标准输入）栏中都选择"LCD"（DE2 开发板上的 LCD 命名）项，则应用程序的信息或变量变化的数据将在 LCD 上显示；如果都选择"jtag_uart_0"（DE2 开发板上的 JTAG 总线命名），则上述信息将在 EDS 软件界面的"Console"（控制台）上显示，显示的结果如图 5.53 所示。

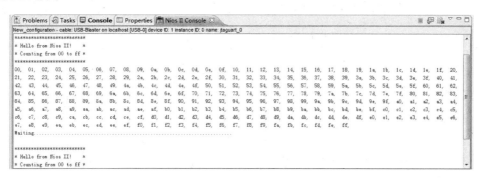

图 5.53　PIO 控制程序的运行结果

2．万年历的设计

（1）设计要求

用 DE2 开发板的 LCD（或 8 个七段数码管）显示电子钟的日期和时间。LCD 分两行显示，第 1 行显示年、月和日（如显示：20090101）；第 2 行显示时、分和秒（如显示：00152545）。用拨动开关 SW 来控制 LCD 行修改，同时让 DE2 开发板上的绿色发光二极管 LEDG3 的亮与灭来表示这个选择。当 SW 为全"0"时，LEDG3 的亮，可以修改年、月和日的数字；当 SW 不为全"0"（有任何一个开关为"1"）时，LEDG3 灭，表示可以修改时、分和秒的数字。

另外，用输入按钮 BUTTON[3]来控制日期和时间的修改，当处于日期修改方式时，每按动一次 BUTTON[3]按钮，依次更换"年"、"月"和"日"的修改。当处于时间修改方式时，每按动一次 BUTTON[3]按钮，依次更换"时"、"分"和"秒"的修改。修改对象被选中后，按动 BUTTON[2]输入按钮可以增加显示的数字。

（2）应用程序

万年历设计的 C/C++应用程序如下：

```
//程序每秒检测一次按钮的状态，对日期和时间进行设置
#include "alt_types.h"
#include <stdio.h>
#include <string.h>
#include <unistd.h>
#include "system.h"
#include "sys/alt_irq.h"
#include "altera_avalon_pio_regs.h"
```

```c
#include "count_binary.h"
#include "lcd.h"
volatile int edge_capture;
void LCD_Init()
{
//LCD 初始化
  lcd_write_cmd(LCD_BASE,0x38);
usleep(2000);
  lcd_write_cmd(LCD_BASE,0x0C);
usleep(2000);
  lcd_write_cmd(LCD_BASE,0x01);
usleep(2000);
  lcd_write_cmd(LCD_BASE,0x06);
usleep(2000);
  lcd_write_cmd(LCD_BASE,0x80);
usleep(2000);
}
void LCD_Show_Text(char* Text)
{
  //LCD 输出格式
int i;
for(i=0;i<strlen(Text);i++)
{ lcd_write_data(LCD_BASE,Text[i]);
usleep(2000);  }}
void LCD_Line1()
{
  //向 LCD 写命令
  lcd_write_cmd(LCD_BASE,0x80);
usleep(2000);}
void LCD_Line2()
{
  //向 LCD 写命令
  lcd_write_cmd(LCD_BASE,0xC0);
usleep(2000);}

#ifdef BUTTON_PIO_BASE
#ifdef ALT_ENHANCED_INTERRUPT_API_PRESENT
static void handle_button_interrupts(void* context)
#else
static void handle_button_interrupts(void* context, alt_u32 id)
#endif
{ volatile int* edge_capture_ptr = (volatile int*) context;
    /* 存储按钮的值到边沿捕获寄存器. */
    *edge_capture_ptr =
    IORD_ALTERA_AVALON_PIO_EDGE_CAP(BUTTON_PIO_BASE);
    /* 复位边沿捕获寄存器. */
    IOWR_ALTERA_AVALON_PIO_EDGE_CAP(BUTTON_PIO_BASE,0);
    IORD_ALTERA_AVALON_PIO_EDGE_CAP(BUTTON_PIO_BASE);
```

```c
}
/* 初始化button_pio. */
static void init_button_pio()
{   void* edge_capture_ptr = (void*) &edge_capture;
    /*  开放全部4个按钮的中断. */
    IOWR_ALTERA_AVALON_PIO_IRQ_MASK(BUTTON_PIO_BASE,0xf);
    /*  复位边沿捕获寄存器. */
    IOWR_ALTERA_AVALON_PIO_EDGE_CAP(BUTTON_PIO_BASE,0x0);
    /*  登记中断源.*/
#ifdef ALT_ENHANCED_INTERRUPT_API_PRESENT
    alt_ic_isr_register(BUTTON_PIO_IRQ_INTERRUPT_CONTROLLER_ID,
      BUTTON_PIO_IRQ,handle_button_interrupts, edge_capture_ptr,0x0);
#else
    alt_irq_register( BUTTON_PIO_IRQ, edge_capture_ptr,
      handle_button_interrupts);
#endif
}
#endif

void delay(unsigned int x)
{   while(x--);}
int check_month(int month)
{
    //如果是1、3、5、7、8、10、12月，则每月31天，程序返回1
    if((month==1)||(month==3)||(month==5)||(month==7)||(month==8)||
(month==10)||(month==12))return 1;
    //如果是4、6、9、11月，则每月是30天，程序返回0
if((month==4)||(month==6)||(month==9)||(month==11))return 0;
    //如果是2月，程序返回2，具体多少天还要根据年的判断来决定
if(month==2)return 2;
else return 0;
}
    /*闰年的计算方法：公元纪年的年数可以被4整除，即为闰年；
被100整除而不能被400整除为平年；被100整除也可被400整除的为闰年。
如2000年是闰年，而1900年不是。*/
int check_year(int year)
{   if(((year%400)==0)||(((year%4)==0)&&((year%100)!=0)))return 1;
    //是闰年，返回1
else return 0;
    //不是闰年，返回0
}
int main(void)
{
    int screen=0;//共有两行，一行显示年月日，一行显示时间
      int pos=0;//每行都有3个位置，第一行是年月日，第二行是时分秒
    int year,month,day,hour,minute,second;
      unsigned long sum;//sum要设置为长整型变量，不然会溢出
    char date[16];
```

```c
    char time[16];
    int year1 = 9;
    int year2 = 0;
    int year3 = 0;
    int year4 = 2;
    int month1 = 1;
    int month2 = 0;
    int day1 = 1;
    int day2 = 0;
    int hour4,hour3,hour2,hour1,minute2,minute1,second2,second1,key;
    unsigned int screenflag;
    hour=0;minute=0;second=0; year=2009; month=1; day=1;
#ifdef BUTTON_PIO_BASE
    init_button_pio();
#endif
    LCD_Init();
while (1)
    { if(pos>=3)pos=0;//共有 3 个位置 0、1、2,超过了 2 要马上清 0
      if(screen>=2)screen=0;//共有两行 0、1,超过了 1 要马上清 0
      //na_LED8->np_piodata=1<<pos;//用一个 LED 指示当前调整的位置
key = IORD(SWITCH_PIO_BASE,0);
if (key==0x00)  screen=0;
else screen=1;
if(screen==0)  screenflag = 8;
else screenflag = 0;
      IOWR_ALTERA_AVALON_PIO_DATA(LED_GREEN_BASE, (1<<pos)|screenflag);
        usleep(1000000);  //等待 1s 的定时时间
if(second<59)second++;
else
{ second=0;
if(minute<59)minute++;
else
{ minute=0;
if(hour<23)hour++;
else
{ hour=0;
if(day<30)day++;
else
{ day=1;
if(month<12)month++;
else
{ month=1;
if(year<9999)year++;
else  year=2009; } } } } }
         switch(edge_capture)//检测按钮
         { case 0x08: pos=pos+1; break;//改变调整位置
         /*
对数据进行加减操作的 CASE:case 0x02 和 case 0x04
```

根据当前调整位置,判断当前屏显示的是年、月、日还是时、分、秒,
然后决定是对年、月、日进行加减还是对时、分、秒进行加减
                 */
          case 0x02: //对当前位置上的数据执行减操作
if(pos==0)
{ if(screen==0)
{ if(day>1)day--;
else
{ if(check_month(month)==0)day=30;
if(check_month(month)==1)day=31;
if(check_month(month)==2)
{ if(check_year(year))day=29;
              else day=28; } } }
if(screen==1)
{ if(second>0)second--; else second=59; } }
if(pos==1)
{ if(screen==0)
{ if(month>1)month--; else month=12; }
if(screen==1)
{ if(minute>0)minute--; else minute=59; } }
if(pos==2)
{ if(screen==0)
{ if(year>0)year--; else year=2009; }
if(screen==1)
{ if(hour>0)hour--; else hour=23;} }
break;
          case 0x04://对当前位置上的数据执行加操作
if(pos==0)
{ if(screen==0)
         { if(check_month(month)==0){ if(day<30)day++; else day=1; }
if(check_month(month)==1){ if(day<31)day++; else day=1; }
if(check_month(month)==2)
{ if(check_year(year)){ if(day<29)day++; else day=1; }
           else { if(day<28)day++; else day=1; } } }
if(screen==1)
{ if(second<59)second++; else second=0; } }
if(pos==1)
     {if(screen==0)
{ if(month<12)month++; else month=1; }
if(screen==1)
{ if(minute<59)minute++; else minute=0; } }
if(pos==2)
{ if(screen==0)
{ if(year<9999)year++; else year=2009; }
if(screen==1)
{ if(hour<23)hour++; else hour=0; } }
break;
          /*case 0x01: screen++; break;//换屏*/

```
                }
            edge_capture = 0;
    { year4=year/1000; year3=(year-year4*1000)/100;
            year2=(year-year4*1000-year3*100)/10; year1=year%10;
            month2=month/10; month1=month%10;
            day2=day/10; day1=day%10;
            LCD_Line1();
date[0] = year4+0x30; date[1] = year3+0x30;
date[2] = year2+0x30; date[3] = year1+0x30;
date[4] = ' '; date[5] = ' ';
date[6] = month2+0x30; date[7] = month1+0x30;
date[8] = ' '; date[9] = ' ';
date[10] = day2+0x30; date[11] = day1+0x30;
date[12] = ' '; date[13] = ' ';
date[14] = ' '; date[15] = ' ';
            LCD_Show_Text(date); }
    { hour4=0; hour3=0;
            hour2=hour/10; hour1=hour%10;
            minute2=minute/10; minute1=minute%10;
            second2=second/10; second1=second%10;
time[0] = ' '; time[1] = ' ';
time[2] = hour2+0x30; time[3] = hour1+0x30;
time[4] = ' '; time[5] = ' ';
time[6] = minute2+0x30; time[7] = minute1+0x30;
time[8] = ' '; time[9] = ' ';
time[10] = second2+0x30; time[11] = second1+0x30;
time[12] = ' '; time[13] = ' ';
time[14] = ' '; time[15] = ' ';
            LCD_Line2();
            LCD_Show_Text(time); }
            //将数据转换为显示器件可以接收的格式
    if (screen==0)

{sum=year4*0x10000000+year3*0x1000000+year2*0x100000+year1*0x10000;
    sum = sum+month2*0x1000+month1*0x100+day2*0x10+day1;}
    else

{sum=year4*0x00000000+year3*0x0000000+hour2*0x100000+hour1*0x10000;
    sum = sum+minute2*0x1000+minute1*0x100+second2*0x10+second1;}
    IOWR_ALTERA_AVALON_PIO_DATA(SEG7_BASE,sum); }
        }
```

说明：本例应用程序应在 Nios II EDS 软件平台上为万年历程序建立一个新的"count binary"工程，并将上述程序作为主程序复制到 count_binary.c 文件中。另外，还需要新建一个 LCD.h 头文件。LCD.h 头文件如下：

```
    #ifndef   _ _LCD_H_ _
    #define   _ _LCD_H_ _
    //  LCD Module 16*2
```

```
#define lcd_write_cmd(base,data)         IOWR(base,0,data)
#define lcd_read_cmd(base)               IORD(base,1)
#define lcd_write_data(base,data)        IOWR(base,2,data)
#define lcd_read_data(base)              IORD(base,3)
//------------------------------------------------------------------
void  LCD_Init();
void  LCD_Show_Text(char* Text);
void  LCD_Line2();
void  LCD_Test();
//------------------------------------------------------------------
#endif
```

本 章 小 结

随着 EDA 技术的发展，世界各大集成电路生产商和软件公司相继推出了各种版本的 EDA 工具软件。这些工具软件各具特色，使用方法都不相同。

ModelSim 是一种快速而又方便的 HDL 编译型仿真工具，支持 VHDL 和 Verilog HDL 的编辑、编译和仿真。ModelSim 有交互命令方式、图形用户交互方式和批处理方式等执行方式。自从 Altera 于 2010 年推出 Quartus II 10.0 版本后，不再带有自己的仿真编辑软件，而与 ModelSim 软件无缝连接，因此使用高版本的 Quartus II 软件必须掌握 ModelSim 的使用方法。

利用 MATLAB/DSP Builder 工具可以进行 DSP 模块设计、MATLAB 模型仿真、Modelsim 的 RTL 级仿真和 Quartus II 的时序仿真，并能使用 Quartus II 实现硬件测试，直接用 FPGA 硬件来实现 DSP 的功能。

Qsys 是一个功能强大的系统集成的工具，包含在软件 Quartus II 11.0 以上版本中，其功能和使用方法与 SOPC Builder 软件类似，是 Altera 公司推出的一种可加快在 PLD 内实现 Nios II 嵌入式处理器及其相关接口的设计工具。

Nios II 嵌入式开发包 EDS（Embedded Design Suite）提供了一个统一的开发平台，组合了前沿的软件工具、实用工具、库和驱动器，适合用于所有 Nios II 处理器系统。最新版本的 Nios II EDS 包括：为 Eclipse 提供的 Nios II 软件构建工具（即 NIOS II SBT，它是 Nios II IDE 的下一代工具）、Nios 软件构建工具、嵌入式软件、Altera IP 和 HAL API 器件驱动等。

思考题和习题 5

5.1 试说明 ModelSim 仿真器的基本操作过程。

5.2 用 ModelSim 仿真器验证题 3.10 用 VHDL 设计 4 位同步二进制加法计数器。

5.3 用 ModelSim 仿真器验证题 3.11 用 VHDL 设计 8 位同步二进制加减计数器。

5.4 用 ModelSim 仿真器验证题 3.12 用 VHDL 设计两位 BCD 数加法器。

5.5 用 ModelSim 仿真器验证题 3.13 用 VHDL 设计 4 位二进制数触发器电路。

5.6 用 ModelSim 仿真器验证题 3.14 用 VHDL 设计七段数码显示器（LED）的十六进制译码器。

5.7 简述 DSP Builder 用途和特点。

5.8 简述用 MATLAB/DSP Builder 进行 DSP 模块设计的基本过程。

5.9 简述 MATLAB 模型仿真过程。

5.10 简述用 ModelSim 对 DSP 设计的仿真过程。

5.11 使用 DSP Builder 设计一个 3 阶 FIR 滤波器，滤波器的 $h(n)$ 的表达式为：
$$h(n) = C_q(h(0)x(n) + h(1)x(n-1) + h(2)x(n-2) + h(3)x(n-3))$$
其中，$h(0)=63$，$h(1)=127$，$h(2)=127$，$h(3)=63$，C_q 是量化附近的因子。

5.12 简述 Nios II 的 EDS 调试过程。

5.13 简述基于 Qsys 系统的设计流程。

第6章 可编程逻辑器件

本章概要：本章介绍 PLA、PAL、GAL、EPLD 和 FPGA 等各种类型可编程逻辑器件的电路结构、工作原理和使用方法，并介绍可编程逻辑器件的编程方法。

知识要点：（1）可编程逻辑器件的分类；
（2）可编程逻辑器件的结构及特性；
（3）可编程逻辑器件的编程方法；
（4）Altera 公司的可编程逻辑器件简介。

教学安排：本章教学安排 2 学时。由于使用 EDA 手段设计电路及系统时，可编程逻辑器件的编程下载完全由计算机自动完成。因此，本章学习的目的是让读者了解可编程逻辑器件的分类和特性及编程的初步知识。

随着微电子技术的发展，单片集成电路包含的晶体管或逻辑单元个数越来越多，使得 PLD 的内部结构也越来越复杂。如今的 PLD 内部，其功能模块越来越丰富，在传统 PLD 模块的基础上增加了片内存储器（ROM 和 RAM）、锁相环（PLL）、数字信号处理器（DSP）、定时器、嵌入式微处理器（CPU）等模块。因此，熟悉 PLD 的内部结构和工作原理不是简单的学习过程。另外，由于 EDA 软件已经发展得相当完善，用户甚至可以不用详细了解 PLD 的内部结构，也可以用自己熟悉的方法（如原理图输入或 HDL 语言）来完成相当优秀的 PLD 设计。对初学者而言，首先应了解 PLD 开发软件和开发流程，不过了解 PLD 的内部结构，合理地使用其内部的功能模块和布线资源，将有助于提高设计的效率和可靠性。

本章介绍 PLD 的基本原理、电路结构和编程方法。

6.1 PLD 的基本原理

PROM 是始于 1970 年出现的第一块 PLD，随后 PLD 又陆续出现了 PLA、PAL、GAL、EPLD 及现阶段的 CPLD 和 FPGA 等。当今的 PLD，在结构、工艺、集成度、性能、速度和设计灵活性等方面，都有很大的改进与提高。

PLD 的出现，不仅改变了传统的数字系统设计方法，而且促进了 EDA 技术的高速发展。EDA 技术是以计算机为工具，代替人完成数字系统设计中各种复杂的逻辑综合、布局布线和设计仿真等工作。设计者只需用原理图或硬件描述语言（HDL）完成对系统设计的输入，就可以由计算机自行完成各种设计处理，得到设计结果。利用 EDA 工具进行设计，可以极大地提高设计的效率。

6.1.1 PLD 的分类

目前，PLD 尚无统一和严格的分类标准，主要原因是 PLD 有许多种，各品种之间的特征往往相互交错，或者是同一种器件也可能具备多种器件的特征。下面介绍其中几种比较通行的分类方法。

1. 按集成密度分类

集成密度是集成电路一项很重要的指标，PLD 从集成密度上可分为低密度可编程逻辑器件 LDPLD 和高密度可编程逻辑器件 HDPLD 两类，如图 6.1 所示。LDPLD 和 HDPLD 的区别，通常是按照其集成密度小于或大于 1000 门/片来区分的。PROM、PLA、PAL 和 GAL 是早期发展起来的 PLD，其集成密度一般小于 1000 等效门/片，它们同属于 LDPLD。

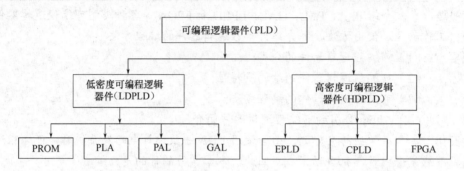

图 6.1 可编程逻辑器件的集成密度分类

HDPLD 包括可擦除可编程逻辑器件 EPLD（Erasable Programmable Logic Device）、复杂可编程逻辑器件 CPLD（Complex PLD）和现场可编程门阵列 FPGA 3 种，其集成密度大于 1000 门/片。随着集成工艺的发展，HDPLD 的集成密度不断增加，性能不断提高。如 Altera 公司的 EPM9560，其集成密度为 12000 门/片，Lattice 公司的 pLSI/ispLSI3320 为 14000 门/片等。目前集成度最高的 HDPLD 可达 30 亿晶体管/片以上。

说明：不同厂家生产的 PLD 的叫法不尽相同，Xilinx 公司把基于查找表技术、SRAM 工艺、要外挂配置用的 EEPROM 的 PLD 称为 FPGA；把基于乘积项技术、Flash（类似 EEPROM 工艺）工艺的 PLD 称为 CPLD；Altera 公司把 MAX 系列（乘积项技术、EEPROM 工艺）和 FLEX 系列（查找表技术、SRAM 工艺）PLD 产品都称为 CPLD，即复杂 PLD。由于 FLEX 系列也是 SRAM 工艺，基于查找表技术，要外挂配置用的 EPROM，用法和 Xilinx 公司的 FPGA 一样，所以很多人把 Altera 公司的 FLEX 系列产品也称为 FPGA。

2. 按编程方式分类

PLD 的编程方式分为两类：一次性编程 OTP（One Time Programmable）器件和多次编程 MTP（Many Times Programmable）器件。OTP 器件属于一次性使用的器件，只允许用户对器件编程一次，编程后不能修改，其优点是可靠性与集成度高，抗干扰性强。MTP 器件属于可多次重复使用的器件，允许用户对其进行多次编程、修改或设计，特别适合于系统样机的研制和初级设计者的使用。

PLD 的编程信息均存储于可编程元件中。根据各种可编程元件的结构及编程方式，PLD 通常又可以分为 4 类。

① 采用一次性编程的熔丝（Fuse）或反熔丝（Antifuse）元件的 PLD，如 PROM、PAL 和 EPLD 等。

② 采用紫外线擦除、电可编程元件，即采用 EPROM、UVCMOS 工艺结构的可多次编程器件。

③ 采用电擦除、电可编程元件。其中一种是采用 EEPROM 工艺结构的 PLD；另一种是采用快闪存储器单元（Flash Memory）结构的可多次编程器件。

基于 EPROM、EEPROM 和快闪存储器单元的 PLD 的优点是系统断电后，编程信息不丢失。其中，基于 EEPROM 和快闪存储器的编程器件可以编程 100 次以上，因而得到广泛应用。在系统编程（In System Programmable，ISP）器件就是利用 EEPROM 或快闪存储器来存储编程信息的。基于只读存储器的 PLD 还设有保密位，可以防止非法复制。

目前的 PLD 都可以用 ISP 在线编程，也可用编程器编程。这种 PLD 可以加密，并且很难解密，所以常常用于单板加密。

④ 基于查找表 LUT（Look-Up Table）技术、SRAM 工艺的 FPGA。这类 PLD 的优点是可进行任意次数的编程，并在工作中可以快速编程，实现板级和系统级的动态配置，因而也称为在线重配置的 PLD 或重配置硬件。目前多数 FPGA 是基于 SRAM 结构的 PLD，如 Altera 公司的所有 FPGA（ACEX、Cyclone 和 Stratix 系列）、Xilinx 公司的所有 FPGA（Spartan 和 Virtex 系列）、Lattice 公司的 EC/ECP 系列等。由于 FPGA 的 SRAM 工艺的特点，掉电后数据会消失，因此调试期间可以用下载电缆配置 PLD 器件，调试完成后，需要将数据固化在一个专用的 EEPROM 中（用通用编程器烧写，也有一些可以用电缆直接改写）。上电时，由这片配置 EEPROM 先对 FPGA 加载数据，十几毫秒到几百毫秒后，FPGA 即可正常工作。也可由 CPU 配置 FPGA。但 SRAM 工艺的 PLD 一般不可以直接加密。

还有一种反熔丝（Antifuse）技术的 FPGA，如 Actel 和 QuickLogic 的部分产品就采用这种工艺。但这种 PLD 是不能重复擦写的，需要使用专用编程器，所以开发过程比较麻烦，费用也比较昂贵。但反熔丝技术也有许多优点，如布线能力强、系统速度快、功耗低、抗辐射能力强、耐高低温、可以加密等，所以在一些有特殊要求的领域中运用较多，如军事及航空航天。为了解决反熔丝 FPGA 不可重复擦写的问题，Actel 等公司在 20 世纪 90 年代中后期开发了基于 Flash 技术的 FPGA，如 ProASIC 系列，这种 FPGA 不需要配置，数据直接保存在 FPGA 芯片中，用户可以改写，但需要十几伏的高电压。

随着 PLD 技术的发展，在 2004 年以后，一些厂家推出了一些新的 PLD 和 FPGA，这些产品模糊了 PLD 和 FPGA 的区别。例如，Altera 最新的 MAX II 系列 PLD，是一种基于 FPGA（LUT 技术）结构、集成配置芯片的 PLD，在本质上它就是一种在内部集成了配置芯片的 FPGA，但由于配置时间极短，上电就可以工作，所以对用户来说，感觉不到配置过程，可以与传统的 PLD 一样使用，加上容量与传统 PLD 类似，所以 Altera 把它归为 PLD。还有如 Lattice 公司的 XP 系列 FPGA，也使用了同样的原理，将外部配置芯片集成到内部，在使用方法上和 PLD 类似，但是因为容量大，性能和传统 FPGA 相同，也是 LUT 架构，所以 Lattice 仍把它归为 FPGA。

3. 按结构特点分类

目前常用的 PLD 都是从与或阵列和门阵列发展起来的，所以可以从结构上将其分为阵列型 PLD 和现场可编程门阵列型 FPGA 两大类。

阵列型 PLD 的基本结构由"与阵列"和"或阵列"组成。简单 PLD（如 PROM、PLA、PAL 和 GAL 等）、EPLD 和 CPLD 都属于阵列型 PLD。

现场可编程门阵列型 FPGA 具有门阵列的结构形式，它由许多可编程单元（或称为逻辑功能块）排成阵列组成，称为单元型 PLD。

除了以上的分类法外，还有将可编程逻辑器件分为简单 PLD、复杂 PLD 和 FPGA 三大类，或者将可编程逻辑器件分为简单 PLD 和复杂 PLD（CPLD）两类，而将 FPGA 划入 CPLD 的范畴之内。总之，PLD 种类繁多，其分类标准不是很严格。但尽管如此，了解和掌握 PLD 的结构特点，对于 PLD 的设计实现和开发应用都十分重要。

6.1.2 阵列型 PLD

阵列型 PLD 包括 PROM、PLA、PAL、GAL、EPLD 和 CPLD。由于 EPLD 和 CPLD 都是在 PAL 和 GAL 基础上发展起来的，因此，下面首先介绍简单 PLD 的结构特点，然后再介绍 EPLD 和 CPLD 的结构特点。

1. 简单 PLD 的基本结构

因为 PLD 内部电路的连接规模很大，用传统的逻辑电路表示方法很难描述 PLD 的内部结构，所以对 PLD 进行描述时采用了一种特殊的简化方法。PLD 的输入、输出缓冲器都采用了互补输出结构，其表示法如图 6.2 所示。

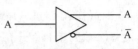

图 6.2 PLD 缓冲器表示法

PLD 的与门表示法如图 6.3（a）所示。图中与门的输入线通常画成行（横）线，与门的所有输入变量都称为输入项，并以画成与行线垂直的列线表示与门的输入。列线与行线相交的交叉处若有"·"，表示有一个耦合元件固定连接（即不可编程）；若有"×"，则表示是编程连接（即可编程）；若交叉处无标记，则表示不连接（被擦除）。与门的输出称为乘积项 P，图 6.3（a）中与门输出 P=A·B·D。或门可以用类似的方法表示，也可以用传统的方法表示，如图 6.3（b）所示。

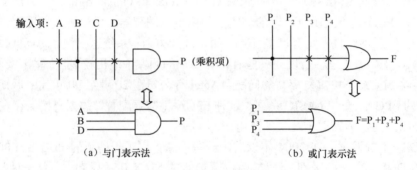

图 6.3 PLD 的与门表示法和或门表示法

图 6.4 是 PLD 中与门的简略表示法，图中与门 P_1 的全部输入项接通，因此 $P_1=A \cdot \overline{A} \cdot B \cdot \overline{B}=0$，这种状态称为与门的默认（Default）状态。为了简便起见，对于这种全部输入项都接通的默认状态，可以用带有"×"的与门符号表示，如图中的 $P_2=P_1=0$ 均表示默认状态。P_3 中任何输入项都不接通，即所有输入都悬空，因此 $P_3=1$，也称为悬浮"1"状态。

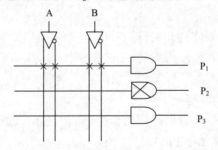

图 6.4 PLD 中与门的简略表示法

简单 PLD 的基本结构框图如图 6.5 所示。图中与阵列和或阵列是电路的主体，主要用来实现组合逻辑函数。输入电路由缓冲器组成，它使输入信号具有足够的驱动能力，并产生互补输入信号。输出电路可以提供不同的输出方式，如直接输出的组合方式或通过寄存器输出的时序方式。此外，输出端口上往往带有三态门，通过三态门来控制数据直接输出或反馈到输入端。通常 PLD 电路中只有部分电路可以编程或组态，PROM、PLA、PAL 和 GAL 4 种 PLD 电路主要是编程和输出结构不同，因而电路结构也不相同，表 6.1 列出了 4 种 PLD 电路的结构特点。

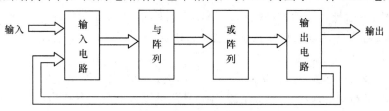

图 6.5　简单 PLD 的基本结构框图

表 6.1　4 种 PLD 电路的结构特点

类型	阵列		输出方式
	与	或	
PROM	固定	可编程	TS，OC
PLA	可编程	可编程	TS，OC
PAL	可编程	固定	TS，I/O，寄存器
GAL	可编程	固定	可编程（用户定义）

图 6.6 和图 6.7 分别画出了 PLA 和 PAL（GAL）的阵列结构图。从其阵列结构图可以看出，可编程阵列逻辑 PAL 和通用阵列逻辑 GAL 的基本门阵列结构相同，均为与阵列可编程，或阵列固定连接，也就是说，每个或门的输出是若干个乘积项之和，其中乘积项的数目是固定的。一般在 PAL 和 GAL 的产品中，最多的乘积项数可达 8 个。PROM 的阵列结构刚好与 PAL（或 GAL）的阵列结构相反，为或阵列可编程，与阵列固定连接。

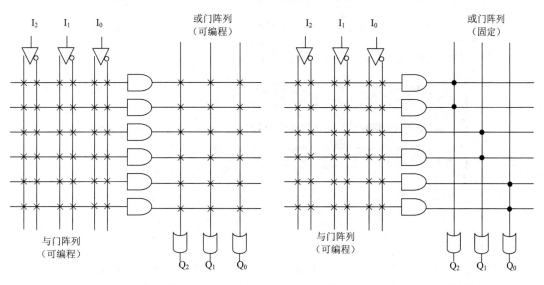

图 6.6　PLA 阵列结构　　　　　图 6.7　PAL 和 GAL 阵列结构

虽然 PAL 和 GAL 的阵列结构相同，但它们的输出结构却不相同。PAL 有几种固定的输出结构，选定芯片型号后，其输出结构也就选定了，PAL 产品有 20 多种不同的型号可供用户选用。例如，产品 PAL16L8 属于组合型 PAL 器件，有 8 个输出，因为每个输出的时间有可能不一致，因此称为异步 I/O 输出结构；产品 PAL16R8 属于寄存器型（R 代表 Register）PAL 器件，其芯片中每个输出结构是寄存器输出结构。PAL 器件除了以上两种输出结构外，还有专用组合输出、异或输出和算术选通反馈结构输出等。PAL 采用的是 PROM 编程工艺，只能一次性编程，而且由于输出方式是固定的，不能重新组态，因而编程灵活性较差。

GAL 和 PAL 最大的区别在于 GAL 有一种灵活的、可编程的输出结构，它只有两种基本型号：GAL16V8 和 GAL20V8（或 GAL22V10），并可以代替数十种 PAL 器件，因而称为通用可编程逻辑器件。

对于 GAL16V8 和 GAL20V8 两种器件，其 OLMC 与 GAL22V10 的 OLMC 相似。GAL 器件的主要优点是 GAL 器件的每个宏单元（OLMC）均可根据需要任意组态，所以它的通用性好，比 PAL 使用更加灵活。而且 GAL 器件采用了 EEPROM 工艺结构，可以重复编程，通常可以擦写百次以上，甚至上千次。由于这些突出的优点，因而 GAL 比 PAL 应用更为广泛。

2．EPLD 和 CPLD 的基本结构

EPLD 和 CPLD 是从 PAL、GAL 发展起来的阵列型高密度 PLD 器件，它们大多数采用了 CMOS EPROM、EEPROM 和快闪存储器等编程技术，具有高密度、高速度和低功耗等特点。EPLD 和 CPLD 的基本结构如图 6.8 所示，尽管 EPLD 和 CPLD 与其他类型 PLD 的结构各有其特点和长处，但概括起来，它们是由可编程逻辑宏单元、可编程 I/O 单元和可编程内部连线 3 大部分组成。

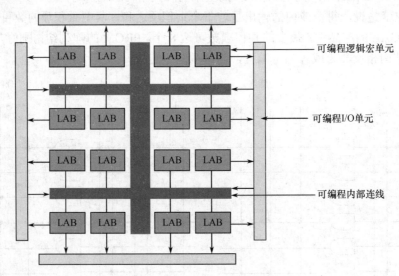

图 6.8 EPLD 和 CPLD 的基本结构

（1）可编程逻辑宏单元

可编程逻辑宏单元是器件的逻辑组成核心，宏单元内部主要包括与或阵列、可编程触发器和多路选择器等电路，能独立地配置为时序逻辑或组合逻辑工作方式。EPLD 器件与 GAL 器件相似，但其宏单元及与阵列数目比 GAL 大得多，且和 I/O 做在一起。CPLD 器件的宏单元在芯片内部，称为内部逻辑宏单元。EPLD 和 CPLD 的逻辑宏单元主要有以下特点：

① 多触发器结构和"隐埋"触发器结构。GAL 器件每个输出宏单元只有一个触发器，而 EPLD 和 CPLD 的宏单元内通常含两个或两个以上的触发器，其中只有一个触发器与输出端相连，其余触发器的输出不与输出端相连，但可以通过相应的缓冲电路反馈到与阵列，从而与其他触发器一起构成较复杂的时序电路。

② 乘积项共享结构。在 PAL 和 GAL 的与或阵列中，每个或门的输入乘积项最多为 8 个，当要实现多于 8 个乘积项的"与-或"逻辑函数时，必须将"与-或"函数表达式进行逻辑变换。在 EPLD 和 CPLD 的宏单元中，如果输出表达式的与项较多，对应的或门输入端不够用时，可以借助可编程开关将同一单元（或其他单元）中的其他或门与之联合起来使用，或者在每个宏单元中提供未使用的乘积项供其他宏单元使用和共享，从而提高了资源利用率，实现快速复杂的逻辑函数。

③ 异步时钟和时钟选择。EPLD 和 CPLD 器件与 PAL、GAL 相比，其触发器的时钟既可以同步工作，也可以异步工作，有些器件中触发器的时钟还可以通过数据选择器或时钟网络进行选择。此外，逻辑宏单元内触发器的异步清零和异步置位也可以用乘积项进行控制，因而使用起来更加灵活。

（2）可编程 I/O 单元

输入/输出单元，简称 I/O 单元（或 IOC），它是芯片内部信号到 I/O 引脚的接口部分。由于阵列型 HDPLD 通常只有少数几个专用输入端，大部分端口均为 I/O 端，而且系统的输入信号常常需要锁存，因此，I/O 常作为一个独立单元来处理。

（3）可编程内部连线

EPLD 和 CPLD 器件提供丰富的内部可编程连线资源。可编程内部连线的作用是给各逻辑宏单元之间及逻辑宏单元与 I/O 单元之间提供互连网络。各逻辑宏单元通过可编程内部连线接收来自专用输入端或通用输入端的信号，并将宏单元的信号反馈到其需要到达的目的地。这种互连机制有很大的灵活性，它允许在不影响引脚分配的情况下改变内部的设计。

6.1.3 现场可编程门阵列 FPGA

FPGA 是 20 世纪 80 年代中期出现的高密度 PLD。FPGA 与 CPLD 都是可编程逻辑器件，它们是在 PAL、GAL 等逻辑器件的基础上发展起来的。同以往的 PAL、GAL 等相比较，FPGA 和 CPLD 的规模比较大，可以替代几十块甚至几千块通用 IC 芯片。这类 FPGA 和 CPLD 实际上就是一个子系统部件，受到世界范围内电子工程设计人员的广泛关注和普遍欢迎。经过了十几年的发展，许多公司都开发出了多种 PLD。比较典型的就是 Xilinx 公司的 FPGA 器件系列和 Altera 公司的 CPLD 器件系列，它们开发较早，占用了较大的 PLD 市场。通常来说，在欧洲用 Xilinx 公司产品的人多，在日本和亚太地区用 Altera 公司产品的人多，在美国则是平分秋色。全球 CPLD 和 FPGA 产品 60%以上是由 Altera 公司和 Xilinx 公司提供的，可以讲 Altera 公司和 Xilinx 公司共同决定了 PLD 技术的发展方向。当然还有许多其他类型器件，如：Lattice，Vantis，Actel，QuickLogic，Lucent 等。

FPGA 的结构类似于掩膜可编程门阵列（MPGA），它由许多独立的可编程逻辑模块组成，用户可以通过编程将这些模块连接起来实现不同的设计。FPGA 兼容了 MPGA 和阵列型 PLD 两者的优点，因而具有更高的集成度、更强的逻辑实现能力和更好的设计灵活性。

1. FPGA 的分类

不同厂家、不同型号的 FPGA，其结构有各自的特色，但就其基本结构来分析，大致有以下几种分类方法。

(1) 按逻辑功能块的大小分类

可编程逻辑块是 FPGA 的基本逻辑构造单元。按照逻辑功能块的大小不同，可将 FPGA 分为细粒度结构和粗粒度结构两类。

细粒度 FPGA 的逻辑功能块一般较小，仅由几个晶体管组成，非常类似于半定制门阵列的基本单元。其优点是功能块的资源可以被完全利用，缺点是完成复杂的逻辑功能需要大量的连线和开关，因而速度慢。粗粒度 FPGA 的逻辑块的规模大、功能强，完成复杂逻辑只需较少的功能块和内部连线，因而能获得较好的性能，缺点是功能块的资源有时不能充分被利用。

近年来随着工艺的不断改进，FPGA 的集成度不断提高，同时硬件描述语言（HDL）的设计方法得到广泛应用。由于大多数逻辑综合工具是针对门阵列的结构开发的，细粒度的 FPGA 较粗粒度的 FPGA 可以得到更好的逻辑综合结果。因此，许多厂家开发出了一些具有更高集成度的细粒度 FPGA，如 Xilinx 公司采用 MicroVia 技术的一次编程反熔丝结构的 XC8100 系列、GateField 公司采用快闪存储器控制开关元件的可再编程 GF100K 系列等，它们的逻辑功能块的规模相对都较小。

(2) 按互连结构分类

根据 FPGA 内部连线结构的不同，可将其分为分段互连型和连续互连型两类。

分段互连型 FPGA 中有不同长度的多种金属线，各金属线段之间通过开关矩阵或反熔丝编程连接。这种连线结构布线灵活，有多种可行方案，但布线延时与布局布线的具体处理过程有关，在设计完成前无法预测，设计修改将引起延时性能的变化。

连续互连型 FPGA 是利用相同长度的金属线，通常是贯穿于整个芯片的长线来实现逻辑功能块之间的互连，连接与距离远近无关。在这种连线结构中，不同位置逻辑单元的连接线是确定的，因而布线延时是固定和可预测的。

(3) 按编程特性分类

根据采用的开关元件的不同，FPGA 可分为一次编程型和可重复编程型两类。

一次编程型 FPGA 采用反熔丝开关元件，其工艺技术决定了这种器件具有体积小、集成度高、互连线特性阻抗低、寄生电容小及可获得较高的速度等优点。此外它还有加密位、反复制、抗辐射、抗干扰和不需外接 PROM（或 EPROM）等特点。但它只能一次编程，一旦将设计数据写入芯片后，就不能再修改设计，因此，比较适合于定型产品及大批量应用。

可重复编程型 FPGA 采用 SRAM 开关元件或快闪存储器控制的开关元件。FPGA 芯片中，每个逻辑块的功能及它们之间的互连模式由存储在芯片中的 SRAM 或快闪存储器中的数据决定。采用 SRAM 开关元件的 FPGA 中的数据具有易失性，每次重新加电，FPGA 都要重新装入配置数据，但其突出的优点是可反复编程，系统上电时，给 FPGA 加载不同的配置数据，即可令其完成不同的硬件功能。这种配置的改变甚至可以在系统的运行中进行，实现系统功能的动态重构。采用快闪存储器控制开关的 FPGA 具有非易失性和可重复编程的双重优点，但在再编程的灵活性上较 SRAM 型 FPGA 差一些，不能实现动态重构。此外，其静态功耗较反熔丝型及 SRAM 型的 FPGA 高。

2. FPGA 的基本结构

FPGA 具有掩膜可编程门阵列的通用结构，它由逻辑功能块排成阵列，并由可编程的互连资源连接这些逻辑功能块来实现不同的设计。下面以 Xilinx 公司的 FPGA 为例，分析其结构特点。

FPGA 的基本结构如图 6.9 所示。FPGA 一般由 3 种可编程电路和一个用于存放编程数据的静态存储器 SRAM 组成。这 3 种可编程电路是：可编程逻辑块 CLB（Configurable Logic Block）、输入/输出模块 IOB（I/O Block）和可编程互连资源 IR（Interconnect Resource）。可编程逻辑块 CLB 是实现逻辑功能的基本单元，它们通常规则地排列成一个阵列，散布于整个芯片中；可编程输入/输出模块 IOB 主要完成芯片上的逻辑与外部封装引脚的接口，通常排列在芯片的四周；可编程互连资源 IR 包括各种长度的连线线段和一些可编程连接开关，它们将各个 CLB 之间或 CLB、IOB 之间及 IOB 之间连接起来，构成特定功能的电路。FPGA 的功能由逻辑结构的配置数据决定。工作时，这些配置数据存放在片内的 SRAM 或熔丝图上。基于 SRAM 的 FPGA 器件，在工作前需要从芯片外部加载配置数据，配置数据可以存储在片外的 EPROM 或其他存储体上。用户可以控制加载过程，在现场修改器件的逻辑功能，即所谓现场编程。

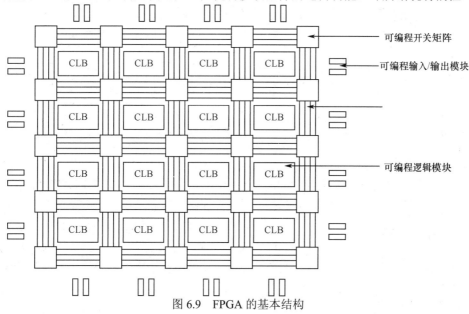

图 6.9　FPGA 的基本结构

（1）可编程逻辑块（CLB）

CLB 是 FPGA 的主要组成部分，它主要由逻辑函数发生器、触发器、数据选择器和变换电路等组成。

（2）输入/输出模块（IOB）

IOB 提供了器件引脚和内部逻辑阵列之间的连接。它主要由输入触发器、输入缓冲器和输出触发/锁存器、输出缓冲器组成，每个 IOB 控制一个引脚，它们可被配置为输入/输出或双向 I/O 功能。

（3）可编程互连资源（IR）

可编程互连资源可以将 FPGA 内部的 CLB 和 CLB 之间、CLB 和 IOB 之间连接起来，构成各种具有复杂功能的系统。IR 主要由许多金属线段构成，这些金属线段带有可编程开关，通过自动布线实现各种电路的连接。

6.1.4　基于查找表（LUT）的结构

基于查找表（Look-Up Table，LUT）结构的 PLD 芯片也可以称为 FPGA，如 Altera 公司的 ACEX、APEX 系列，Xilinx 公司的 Spartan、Virtex 系列等。

1. LUT 原理

LUT 本质上就是一个 RAM。目前 FPGA 中多使用 4 输入的 LUT，所以每一个 LUT 可以看成一个有 4 位地址线的 16×1 位的 RAM。当用户通过原理图或 HDL 语言描述了一个逻辑电路以后，FPGA 开发软件会自动计算逻辑电路的所有可能结果，并把结果事先写入 RAM，这样对每输入一个信号进行逻辑运算就等于输入一个地址进行查表，找出地址对应的内容，然后输出相应的结果。

用 LUT 实现 4 输入端与门的实例如图 6.10 所示。当用户通过原理图或 HDL 语言描述了一个 4 输入端与门以后，FPGA 开发软件会自动计算 4 输入端与门的所有可能结果，并把结果事先写入 RAM，即当 a、b、c 和 d 输入端为 0000~1110 这 15 种组合时，写入 RAM 中的值是 "0"，只有 abcd=1111 时，写入 RAM 中的值才是 "1"。这样 4 输入端与门每输入一组信号就等于输入一个地址进行查表，找出地址对应的内容，然后输出。

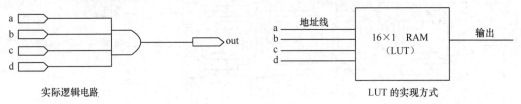

图 6.10 用 LUT 实现 4 输入端与门的实例

2. 基于 LUT 的 FPGA 的结构

Xilinx 公司基于 LUT 的 FPGA 结构的 Spartan II 系列芯片的内部结构如图 6.11 所示。Spartan II 主要包括 CLBs、I/O 块、RAM 块和可编程连线（未表示出）。在 Spartan II 中，一个 CLBs 包括两个 Slices，每个 Slices 包括两个 LUT、两个触发器和相关逻辑。Slices 可以看成 Spartan II 实现逻辑的最基本结构（Xilinx 公司的其他系列，如 SpartanXL、Virtex 的结构与此稍有不同，具体请参见数据手册）。

Altera 公司的 FLEX/ACEX 等芯片的结构如图 6.12 所示。FLEX/ACEX 的结构主要包括逻辑阵列（LAB）模块、I/O 模块、RAM 模块（未表示出）和可编程互连线资源。在 FLEX/ACEX 中，一个 LAB 模块包括 8 个逻辑单元（LE），每个 LE 包括一个 LUT、一个触发器和相关的相关逻辑。LE 是 FLEX/ACEX 芯片实现逻辑的最基本结构（Altera 其他系列，如 APEX 的结构与此基本相同，具体请参见数据手册）。

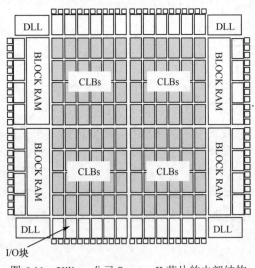

图 6.11 Xilinx 公司 Spartan II 芯片的内部结构

在 FPGA 中，可编程互连线资源起着非常关键的作用。FPGA 可编程的灵活性，在很大程度上都归功于其内部丰富的互连线资源。互连线资源缺乏将导致设计无法布线，降低 FPGA 的可用性。而且随着 FPGA 工艺的不断改进，设计中的布线延时往往超过逻辑延时，因此，FPGA 内部互连线的长短和快慢，对整个设计的性能起着决定性的作用。

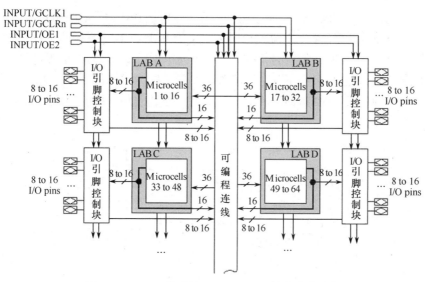

图 6.12　Altera 公司的 FLEX/ACEX 等芯片的结构

LAB 中的逻辑单元（LE）是 FPGA 内部最小的逻辑组成部分，因此，LE 的个数也是衡量 PLD 集成度的参数，目前，Altera 公司生产的单片 FPGA 的 LE 个数达到 149.8K。一个 LE 主要由 4 个查找表（LUT）和一个可编程触发器，再加上一些辅助电路组成。

6.2　PLD 的设计技术

在 PLD 没有出现之前，数字系统的传统设计往往采用"积木"式的方法进行，实质上是对电路板进行设计，通过标准集成电路器件搭建成电路板来实现系统功能，即先由器件搭成电路板，再由电路板搭成系统。数字系统的"积木块"就是具有固定功能的标准集成电路器件，如 TTL 的 74/54 系列、CMOS 的 4000/4500 系列芯片和一些固定功能的大规模集成电路等。用户只能根据需要选择合适的集成电路器件，并按照此种器件推荐的电路搭成系统并调试成功。设计中，设计者没有灵活性可言，搭成的系统需要的芯片种类多且数目大。

PLD 的出现，给数字系统的传统设计法带来了新的变革。采用 PLD 进行的数字系统设计，是基于芯片的设计或称为"自底向上"（Bottom-Up）的设计，它与传统的积木式设计有本质上的不同。它可以直接通过设计 PLD 芯片来实现数字系统功能，将原来由电路板设计完成的大部分工作放在 PLD 芯片的设计中进行。这种新的设计方法能够由设计者根据实际情况和要求定义器件的内部逻辑关系和引脚，这样可通过芯片设计来实现不同数字系统的功能，同时由于引脚定义的灵活性，不但大大减轻了系统设计的工作量和难度，提高了工作效率，而且还可以减少芯片数量，缩小系统体积，降低能源消耗，提高系统的稳定性和可靠性。

6.2.1　PLD 的设计方法

现代的 PLD 设计主要依靠功能强大的电子计算机和 EDA 工具软件来实现。EDA 工具可以通过概念（框图、公式、真值表、程序等）的输入，然后由计算机自动生成各种设计结果，包括专用集成电路（ASIC）芯片设计、电路原理图、PCB 版图及软件等，并且可以进行机电一体化设计。

硬件描述语言 HDL 在 EDA 技术中的迅速应用,特别是 IEEE 标准的 HDL(如 VHDL 和 Verilog HDL 等)日益成为 EDA 中主流设计语言,又给 PLD 和数字系统的设计带来了更新的设计方法和理念,产生了目前最常用的并称为"自顶向下"(Top-Down)的设计法。自顶向下的设计采用功能分割的方法从顶向下逐层次将设计内容进行分块和细化。在设计过程中,采用层次化和模块化将使系统设计变得简洁和方便,其基本设计思想如图 6.13 所示。

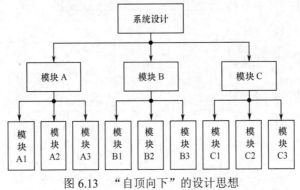

图 6.13 "自顶向下"的设计思想

层次化设计是分层次、分模块地进行设计描述。描述器件总功能的模块放在最上层,称为顶层设计;描述器件某一部分功能的模块放在下层,称为底层设计;底层模块还可以再向下分层,直至最后完成硬件电子系统电路的整体设计。

6.2.2 在系统可编程技术

在系统可编程(ISP)技术是 20 世纪 80 年代末 Lattice 公司首先提出的一种先进的编程技术。在系统可编程是指对器件、电路板或整个电子系统的逻辑功能可随时进行修改或重构的能力。支持 ISP 技术的 PLD 称为在系统可编程器件(ISP-PLD),例如,Lattice 公司生产的 ispLSI1000~ispLSI8000 系列器件属于 ISP-PLD。

1. 在系统可编程技术特点

传统的 PLD 只能插在编程器上先进行编程,然后再装配,而 ISP-PLD 可以摆脱编程器,只需要通过计算机接口和编程电缆,直接在目标系统或印制电路板上进行编程。它既可以先编程后装配,也可以先装配后编程,使用起来更加方便和灵活。这种重构可以在产品设计、制造过程中的每个环节,甚至在交付用户之后进行,大大简化了生产流程,提高了系统的可靠性,可以免去重做印制电路板的工作,给样机设计、电路板调试、系统制造、系统现场维护和升级带来革命性的变化。

采用 ISP 技术,使系统内硬件的功能可以像软件一样,通过编程很方便地予以配置、重构或升级。ISP 技术开始了器件编程的一个新时代,对系统的设计、制造、测试和维护也产生了重大的影响,是今后电子系统设计和产品性能改进的一个新的发展方向。

2. 在系统可编程的基本原理

ISP 技术是一种串行编程技术。下面以 Lattice 公司的 ispLSI 器件为例说明其编程原理。ispLSI 器件的编程结构如图 6.14 所示。器件的编程信息数据用 CMOS 工艺的 EEPROM 元件存储,EEPROM 元件按行和列排成阵列,编程时通过行地址和数据位对 EEPROM 元件寻址。编程的寻址和移位操作由地址移位寄存器和数据移位寄存器完成。两种寄存器都按 FIFO(先入先出)的方式工作。数据移位寄存器按低位字节和高位字节分开操作。

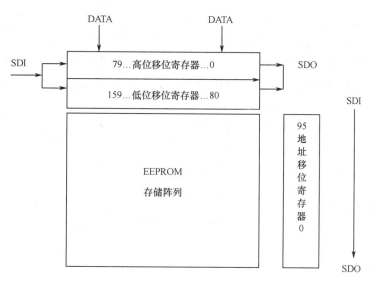

图 6.14 ispLSI 器件的编程结构

由于器件是插在目标系统中或线路板上进行编程,因此,在系统编程的关键是编程时如何使芯片与外系统脱离。ISP-PLD 编程接口如图 6.15 所示,接口有 5 根信号线:$\overline{ispEN}$、SLCK、$\overline{MODE}$、SDI 和 SDO,它们起到了传递编程信息的作用。其中,$\overline{ispEN}$ 是编程使能信号。当 $\overline{ispEN}$ =1 时,器件为正常工作状态;当 $\overline{ispEN}$ =0 时,器件所有的 I/O 端被置成高阻状态,因而切断了芯片与外电路的联系,避免了被编程芯片与外电路的相互影响。SLCK 为串行时钟线;MODE 为编程状态机的控制线;SDO 为数据输出线。

SDI 具有双重功能:首先是作为器件的串行移位寄存器的数据输入端,其次它与 MODE 一起作为编程状态机的控制信号。SDI 的功能受 MODE 控制。当 MODE 为低电平时,SDI 作为移位寄存器的串行输入端;当 MODE 为高电平时,SDI 为编程状态机的控制信号。

ISP 状态机共有 3 个状态:闲置态(IDLE)、移位态(SHIFT)和执行态(EXECUTE),其状态转移如图 6.16 所示。

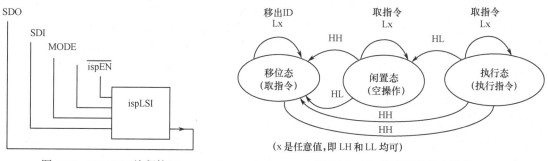

图 6.15 ISP-PLD 编程接口　　　　图 6.16 ISP 编程操作状态转移

ispLSI 器件内部设有控制编程操作的时序逻辑电路,其状态受 MODE 信号和 SDI 信号的控制。器件进入 ISP 编程模式时,闲置态是第一个被激活的状态。在编程模式、器件空闲或读器件标识时(每一个类型的 ISP 器件都有唯一的 8 位标识码 ID),状态机处在闲置态。当 MODE 和 SDI 都置为高电平(即 MODE 和 SDI 为"HH"),并且在 ISP 状态机处在时钟边沿时,状态转移到移位态,移位态主要是把指令装入状态机。在移位态下,当 MODE 处于低电平时,SCLK 将指令移进状态机。一旦指令装进状态机,状态机就必须转移到执行态,去执行指令。MODE 和 SDI

均置为高电平时，状态机就从移位态转移到执行态。如果需要使状态机从移位态转移到闲置态，则将 MODE 置为高电平，SDI 置为低电平。执行态主要是状态机执行在移位态已装入器件的指令。执行指令时，MODE 置为低电平，SDI 置为任意态。将 MODE 和 SDI 均置为高电平时，状态机回到移位态；将 MODE 置为高电平、SDI 置为低电平时，状态机回到闲置态。

3．在系统编程方法

在系统 PLD 从编程元件上来分有两类：一类是非易失性元件的 EEPROM 结构或快闪存储器单元结构的 PLD；另一类是易失性元件的 SRAM 结构的 FPGA 器件。现场可编程 FPGA 器件和 ISP-PLD 都可以实现系统重构。采用 ISP-PLD 通过 ISP 技术实现的系统重构称为静态重构；基于 SRAM 的 FPGA 实现的系统重构称为动态重构。所谓动态重构是指在系统运行期内，可根据需要适时地对芯片重新配置以改变系统的功能。FPGA 可以无限次地被重新编程，利用它可以在一秒钟内几次或数百次地改变器件执行的功能，甚至对器件的部分区域进行重组，且在部分重组期间，芯片的其他部分仍可有效地运行。

目前在系统编程的实现方法有以下几种。

（1）利用计算机接口和下载电缆对器件编程

ISP 器件编程的一大优点或方法是直接利用计算机接口在开发软件支持下进行。它可以利用串口的 Bit-Blaster 串行下载或利用并口的 Byte-Blaster 并行下载。例如，这种编程方法对 Altera 公司 CMOS 结构的 MAX7000 系列器件或 SRAM 结构的 FLEX 系列器件均适应。

另一种方法是脱离 ISP 的开发环境，根据编程时序的要求，利用自己的软件向 ISP 器件写入编程数据。这种方法多适用于 SRAM 结构的 FPGA 器件。

（2）利用目标板上的单片机或微处理器对 ISP 器件编程

这种在系统编程方法是将编程数据存储在目标板上的 EPROM 中，当目标板上电时自动对 ISP 器件进行编程。编程的关键在于提供准确的 ISP 编程时钟。此种编程方法适用于易失性的 SRAM 结构的 FPGA 器件。

（3）多芯片 ISP 编程

ISP 器件有一种特殊的串行编程方式，称为菊花链编程结构（Daisy Chain），如图 6.17 所示。其特点是多片 PLD 公用一套 ISP 编程接口，每片 PLD 的 SDI 输入端与前一片 PLD 的 SDO 输出端相连，最前面一片 PLD 的 SDI 端和最后一片的 SDO 端与 ISP 编程口相连，构成一个类似移位寄存器的链形结构。链中器件数可以很多，只要不超出接口的驱动能力即可。

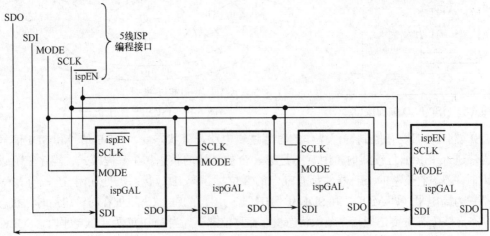

图 6.17　菊花链编程结构

6.2.3 边界扫描技术

边界扫描测试 BST（Boundary Scan Testing）是针对器件密度及 I/O 口数增加，信号注入和测取难度越来越大而提出的一种新的测试技术。它是由联合测试活动组织 JTAG 提出来的，而后 IEEE 对此制定了测试标准，称为 IEEE 1149.1 标准。边界扫描测试技术主要解决芯片的测试问题。

以往在生产过程中，对电路板的检验是由人工或测试设备进行的，但随着集成电路密度的提高，集成电路的引脚也变得越来越密，测试变得很困难。例如，TQFP 封装器件，引脚的间距仅有 0.6mm，这样小的空间内几乎放不下一根探针，难以用普通的器件进行测试。

BST 结构不需要使用外部的物理测试探针来获得功能数据，它可以在器件（必须是支持 JTAG 技术的 ISP 可编程器件）正常工作时进行。器件的边界扫描单元能够迫使逻辑追踪引脚信号，或是从引脚、器件核心逻辑信号中捕获数据。强行加入的测试数据，串行移入边界扫描单元，捕获的数据串行移出并在器件外部同预期的结果进行比较。通过 JTAG 测试端口实现对 ISP 器件的在系统编程，可以很容易地完成电路测试。

标准的边界扫描测试只需要 4 根信号线：TDI（测试数据输入）、TDO（测试数据输出）、TMS（测试模式选择）和 TCK（测试时钟输入），能够对电路板上所有支持边界扫描的芯片内部逻辑和边界引脚进行测试。应用边界扫描技术能够增强芯片、电路板甚至系统的可测试性。

边界扫描技术有着广阔的发展前景。现在已经有多种器件支持边界扫描技术，如 Xilinx4000 系列的 FPGA 及 Lattice 公司的 ispLSI3000、ispLSI6000 系列与 Altera 公司的 MAX7000、MAX9000、FLEX6000、FLEX8000、FLEX10K 等器件和 MACH4000、MACH5000 系列等。

6.3 PLD 的编程与配置

由于 PLD 具有在系统下载或重新配置功能，因此在电路设计之前，就可以把其焊接在印制电路板（PCB）上，并通过电缆与计算机连接，操作过程如图 6.18 所示。在设计过程中，用下载编程或配置方式来改变 PLD 的内部逻辑关系，达到设计逻辑电路的目的。

（a）将 PLD 焊接在 PCB 上　　　（b）接好编程电缆　　　（c）现场烧写 PLD 芯片

图 6.18　PLD 的编程操作过程示意图

目前常见的 PLD 的编程和配置工艺包括 3 种。

① 基于电可擦除存储单元的 EEPROM 或 Flash（快闪存储器）技术的编程工艺。此工艺的优点是编程后的信息不会因掉电而丢失，但编程次数有限，编程速度不快。CPLD 一般使用此技术进行编程。

② 基于 SRAM 查找表的编程单元的编程工艺。此工艺适于 SRAM 型的 FPGA，配置次数为无限，在加电时可随时更改逻辑，但掉电后芯片中的信息会丢失。

③ 基于反熔丝编程单元的编程工艺。此工艺适于一次性 PLD。

6.3.1 CPLD 的 ISP 方式编程

ISP 方式是当系统上电并正常工作时,计算机就可以通过 CPLD 器件拥有的 ISP 接口直接对其进行编程,器件被编程后立即进入正常工作状态。这种编程方式的出现,改变了传统使用编程器的编程方法,为器件的实际应用带来了极大的方便。

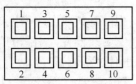

图 6.19 ByteBlaster 接口

CPLD 的编程和 FPGA 的配置可以使用专用的编程设备,也可以使用下载电缆。例如,用 Altera 公司的 ByteBlaster(MV)并行下载电缆,将 PC 的并行打印口与需要编程或配置的器件连接起来,在 EDA 工具软件的控制下,就可以对 Altera 公司的多种 CPLD 和 FPGA 进行编程或配置。

Altera 公司的 ByteBlaster(MV)并行下载电缆与 PLD 的接口如图 6.19 所示,它是一个 10 芯接口,"MV"表示混合电压。电缆的 10 芯信号见表 6.2。

表 6.2 ByteBlaster 接口引脚信号表

引脚	1	2	3	4	5	6	7	8	9	10
PS 模式	DCK	GND	CONF_DONE	VCC	nCONFIG	—	nSTAUS	—	DATA0	GND
JATG 模式	TCK	GND	TDO	VCC	TMS	—	—	—	TDI	GND

Altera 公司的 MAX7000 系列的 CPLD 采用 IEEE 1149.1 JTAG 接口方式对器件进行在系统编程,ByteBlaster 的 10 芯接口的 TCK、TDO、TMS 和 TDI 是 4 条信号线。JTAG 接口本来是用作边界扫描测试(BST)的,把它用作编程接口则可以省去专用的编程接口,减少系统的引出线。

采用 JATG 模式对 CPLD 编程下载的连线如图 6.20 所示。这种连线方式既可以对 CPLD 进行测试,也可以进行编程下载。由于 ISP 器件具有串行编程方式,即菊花链结构,其特点是各片公用一套 ISP 编程接口,每片的 SDI 输入端与前一片的 SDO 输出端相连,最前面一片的 SDI 端和最后一片的 SDO 端与 ISP 编程口相连,构成一个类似移位寄存器的链形结构。因此,采用 JTAG 模式可以对多个 CPLD 器件进行 ISP 在系统编程,多 CPLD 芯片 ISP 编程下载的连线如图 6.21 所示。

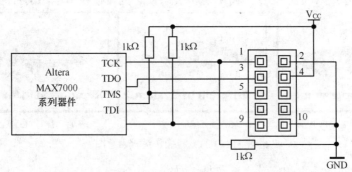

图 6.20 采用 JTAG 模式对 CPLD 编程下载的连线图

6.3.2 使用 PC 的并口配置 FPGA

基于 SRAM LUT 结构的 FPGA 不属于 ISP 器件,它是以在线可重配置方式 ICR(In Circuit Reconfigurability)改变芯片内部的结构来进行硬件验证。利用 FPGA 进行电路设计时,可以通过下载电缆与 PC 的并口连接,将设计文件编程下载到 FPGA 中。

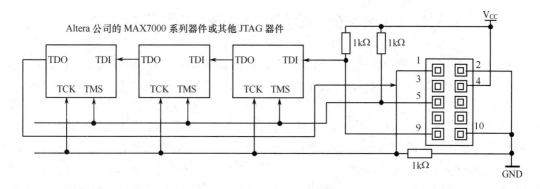

图 6.21 多 CPLD 芯片 ISP 编程下载的连线图

Altera 公司的 SRAM LUT 结构的器件中，FPGA 可以使用 6 种配置模式，这些模式通过 FPGA 上的两个模式选择引脚 MSEL1 和 MSEL0 上设定的电平来决定。FPGA 的 6 种配置模式如下：

① 配置器件模式；
② PS（Passive Serial）——被动串行模式；
③ PPS（Passive Parallel Synchronous）——被动并行同步模式；
④ PPA（Passive Parallel Asynchronous）——被动并行异步模式；
⑤ PSA（Passive Serial Asynchronous）——被动串行异步模式；
⑥ JTAG 模式。

Altera 公司的 PS 模式是可利用 PC 的并口，通过 ByteBlaster 的下载电缆，实现对 Altera 公司的 FPGA 器件进行在线可重配置（ICR）。当设计的数字系统比较大时，Altera 的 PS 模式支持多个 FPGA 器件的配置。使用 PC 的并口通过 ByteBlaster 下载电缆对多个 FPGA 芯片进行配置的电路连接如图 6.22 所示。

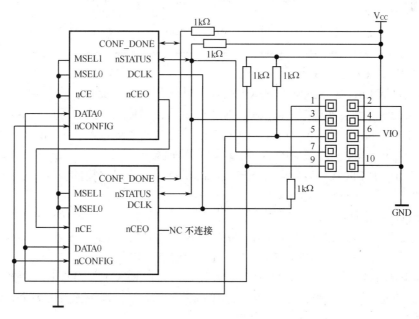

图 6.22 多 FPGA 芯片配置电路连接图

6.4 Altera 公司的 PLD 系列产品简介

Altera 公司是可编程逻辑解决方案的倡导者，帮助系统和半导体公司快速高效地实现创新，突出产品优势，赢得市场竞争。Altera 的 FPGA、SoC FPGA、CPLD 和 HardCopy Asic 结合软件工具、知识产权、嵌入式处理器和客户支持，为全世界众多客户提供非常有价值的可编程解决方案。面向电子设计的未来发展，Altera 可编程解决方案促进了产品的及时面市，相对于高成本、高风险的 ASIC 开发以及不灵活的 ASSP 和数字信号处理器具有明显的优势。与以前的可编程逻辑产品相比，Altera 为更广阔的市场带来了更大的价值。Altera 采用来自业界最好的 EDA 供应商的工具，Altera 进一步增强了自己的布局布线设计软件。Altera 能够将精力集中在核心能力上，开发并实现前沿的可编程技术，为客户提供最大价值。

Altera 公司的 PLD 系列产品主要包括高端 FPGA 的 Stratix 系列、中端 FPGA 的 Arria 系列、低成本 FPGA 的 Cyclone 系列、低成本 CPLD 的 MAX 系列和硬件拷贝 HardCopy ASIC 系列。

6.4.1 Altera 高端 Stratix FPGA 系列

Altera Stratix FPGA 系列结合了最佳性能、最大密度和最低功耗的高端 FPGA。Stratix 系列 FPGA 可以整合更多的函数和最大限度地提高系统带宽，为新一代基站、网络基础设施和高级成像设备提供了高性能和高集成度功能。Stratix FPGA 系列如表 6.3 所示，包括 Stratix、Stratix GX、Stratix II、Stratix II GX、Stratix III、Stratix IV、Stratix V 和 Stratix 10。

表 6.3 Stratix FPGA 系列

器件系列	Stratix	Stratix GX	Stratix II	Stratix II GX	Stratix III	Stratix IV	Stratix V	Stratix 10
推出时间	2002	2003	2004	2005	2006	2008	2010	2013
工艺技术	130nm	130nm	90nm	90nm	65nm	40nm	28nm	14nm 三栅极

Stratix 10 FPGA 系列包括 3 个器件型号。

① Stratix 10 GX FPGA：Stratix 10 GX FPGA 设计满足大吞吐量系统的高性能需求，浮点性能达到 10TFLOPS，收发器支持 30Gbps 的芯片至模组、芯片至芯片、背板应用。

② Stratix 10 SX SoC：Stratix 10 SX SoC 具有硬核处理器系统，除了 Stratix 10 GX 器件的所有特性之外，还具有 64 位四核 ARM Cortex-A53 处理器。

③ Stratix 10 GT FPGA：对于需要下一代标准支持、要求最严格的应用，Stratix 10 GT FPGA 支持的收发器数据速率高达 56Gbps。

Stratix V FPGA 系列包括 4 个器件型号。

① 带有收发器的 Stratix V GX FPGA：集成了 66 个全双工、支持背板应用的 14.1Gbps 收发器，以及高达 800MHz 的 6×72 位 DIMM DDR3 存储器接口。

② 带有增强数字信号处理（DSP）功能和收发器的 Stratix V GS FPGA：集成了 4096 个 18×18 位高性能精度可调乘法器、支持背板应用的 48 个全双工、14.1Gbps 收发器，以及高达 800MHz 的 7×72 位 DIMM DDR3 存储器接口。

③ 带有收发器的 Stratix V GT FPGA：集成了 4 个 28Gbps 收发器，32 个全双工、支持 12.5Gbps 背板应用的收发器，以及高达 800MHz 的 4×72 位 DIMM DDR3 存储器接口。

④ Stratix V E FPGA：具有 950K LE、52Mbits RAM、704 个 18 位×18 位高性能精度可调乘法器和 840 个 I/O。

Stratix IV FPGA 系列包括以下 3 种器件型号。

① Stratix IV GT (基于收发器) FPGA：具有 530K 逻辑单元(LE)和 48 个全双工基于 CDR 的收发器，速率达到 11.3Gbps。

② Stratix IV GX (基于收发器) FPGA：具有 530K 逻辑单元(LE)和 48 个全双工基于 CDR 的收发器，速率达到 8.5Gbps。

③ Stratix IV E (增强型器件) FPGA：具有 820K LE，23.1Mbits RAM，1288 个 18×18 位乘法器。

Stratix IV FPGA 支持纵向移植，在每一系列型号中都能灵活地进行器件选择。而且，Stratix III 和 Stratix IV E 器件之间有纵向移植途径，因此可以在 Stratix III 器件上启动设计，不需要改动 PCB 就能够转到容量更大的 Stratix IV E 器件上。

Altera 的 Stratix III 器件系列，是世界上结合了最佳性能、最大密度和最低功耗的高端 FPGA。Stratix III FPGA 为下一代基站、网络基础设施和高级成像设备提供了高性能和高度集成功能。事实上 Stratix III FPGA 的性能，利用和编译优点 Stratix III FPGA 随着设计容量的提高更加明显。

Stratix II FPGA 采用 TSMC 的 90nm 低 K 绝缘工艺技术生产，等价逻辑单元（LE）高达 180K，嵌入式存储器达到 9Mbits。Stratix II 不但具有极高的性能和密度，还针对器件总功率进行了优化。

Stratix FPGA 提供 80K 逻辑单元（LE）以及安排在 TriMatrix 存储器模块中的 7.3Mbits 片内 RAM，工作速率达到 350MHz。Stratix FPGA 支持外部存储器接口，例如 400Mbps 的 DDR SDRAM，以及 800Mbps 的 QDRII SRAM。Stratix FPGA 还引入了世界上的首个数字信号处理（DSP）模块，含有 4 个 18×18 乘法器、累加器和求和单元。

6.4.2 Altera 中端 FPGA 的 Arria 系列

Altera 的 Arria FPGA 设计用于对成本和功耗敏感的收发器应用。Arria FPGA 系列提供丰富的存储器、逻辑和数字信号处理（DSP）模块资源，结合 10G 收发器优越的信号完整性，可以集成更多的功能，提高系统带宽。Arria 系列如表 6.4 所示，包括 Arria GX、Arria II、Arria V GX/GT/SX、Arria V GZ FPGA 和 Arria 10 GX/GT/SX 器件，片内收发器支持 FPGA 串行数据在高频下的输入和输出。

表 6.4 Arria 系列

器件系列	Arria GX	Arria II GX	Arria II GZ	Arria V GX/GT/SX	Arria V GZ	Arria 10 GX/GT/SX
推出时间	2007	2009	2010	2011	2012	2013
工艺技术	90nm	40nm	40nm	28nm	28nm	20nm

Arria 10 系列在性能上超越了前一代高端 FPGA，而功耗低于前一代中端 FPGA，重塑了中端器件。Arria 10 器件的很多功能都是突破性的，包括采用了 20nm 工艺技术的高性能体系结构、性能高达 28.05Gbps 的高级串行接口技术、全面的低功耗选择，以及扩展 SoC 产品等。

Arria V FPGA 系列实现了最低功耗和最大带宽。对于性能更高、带宽更大的 12.5Gbps 背板应用，以及这类应用支持的协议，Arria V GZ 器件在所有中端 FPGA 中提供了最大带宽。对于速率高达 6.5336Gbps 和 10.3125Gbps 的应用，Arria V GX/GT 器件的功耗是最低的。Arria V SX FPGA 含有独特的创新技术，例如，围绕双核 ARMCortexTM-A9 MPCoreTM 处理器的 HPS。HPS 有丰富的硬核外设、6.5536Gbps 和 10.3125Gbps 低功耗收发器、硬核存储器接口、含有重新设计的自适应逻辑模块（ALM）的低功耗内核体系结构、精度可调 DSP 模块、分布式新的 M10K 嵌入式存储器模块，以及分段式时钟合成锁相环（PLL）等。通过这些创新技术，Arria V FPGA 满足了用户在功耗、带宽和成本上独特的设计需求。

Arria II FPGA 系列适用于对成本敏感的应用。Arria II FPGA 基于全功能 40nm FPGA 架构，包括 ALM、DSP 模块和嵌入式 RAM，以及硬核 PCI Express IP。Arria II FPGA 系列的 Arria II GX 和 GZ FPGA 是具有 6.375Gbps 收发器、业界功耗最低的 FPGA。与其他的 6Gbps FPGA 不同，Altera 的 Arria II FPGA 实用性更强，可以更迅速地完成工程设计。

Arria GX FPGA 系列是 Altera 具有收发器的低成本 90nm FPGA 系列。采用速率高达 3.125Gbps 的收发器，可以链接现有模块和器件，支持 PCI Express、千兆以太网、Serial RapidIO、SDI、XAUI 等多种协议。Arria GX FPGA 系列采用了 Altera 成熟可靠的收发器技术，在设计中确保优越的信号完整性。

6.4.3 Altera 低成本 FPGA 的 Cyclone 系列

开发 Cyclone FPGA 系列是为了满足您对低功耗、低成本设计的需求，帮助您更迅速地将产品推向市场。每一代 Cyclone FPGA 都解决了您面临的技术挑战——提高集成度和性能，降低功耗，产品及时面市，同时满足您的低成本要求。Cyclone FPGA 系列如表 6.5 所示，包括 Cyclone、Cyclone II、Cyclone III、Cyclone IV 和 Cyclone V。

表 6.5 Cyclone FPGA 系列

器件系列	Cyclone	Cyclone II	Cyclone III	Cyclone IV	Cyclone V
推出时间	2002	2004	2007	2009	2011
工艺技术	130nm	90nm	65nm	60nm	28nm

Cyclone V FPGA 为工业、无线、固网、广播和消费类应用提供市场上系统成本最低、功耗最低的 FPGA 解决方案。该系列集成了丰富的硬核知识产权(IP)模块，可以以更低的系统总成本和更短的设计时间完成更多的工作。Cyclone V 系列中的 SoC FPGA 实现了独特的创新技术，例如，以硬核处理器系统（HPS）为中心，采用了双核 ARM Cortex-A9 MPCoreTM 处理器，以及丰富的硬件外设，从而降低了系统功耗和成本，减小了电路板面积。

Cyclone IV FPGA 是市场上成本最低、功耗最低的 FPGA，现在还提供收发器型号产品。Cyclone IV FPGA 系列面向对成本敏感的大批量应用，可以满足越来越大的带宽需求，同时降低了成本。

Cyclone III FPGA 可以同时实现低成本、高性能和最佳功耗，大大提高了竞争力。Cyclone III FPGA 系列采用台积电(TSMC)的低功耗工艺技术制造，以相当于 ASIC 的价格实现了低功耗。

Cyclone II FPGA 从根本上针对低成本进行设计，为大批量低成本应用提供用户需要的各种功能。Cyclone II FPGA 以相当于 ASIC 的成本实现了高性能和低功耗。

Cyclone FPGA 是第一款低成本 FPGA。对于当今需要高级功能以及极低功耗的设计，可以考虑密度更高的 Cyclone IV FPGA 和 Cyclone III FPGA。这些更新的 Cyclone 系列将继续为大批量、低成本应用提供业界最好的解决方案。

6.4.4 Altera SoC FPGA 系列

1993 年推出的 Altera SoC FPGA 系列集成了 ARM 处理器和 FPGA，该系列降低了电路板面积、功耗和系统成本，提高了性能。Altera SoC FPGA 系列如表 6.6 所示，包括高端 Stratix 10 SoC、中端 Arria 10 SoC、Arria V SoC 和 Cyclone V SoC。

表 6.6 SoC FPGA 系列

器件系列	Stratix 10 SoC	Arria 10 SoC	Arria V SoC	Cyclone V SoC
推出时间	2013	2013	2011	2011
工艺技术	14nm 三栅极	20nm	28nm	28nm

高端 Stratix 10 SoC 具有硬核处理器系统，除了 Stratix 10 GX 器件的所有特性之外，所有密度还具有 64 位四核 ARM Cortex-A53 处理器，高达 1.5GHz。具有 56Gbps 收发器；10TeraFLOP 单精度 DSP；密度最高的单片 FPGA 架构，有 5500000 个逻辑单元（LE）；集成 SRAM、DRAM 和 ASIC 的 3D 结构。适于网络、通信、广播及存储等应用。

中端 Arria 10 SoC 系列每个内核的 CPU 可工作在 1.5GHz，处理器性能提高了 87%；500MHz 内核性能，比前一代性能提高了 60%（性能比以前的 SoC 提高了 15%）；收发器带宽比前一代增大了 4 倍（带宽比以前的高端 FPGA 高出 2 倍）；系统性能提高了 4 倍（2400Mbps DDR4、Hybrid Memory Cube 支持）；在单器件中超过 1500 千兆浮点操作每秒（GFLOP）以及每瓦特高达 50GFLOP；改进了工艺技术，创新的方法降低了功耗，功耗降低 40%。

Arria V SoC 具有保持灵活的处理器启动/FPGA 配置顺序、系统对处理器复位的响应，以及两芯片解决方案的独立存储器接口。可通过集成纠错码（ECC）维持数据完整性和可靠性。Arria V SoC 系列包括 2 个器件型号。

① Arria V ST SoC：具有基于 ARM 的 HPS 和 10.3125Gbps 收发器的 SoC。

② Arria V SX SoC：具有基于 ARM 的 HPS 和支持背板的 6.5536Gbps 收发器的 SoC。

Cyclone V SoC 集成了大量的硬核知识产权（IP）模块，帮助用户降低了系统总成本和功耗，缩短了设计时间。Cyclone V SoC 系列包括 3 个器件型号。

① Cyclone V SE SoC：在多种通用逻辑和 DSP 应用中优化实现了最低系统成本和功耗。

② Cyclone V SX SoC：对于 614Mbps～3.125Gbps 收发器和 PCI Express 应用，优化实现了最低成本和功耗。

③ Cyclone V ST SoC：对于 6.144Gbps 收发器和 PCI Express 应用，FPGA 业界的最低成本和功耗。

6.4.5 Altera 低成本 MAX 系列

1993 年推出的 Altera MAX CPLD 系列广受赞誉，该系列为用户提供了有史以来功耗最低、成本最低的 CPLD。Altera MAX CPLD 系列如表 6.7 所示，包括 MAX 7000S CPLD、MAX 3000A CPLD、MAX II CPLD、MAX II Z CPLD、MAX V CPLD 和 MAX 10 FPGA。

表 6.7 Altera MAX 系列

器件系列	MAX 7000S CPLD	MAX 3000A CPLD	MAX II CPLD	MAX II Z CPLD	MAX V CPLD	MAX 10 FPGA
推出时间	1995	2002	2004	2007	2010	2014
工艺技术	0.5μm	0.30μm	0.18μm	0.18μm	0.18μm	55nm

MAX 10 FPGA 采用 TSMC 的 55nm 嵌入式 NOR 闪存技术制造,支持瞬时接通功能。其集成功能包括模数转换器(ADC)和双配置闪存,支持在一个芯片上存储两个镜像,在镜像间动态切换。与 CPLD 不同,MAX 10 FPGA 还包括全功能 FPGA 功能,例如,Nios II 软核嵌入式处理器、数字信号处理(DSP)模块和软核 DDR3 存储控制器等。

MAX V CPLD 是 CPLD 的最新系列,也是市场上最有价值的器件。具有独特的非易失体系结构,并且是业界密度最大的 CPLD,MAX V 器件提供可靠的新特性,与竞争 CPLD 相比,进一步降低了总功耗。该系列非常适合各类市场领域中的通用和便携式设计,包括,固网、无线、工业、消费类、计算机和存储、汽车及广播和军事等。MAX II CPLD 系列基于突破创新的体系结构,在任何 CPLD 系统中,其单位 I/O 引脚功耗和成本都是最低的。

MAX II CPLD 是瞬时接通、非易失器件,面向低密度通用逻辑和便携式应用,如蜂窝手机设计等。除了能够实现成本最低的传统 CPLD 设计之外,MAX II CPLD 还进一步降低了高密度设计的功耗和成本,支持用户使用 MAX II CPLD 来替代高功耗、高成本 ASSP 或者标准逻辑 CPLD。

MAX II Z CPLD 具有零功耗特性,与低成本 MAX II CPLD 系列有相同的非易失、瞬时接通优势,可实现多种功能。

MAX 3000A CPLD 系列针对大批量应用优化了成本。采用先进的 0.30μm CMOS 工艺进行制造,基于 EEPROM 的 MAX 3000A CPLD 系列提供瞬时接通功能,其密度范围在 32~512 个宏单元之间。MAX 3000A CPLD 支持在系统编程(ISP),很容易在现场重新进行配置。可以针对连续或者组合逻辑操作来单独配置每一 MAX 3000A 宏单元。

MAX 7000S CPLD 系列对于需要 5.0V I/O 的工业、军事和通信系统应用非常重要。

6.4.6 Altera 硬件拷贝 HardCopy ASIC 系列

Altera HardCopy ASIC 系列器件是一种基于 FPGA 的典型的结构化 ASIC,它可以以更低的风险,更迅速地实现系统设计从原型开发到量产。目前,HardCopy 只对应某些特定的 FPGA 器件,例如 Stratix IV 系列中的 EP4SGX70 以上的器件有自己对应的 HardCopy Stratix IV 器件。采用 Stratix 系列 FPGA 对设计进行原型开发,然后将设计无缝移植到 HardCopy 系列 ASIC,实现设计电路与系统批量生产,并可以减少逻辑资源。

使用 Quartus II 设计软件,可以使用一种方法、一个工具和一组知识产权(IP)内核来开发设计,然后在市场成熟时,提高产量。HardCopy ASIC 系列如表 6.8 所示,包括 HardCopy APEX、HardCopy Stratix、HardCopy II、HardCopy III、HardCopy IV 和 HardCopy V。

表 6.8 HardCopy ASIC 系列

器件系列	HardCopy APEX	HardCopy Stratix	HardCopy II	HardCopy III	HardCopy IV	HardCopy V
推出时间	2001	2003	2005	2008	2008	2010
工艺技术	180nm	130nm	90nm	40nm	40nm	28nm

本 章 小 结

可编程逻辑器件(PLD)是 20 世纪 80 年代以后迅速发展起来的一种新型半导体数字集成电路,其最大特点是可以通过编程的方法设置其逻辑功能。本章重点在于介绍各种 PLD 在电路结构和性能上的特点,以及它们用来实现哪些逻辑功能,适用在哪些场合。

到目前为止，已经开发的 PLD 有 PLA、PAL、GAL、CPLD、EPLD、FPGA 及 ISP-PLD 等几种类型。现场可编程门阵列 FPGA 和可编程逻辑阵列 PAL 是较早应用的两种 PLD。FPGA 具有更高的集成度、更强的逻辑实现能力和更好的设计灵活性。它采用反熔丝开关元件控制结构，可一次编程，不能改写；也有的采用 SRAM 或快闪存储器控制的开关元件控制结构，可重复编程。FPGA 一般由可编程逻辑块 CLB、可编程 I/O 模块和可编程连接资源 IR 组成，和 EPLD、CPCD 结构较为类似。

PLD 设计有自底向上（Bottom-Up）式和自顶向下（Top-Down）式等设计方法，其中 Top-Down 式是目前最为常用的设计方法。一个完整的 PLD 设计流程有设计准备、设计输入、设计处理、器件编程 4 个步骤和设计校验（功能仿真和时序仿真）、器件测试两种验证过程。

在系统可编程 ISP 技术是目前 PLD 设计过程中较为常用的一种先进的编程技术，该技术支持对器件、电路板或整个电子系统的逻辑功能随时进行修改或重构。

边界扫描测试技术用于解决芯片的测试问题，它是当前对芯片和集成电路测试检验最为有效的方法。

Altera 公司的 FPGA、SoC FPGA、CPLD 和 HardCopy ASIC 结合软件工具、知识产权、嵌入式处理器和客户支持，为全世界客户提供非常有价值的可编程解决方案。Altera 公司的 PLD 系列产品主要包括高端 FPGA 的 Stratix 系列、中端 FPGA 的 Arria 系列、低成本 FPGA 的 Cyclone 系列、低成本 CPLD 的 MAX 系列和硬件拷贝 HardCopy ASIC 系列。

思考题和习题 6

6.1　PLD 的分类方法有哪几种？各有什么特征？
6.2　PAL，GAL，EPLD，CPLD 和 FPGA 有何共同处和不同之处？
6.3　有多少种 PLD？它们属于 PLD 的哪一类？
6.4　PLA 和 PAL 在结构方面具有什么区别？
6.5　PLD 常用的存储元件有哪几种？各有哪些特点？
6.6　试比较"积木"式、Bottom-Up 式、Top-Down 式 3 种数字系统设计方法的异同点。
6.7　如何看待在系统可编程技术和边界扫描测试技术？
6.8　"在系统可编程"技术是针对电路板和系统上的哪类元件编程的？
6.9　边界扫描测试技术用于解决什么问题？
6.10　Altera 公司的 ByteBlaster 的 10 芯接口有何用途？

第 7 章 EDA 技术的应用

本章概要：本章通过用硬件描述语言 VHDL 和 Verilog HDL 实现的设计实例，进一步介绍 EDA 技术在组合逻辑、时序逻辑电路设计及一些常用数字系统的综合应用。本章列出的全部 HDL 源程序均通过 Quartus II 或 ModelSim 工具软件的编译。

知识要点：（1）VHDL 的组合逻辑、时序逻辑及综合应用实例；
　　　　　　（2）Verilog HDL 的组合逻辑、时序逻辑及综合应用的实例；
　　　　　　（3）VHDL 和 Verilog HDL 实现系统设计的实例。

教学安排：本章教学安排 8 学时。通过本章的学习，使读者进一步提高 VHDL 和 Verilog HDL 的编程能力。

7.1 组合逻辑电路设计应用

组合逻辑是一种在任何时刻的输出仅决定于当时输入信号的逻辑。常用的组合逻辑包括运算电路、编码器、译码器、数据选择器、数据比较器和 ROM 等。

7.1.1 运算电路设计

常用的运算电路有加法器、减法器和乘法器，下面以 8 位乘法器为例，介绍运算电路的设计。

1. 设计原理

8 位乘法器的元件符号如图 7.1 所示，A[7..0] 和 B[7..0] 是被乘数和乘数输入端，Q[15..0] 是乘积输出端。

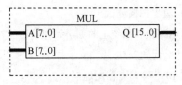

图 7.1 8 位乘法器的元件符号

2. 基于 VHDL 的 8 位乘法器的设计

基于 VHDL 的 8 位乘法器设计的源程序 mul.vhd 如下：

```
LIBRARY IEEE;
USE IEEE.STD_LOGIC_1164.ALL;
ENTITY mul IS
PORT(a,b: IN integer range 0 to 255;
       q: OUT integer range  0 to 65535);
END mul;
ARCHITECTURE one OF mul IS
  BEGIN
```

```
            q<=a *b;
      END one;
```
8 位乘法器设计电路的仿真波形如图 7.2 所示（本章的仿真波形采用 Quartus II 9.0 仿真得到），仿真结果验证了设计的正确性。

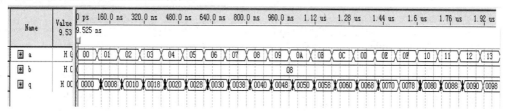

图 7.2 8 位乘法器设计电路的仿真波形

3. 基于 Verilog HDL 的 8 位乘法器的设计

基于 Verilog HDL 的 8 位乘法器设计的源程序 mul8v.v 如下：

```
module mul8v(a,b,q);
    input[7:0]        a,b;
    output[15:0]      q;
    assign q = a * b;
endmodule
```

7.1.2 编码器设计

在数字系统中，用二进制代码表示特定信息的过程称为编码。例如，在电子设备中，用二进制码表示字符，称为字符编码；用二进制码表示十进制数，称为二-十进制编码。能完成编码功能的电路称为编码器。

编码器又分为普通编码器和优先编码器两类。在普通编码器中，任何时刻只允许一个输入信号有效，否则输出将发生混乱。下面以十六进制编码键盘为例，介绍普通编码器的设计。

1. 设计原理

十六进制编码键盘的结构示意图如图 7.3 所示，它是一个 4×4 的矩阵结构，用 x3~x0 和 y3~y0 等 8 条信号线接收 16 个按键的信息，相应的编码器的元件符号如图 7.4 所示。

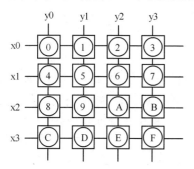
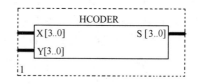

图 7.3 十六进制编码键盘的结构示意图   图 7.4 十六进制编码器的元件符号

在编码器元件符号中，X[3..0]是行信号输入端，Y[3..0]是列信号输入端，没有键按下时，信号线呈高电平，有键按下时，相应信号线呈低电平。例如，当"0"号键按下时，x3x2x1x0=1110，y3y2y1y0=1110，编码器输出 S[3..0]=0；当"1"号键按下时，x3x2x1x0=1110，y3y2y1y0=1101，S[3..0]=1；以此类推。

2. 基于 VHDL 的十六进制键盘编码器的设计

根据工作原理，基于 VHDL 的十六进制键盘编码器源程序 hcoder.vhd 如下：

```
LIBRARY IEEE;
USE IEEE.STD_LOGIC_1164.ALL;
ENTITY hcoder IS
    PORT(x,y : IN STD_LOGIC_VECTOR(3 DOWNTO 0);
         S : OUT STD_LOGIC_VECTOR(3 DOWNTO 0));
END hcoder;
ARCHITECTURE struc OF hcoder IS
  BEGIN
    PROCESS (x,y)
      VARIABLE  xy:STD_LOGIC_VECTOR(7 DOWNTO 0);
      BEGIN
        XY:=(x & y);
          CASE xy IS
            WHEN B"11101110" => S <= B"0000";
            WHEN B"11101101" => S <= B"0001";
            WHEN B"11101011" => S <= B"0010";
            WHEN B"11100111" => S <= B"0011";
            WHEN B"11011110" => S <= B"0100";
            WHEN B"11011101" => S <= B"0101";
            WHEN B"11011011" => S <= B"0110";
            WHEN B"11010111" => S <= B"0111";
            WHEN B"10111110" => S <= B"1000";
            WHEN B"10111101" => S <= B"1001";
            WHEN B"10111011" => S <= B"1010";
            WHEN B"10110111" => S <= B"1011";
            WHEN B"01111110" => S <= B"1100";
            WHEN B"01111101" => S <= B"1101";
            WHEN B"01111011" => S <= B"1110";
            WHEN B"01110111" => S <= B"1111";
            WHEN OTHERS     => S <= B"0000";
          END CASE;
    END PROCESS ;
END struc;
```

在源程序中，使用了 case 语句对 x 和 y 的输入组合进行编码，x 和 y 的输入组合有 256 种，而只有 16 种组合是按键组合，剩余的非按键组合用 "WHEN OTHERS => S <= B"0000""语句处理，即当非按键组合值（包含没有按键）出现时，编码器输出均为 "0000"。

十六进制键盘编码器电路的仿真波形如图 7.5 所示。

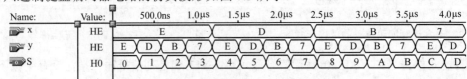

图 7.5 十六进制键盘编码器电路的仿真波形

3. 基于 Verilog HDL 的十六进制键盘编码器的设计

基于 Verilog HDL 的十六进制键盘编码器设计的源程序 hcoder.v 如下：

```verilog
module   hcoder(x,y,s);
input[3:0]       x,y;
output[3:0]      s;
reg[3:0]         s;
always
begin
        case ({x,y})
            'b11101110: s=0;
            'b11101101: s=1;
            'b11101011: s=2;
            'b11100111: s=3;
            'b11011110: s=4;
            'b11011101: s=5;
            'b11011011: s=6;
            'b11010111: s=7;
            'b10111110: s=8;
            'b10111101: s=9;
            'b10111011: s=10;
            'b10110111: s=11;
            'b01111110: s=12;
            'b01111101: s=13;
            'b01111011: s=14;
            'b01110111: s=15;
            default :       s=0;     endcase
    end
endmodule
```

7.1.3 译码器设计

在数字系统中，能将二进制代码翻译成所表示信息的电路称为译码器。常用的译码器有二进制译码器、二-十进制译码器和显示译码器。下面以 3 线-8 线译码器为例，介绍译码器电路的设计。

1. 设计原理

3 线-8 线译码器的元件符号如图 7.6 所示，ENA 是译码器的使能控制输入端，当 ENA=1 时，译码器不能工作，8 线输出 Y[7..0]=11111111（译码器的输出有效电平为低电平）；当 ENA=0 时，译码器工作。C、B、A 是数据输入端，译码器处于工作状态时，当 CBA=000 时，Y[7..0]=11111110（即 Y[0]=0）；当 CBA=001 时，Y[7..0]=11111101（即 Y[1]=0）；以此类推。

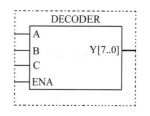

图 7.6 3 线-8 线译码器的元件符号

2. 基于 VHDL 的 3 线-8 线译码器的设计

根据工作原理，基于 VHDL 的 3 线-8 线译码器设计的源程序 Decoder.vhd 如下：

```vhdl
LIBRARY IEEE;
USE IEEE.STD_LOGIC_1164.ALL;
ENTITY Decoder IS
        PORT(a,b,c,ena:IN BIT;
                  y:OUT BIT_VECTOR(7 DOWNTO 0));
END Decoder;
ARCHITECTURE one OF Decoder IS
BEGIN
  PROCESS(a,b,c,ena)
      VARIABLE cba:BIT_VECTOR(2 DOWNTO 0);
          BEGIN
           cba:=(c & b & a);
           IF (ena='1') THEN y <= "11111111";
          ELSE
           CASE (cba) IS
                WHEN "000" => y <= "11111110";
                WHEN "001" => y <= "11111101";
                WHEN "010" => y <= "11111011";
                WHEN "011" => y <= "11110111";
                WHEN "100" => y <= "11101111";
                WHEN "101" => y <= "11011111";
                WHEN "110" => y <= "10111111";
                WHEN "111" => y <= "01111111";
                WHEN OTHERS=>NULL;
           END CASE;
         END IF;
     END PROCESS;
END one;
```

3 线-8 线译码器电路的仿真波形如图 7.7 所示,仿真结果验证了设计的正确性。

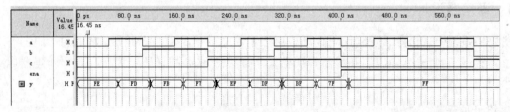

图 7.7 3 线-8 线译码器电路的仿真波形

3. 基于 Verilog HDL 的 3 线-8 线译码器的设计

基于 Verilog HDL 的 3 线-8 线译码器设计的源程序 decoder.v 如下:

```verilog
module decoder(a,b,c,ena,y);
input       a,b,c,ena;
output[7:0] y;
reg[7:0]    y;
always
    begin
      if (ena==1)  y = 'b11111111;
         else
            case ({c,b,a})
```

```
                'b000: y= 'b11111110;      'b001: y= 'b11111101;
                'b010: y= 'b11111011;      'b011: y= 'b11110111;
                'b100: y= 'b11101111;      'b101: y= 'b11011111;
                'b110: y= 'b10111111;      'b111: y= 'b01111111;
                default : y= 'b11111111;   endcase
        end
endmodule
```

7.1.4 数据选择器设计

能从一组输入数据中选出其中需要的一个数据作为输出的电路称为数据选择器，常用的数据选择器有 4 选 1、8 选 1 和 16 选 1 等类型。下面以 16 选 1 为例，介绍数据选择器的电路设计。

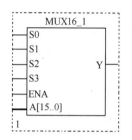

图 7.8 16 选 1 数据选择器的元件符号

1. 设计原理

16 选 1 数据选择器的元件符号如图 7.8 所示，ENA 是使能控制输入端，当 ENA=1 时，电路不能工作，输出 Y=0；ENA=0 时，电路处于工作状态。A[15..0]是数据输入端，S2，S1，S0 是数据选择控制端，当电路处于工作状态时（ENA=0），若 S3S2S1S0=0000，则输入 A[0]被选中，输出 Y=A[0]；若 S3S2S1S0=0001，则输入 A[1]被选中，输出 Y=A[1]；以此类推。

2. 基于 VHDL 的 16 选 1 数据选择器的设计

根据工作原理，基于 VHDL 的 16 选 1 数据选择器设计的源程序 mux16.vhd 如下：

```vhdl
LIBRARY IEEE;
USE IEEE.STD_LOGIC_1164.ALL;
ENTITY mux16_1 IS
PORT(s0,s1,s2,s3,ena: IN STD_LOGIC;
             a: IN STD_LOGIC_VECTOR(15 DOWNTO 0);
             y: OUT STD_LOGIC);
END mux16_1;
ARCHITECTURE one OF mux16_1 IS
SIGNAL s: STD_LOGIC_VECTOR(3 DOWNTO 0);
  BEGIN
        s<=s0&s1&s2&s3;        --将 s0, s1, s2 和 s3 并为 s
PROCESS(s0,s1,s2,s3,ena)
 BEGIN
        IF ena='1' THEN y<='0';
        ELSE
          CASE s IS
            WHEN "0000" => y <=a(0);   WHEN "0001" => y <=a(1);
            WHEN "0010" => y <=a(2);   WHEN "0011" => y <=a(3);
            WHEN "0100" => y <=a(4);   WHEN "0101" => y <=a(5);
            WHEN "0110" => y <=a(6);   WHEN "0111" => y <=a(7);
            WHEN "1000" => y <=a(8);   WHEN "1001" => y <=a(9);
            WHEN "1010" => y <=a(10);  WHEN "1011" => y <=a(11);
            WHEN "1100" => y <=a(12);  WHEN "1101" => y <=a(13);
```

```
            WHEN "1110" => y <=a(14);   WHEN "1111" => y <=a(15);
            WHEN OTHERS => y <='X';     END CASE;
        END IF;
    END PROCESS;
END one;
```

16 选 1 数据选择器的仿真波形如图 7.9 所示，仿真结果验证了设计的正确性。

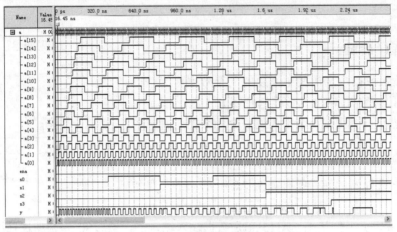

图 7.9　16 选 1 数据选择器的仿真波形

3. 基于 Verilog HDL 的 16 选 1 数据选择器的设计

基于 Verilog HDL 的 16 选 1 数据选择器设计的源程序 mux16_1.v 如下：

```verilog
module mux16_1(a,s3,s2,s1,s0,ena,y);
input       s3,s2,s1,s0,ena;
input[15:0] a;
output      y;
reg         y;
always
begin
        if (ena==1)  y = 0;
          else
            case ({s3,s2,s1,s0})
              'b0000: y= a[0];    'b0001: y= a[1];
              'b0010: y= a[2];    'b0011: y= a[3];
              'b0100: y= a[4];    'b0101: y= a[5];
              'b0110: y= a[6];    'b0111: y= a[7];
              'b1000: y= a[8];    'b1001: y= a[9];
              'b1010: y= a[10];   'b1011: y= a[11];
              'b1100: y= a[12];   'b1101: y= a[13];
              'b1110: y= a[14];   'b1111: y= a[15];
              default : y= 0;     endcase
      end
endmodule
```

7.1.5　数据比较器设计

数据比较器是一种运算电路，它可以对两个二进制数或二-十进制编码的数进行比较，得出大于、小于和相等的结果。下面以 8 位数据比较器为例，介绍数据比较器的设计。

1. 设计原理

8 位数据比较器电路的元件符号如图 7.10 所示，A[7..0] 和 B[7..0] 是两个数据输入端，FA 是"大于"输出端，FB 是"小于"输出端，FE 是"等于"输出端。当 A[7..0] 大于 B[7..0] 时，FA=1；当 A[7..0] 小于 B[7..0] 时，FB=1；当 A[7..0] 等于 B[7..0] 时，FE=1。

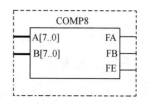

图 7.10 8 位数据比较器电路的元件符号

2. 基于 VHDL 的 8 位一进制数据比较器的设计

根据工作原理，基于 VHDL 的 8 位一进制数据比较器设计的源程序 comp8.vhd 如下：

```
LIBRARY IEEE;
USE IEEE.STD_LOGIC_1164.ALL;
ENTITY comp8 IS
PORT (a,b      : IN STD_LOGIC_VECTOR(7 DOWNTO 0);
      fa,fb,fe : OUT STD_LOGIC);
END comp8;
ARCHITECTURE one OF comp8 IS
  BEGIN
    PROCESS(a,b)
      BEGIN
        IF a > b THEN fa <= '1';fb <= '0';fe <= '0';
          ELSIF a < b THEN fa <= '0';fb <= '1';fe <= '0';
            ELSIF a = b THEN fa <= '0';fb <= '0';fe <= '1';
        END IF;
      END PROCESS;
END one;
```

8 位二进制数据比较器的仿真波形如图 7.11 所示，仿真结果验证了设计的正确性。

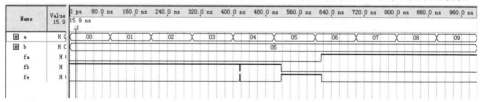

图 7.11 8 位二进制数据比较器的仿真波形

3. 基于 Verilog HDL 的 8 位二进制数据比较器的设计

基于 Verilog HDL 的 8 位二进制数据比较器设计的源程序 comp8v.v 如下：

```
module  comp8v(a,b,fa,fb,fe);
input[7:0]  a,b;
output      fa,fb,fe;
reg[7:0]    fa,fb,fe;
always
    begin
            if (a > b) begin  fa = 1;  fb = 0;  fe = 0; end
              else if (a < b) begin  fa = 0; fb = 1; fe = 0; end
                else if (a == b) begin  fa = 0; fb = 0; fe = 1; end
```

```
            end
    endmodule
```

7.1.6 ROM 的设计

在数字系统中，按照结构特点分类，只读存储器 ROM（Read Only Memory）属于组合逻辑电路。在使用时，ROM 中的数据只能读出而不能写入，但掉电后数据不会丢失，因此常用于存放固化的程序和数据。

1. 基于 VHDL 的 ROM 的设计

对于容量不大的 ROM，可以用 VHDL 的数组或 case 语句来实现。用 VHDL 的数组语句实现 8×8 位 ROM 的源程序 from_rom.vhd 如下：

```vhdl
LIBRARY ieee;
USE ieee.std_logic_1164.ALL;
ENTITY from_rom IS
    PORT(clk,cs: IN std_logic;            --时钟、片选
         addr: IN integer RANGE 0 TO 7;    --地址线
         q: OUT std_logic_vector(7 DOWNTO 0)); --输出数据线
END ENTITY from_rom;
ARCHITECTURE one OF from_rom IS
TYPE rom_type IS ARRAY(0 TO 7) OF std_logic_vector(7 DOWNTO 0);
BEGIN
    PROCESS(clk, addr,cs) IS
        VARIABLE mem : rom_type;
    BEGIN
    mem(0):="01000001"; mem(1):="01000010";
    mem(2):="01000011"; mem(3):="01000100";
    mem(4):="01000101"; mem(5):="01000110";
    mem(6):="01000111"; mem(7):="01001000";
        IF clk'event AND clk = '1' THEN
            q <= (others => 'Z');
            IF cs = '0' THEN
                q <= mem(addr);
            END IF;
        END IF;
    END PROCESS;
END one;
```

在源程序中，addr 是 3 位地址线，可以实现 8 个存储单元（字）的寻址；cs 是使能控制（即片选）输入端，低电平有效，当 cs=0 时，存储器处于工作状态（读出），当 cs=1 时，存储器处于禁止状态，输出 q 为高阻态（Z）。

8×8 位 ROM 设计电路的仿真波形如图 7.12 所示，仿真结果验证了设计的正确性。

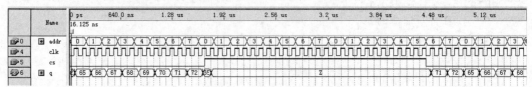

图 7.12　8×8 位 ROM 设计电路的仿真波形

用 VHDL 的 case 语句实现 8×8 位 ROM 的源程序 from_rom.vhd 如下：

```
LIBRARY IEEE;
USE IEEE.STD_LOGIC_1164.ALL;
ENTITY from_rom IS
    PORT(addr    : IN    INTEGER RANGE 0 TO 7;
         ena     : IN    STD_LOGIC;
         q       : OUT   STD_LOGIC_VECTOR(7 DOWNTO 0));
END from_rom;
ARCHITECTURE a OF from_rom IS
  BEGIN
    PROCESS (ena,addr)
      BEGIN
        IF (ena='1') THEN q<="ZZZZZZZZ";ELSE
        CASE addr IS
            WHEN 0 =>  q<="01000001";
            WHEN 1 =>  q<="01000010";
            WHEN 2 =>  q<="01000011";
            WHEN 3 =>  q<="01000100";
            WHEN 4 =>  q<="01000101";
            WHEN 5 =>  q<="01000110";
            WHEN 6 =>  q<="01000111";
            WHEN 7 =>  q<="01001000";
        END CASE;
        END IF;
    END PROCESS;
END a;
```

2. 基于 Verilog HDL 的 ROM 的设计

Verilog HDL 也可以采用数组语句和 CASE 语句实现 ROM 的设计。用 Verilog HDL 的数组语句实现 8×8 位 ROM 的源程序 from_rom.v 如下：

```
module from_rom(addr,ena,q);
    input   [2:0]   addr;
    input           ena;
    output  [7:0]   q;
    reg     [7:0]   q;
    reg     [7:0]   ROM[7:0];
    always @ (ena or addr)
        begin
            ROM[0] = 'b01000001;    ROM[1] = 'b01000010;
            ROM[2] = 'b01000011;    ROM[3] = 'b01000100;
            ROM[4] = 'b01000101;    ROM[5] = 'b01000110;
            ROM[6] = 'b01000111;    ROM[7] = 'b01001000;
            if (ena)   q = 'bzzzzzzzz;
                else q=ROM[addr];
        end
endmodule
```

用 Verilog HDL 的 case 语句实现 8×8 位 ROM 的源程序 from_rom.v 如下：

```
module from_rom(addr,ena,q);
```

```
        input   [2:0]   addr;
        input           ena;
        output  [7:0]   q;
        reg     [7:0]   q;
        always @(ena or addr)
            begin
                if (ena)    q = 'bzzzzzzzz;else
                case (addr)
                    0: q = 'b01000001;  1: q = 'b01000010;
                    2: q = 'b01000011;  3: q = 'b01000100;
                    4: q = 'b01000101;  5: q = 'b01000110;
                    6: q = 'b01000111;  7: q = 'b01001000;
                    default:    q = 'bzzzzzzzz;
                endcase
            end
endmodule
```

在源程序中，case 语句中的数据可以根据实际需要更改。用 Verilog HDL 设计 8×8 位 ROM 的仿真波形见图 7.12。

7.2 时序逻辑电路设计应用

时序逻辑电路由组合逻辑电路和存储电路两部分组成，存储电路由触发器构成，是时序逻辑电路不可缺少的部分。电路结构决定了时序逻辑的特点，即任一时刻的输出信号不仅取决于当时的输入信号，而且还取决于电路的原来状态。

时序逻辑电路的重要标志是具有时钟脉冲 clock，在时钟脉冲的上升沿或下降沿的控制下，时序逻辑电路才能发生状态变化。VHDL 和 Verilog HDL 都提供了测试时钟脉冲敏感边沿的函数，为时序逻辑电路设计带来了极大的方便。

7.2.1 触发器设计

触发器是构成时序逻辑电路的基本元件，常用的触发器包括 RS、JK、D 和 T 等类型。下面以 JK 触发器为例，介绍触发器的设计方法。

1. 设计原理

JK 触发器的元件符号如图 7.13 所示，其中 J、K 是数据输入端，CLR 是复位控制输入端，当 CLR=0 时，触发器的状态被置为 0 态；当 CLR=1 时，其特性见表 7.1。

表 7.1 JK 触发器的特性表

CLK	J	K	Q^n	Q^{n+1}
↓	0	0	0	0
↓	0	0	1	1
↓	0	1	0	0
↓	0	1	1	0
↓	1	0	0	1
↓	1	0	1	1
↓	1	1	0	1
↓	1	1	1	0

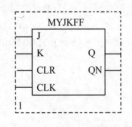

图 7.13 JK 触发器的元件符号

2. 基于 VHDL 的 JK 触发器的设计

根据工作原理，基于 VHDL 的 JK 触发器设计的源程序 myjkff.vhd 如下：

```
LIBRARY IEEE;
USE IEEE.STD_LOGIC_1164.ALL;
ENTITY myjkff IS
PORT(j,k,clr:IN STD_LOGIC;
     clk:IN STD_LOGIC;
     q,qn:BUFFER STD_LOGIC);
END myjkff;
ARCHITECTURE one OF myjkff IS
BEGIN
PROCESS(j,k,clr,clk)
  VARIABLE jk:STD_LOGIC_VECTOR(1 DOWNTO 0);
    BEGIN
      jk:=(j & k);
      IF clr='0' THEN
            q<='0';
            qn<='1';
       ELSIF clk'EVENT AND clk='0' THEN
         CASE jk IS
            WHEN "00" =>   q <=q;      qn <= qn;
            WHEN "01" =>   q <= '0';   qn <= '1';
            WHEN "10" =>   q <= '1';   qn <= '0';
            WHEN "11" =>   q <= NOT q; qn <= NOT qn;
            WHEN OTHERS => NULL;
         END CASE ;
      END IF;
    END PROCESS;
END one;
```

JK 触发器电路的仿真波形如图 7.14 所示。

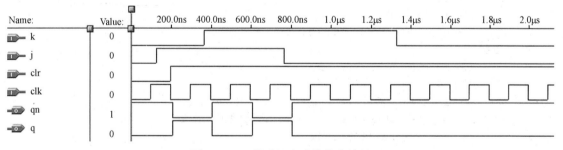

图 7.14 JK 触发器电路的仿真波形

3. 基于 Verilog HDL 的 JK 触发器的设计

基于 Verilog HDL 的 JK 触发器设计的源程序 myjkff.v 如下：

```
module myjkff(j,k,clr,clk,q,qn);
    input   j,k,clr,clk;
    output  q,qn;
    reg     q,qn;
    always @(negedge clr or negedge clk)
```

```verilog
    begin
        if (~clr)   begin q = 0; qn = 1; end
            else case ({j,k})
                    'b00: begin q = q;  qn = qn; end
                    'b01: begin q = 0;  qn = 1; end
                    'b10: begin q = 1;  qn = 0; end
                    'b11: begin q = ~q; qn = ~qn; end
                    default begin q = 0; qn = 1;end
                endcase
    end
endmodule
```

7.2.2 锁存器设计

锁存器是一种用来暂时保存数据的逻辑部件，下面以具有三态输出 8D 锁存器为例，介绍锁存器的设计方法。

1. 设计原理

具有三态输出 8D 锁存器的元件符号如图 7.15 所示。CLR 是复位控制输入端，当 CLR=0 时，8 位数据输出 Q[7..0]=00000000。ENA 是使能控制输入端，当 ENA=1 时，锁存器处于工作状态，输出 Q[7..0]=D[7..0]；当 ENA=0 时，锁存器的状态保持不变。OE 是三态输出控制端，当 OE=1 时，输出为高阻态，即 Q[7..0]=ZZZZZZZZ；OE=0 时，锁存器为正常输出状态。

2. 基于 VHDL 三态输出 8D 锁存器的设计

根据工作原理，基于 VHDL 的三态输出 8D 锁存器的源程序 latch8.vhd 如下：

```vhdl
LIBRARY IEEE;
USE IEEE.STD_LOGIC_1164.ALL;
ENTITY latch8 IS
PORT(clr,clk,ena,oe:IN STD_LOGIC;
     d:IN STD_LOGIC_VECTOR(7 DOWNTO 0);
     q:BUFFER STD_LOGIC_VECTOR(7 DOWNTO 0));
END latch8;
ARCHITECTURE one OF latch8 IS
SIGNAL q_temp:STD_LOGIC_VECTOR(7 DOWNTO 0);
  BEGIN
    u1:PROCESS(clk,clr,ena,oe)
      BEGIN
        IF clr='0' THEN q_temp <= "00000000";
          ELSIF clk'EVENT AND clk='1' THEN
            IF (ena='1') THEN
              q_temp <= d;
            END IF;
         END IF;
         IF oe='1' THEN q <= "ZZZZZZZZ";
         ELSE q <= q_temp;
         END IF;
       END PROCESS u1;
END one;
```

图 7.15 三态输出 8D 锁存器的元件符号

三态输出 8D 锁存器电路的仿真波形如图 7.16 所示，仿真结果验证了设计的正确性。

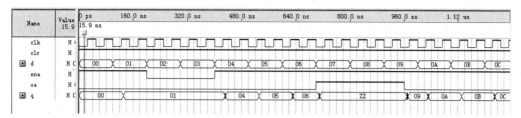

图 7.16 三态输出 8D 锁存器电路的仿真波形

3. 基于 Verilog HDL 的三态输出 8D 锁存器的设计

基于 Verilog HDL 的三态输出 8D 锁存器设计的源程序 latch8v.v 如下：

```
module latch8v(clk,clr,ena,oe,q,d);
   input  [7:0]       d;
   input              clk,clr,ena,oe;
   output [7:0]       q;
   reg    [7:0]       q,q_temp;
      always @(posedge clk)
         begin
            if (~clr)   q_temp = 0;
               else if (ena)  q_temp = d;
               else           q_temp = q;
    if (oe) q = 8'bzzzzzzzz;
         else q = q_temp;
      end
endmodule
```

7.2.3 移位寄存器设计

移位寄存器除了具有存储数码的功能以外，还具有移位功能。移位是指寄存器中的数据能在时钟脉冲的作用下，依次向左移或向右移。能使数据向左移的寄存器称为左移移位寄存器，能使数据向右移的寄存器称为右移移位寄存器，能使数据向左移也能向右移的寄存器称为双向移位寄存器。下面以 8 位双向移位寄存器为例，介绍移位寄存器的设计方法。

1. 设计原理

8 位双向移位寄存器电路的元件符号如图 7.17 所示。其中，CLR 是复位控制输入端，当 CLR=0 时，移位寄存器被复位，寄存器的 8 位输出 Q[7..0]=00000000；LOD 是预置控制输入端，当 LOD=1 且时钟 CLK 的上升沿到来时，寄存器状态被输入数据 D[7..0]预置，即 Q[7..0]=D[7..0]；S 是移位方向控制输入端，当 S=1 时，是右移移位寄存器，在时钟脉冲的控制下，寄存器中的数据依次向右移，S=0 时，是左移移位寄存器；DIR 是右移串入输入信号，当寄存器处于右移工作状态时，寄存器的最高位 Q[7]从 DIR 接收右串入数据；DIL 是左移串入输入信号，当寄存器处于左移工作状态时，寄存器的最低位 Q[0]从 DIL 接收左串入数据。

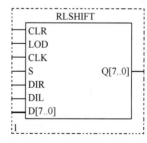

图 7.17 8 位双向移位寄存器电路的元件符号

2. 基于 VHDL 的 8 位双向移位寄存器的设计

根据工作原理，基于 VHDL 的 8 位双向移位寄存器的源程序 rlshift8.vhd 如下：

```
LIBRARY IEEE;
USE IEEE.STD_LOGIC_1164.ALL;
ENTITY rlshift IS
PORT(clr,lod,clk,s,dir,dil:IN BIT;
    d:IN BIT_VECTOR(7 DOWNTO 0);
    q:BUFFER BIT_VECTOR(7 DOWNTO 0));
END rlshift;
ARCHITECTURE one OF rlshift IS
  SIGNAL q_temp:BIT_VECTOR(7 DOWNTO 0);
    BEGIN
      PROCESS(clr,clk,lod,s,dir,dil)
        BEGIN
          IF clr='0' THEN q_temp <= "00000000";
            ELSIF clk'EVENT AND clk='1' THEN
              IF (lod='1') THEN
                q_temp <= d;
                ELSIF (S='1') THEN
                  FOR i IN 7 downto 1 LOOP      --实现右移操作
                    q_temp(i-1) <= q(i);
                  END LOOP ;
                    q_temp(7) <= dir;
                ELSE
                  FOR i IN 0 TO 6 LOOP          --实现左移操作
                    q_temp(i+1) <= q(i);
                  END LOOP ;
                    q_temp(0) <= dil;
              END IF;
            END IF;
            q <= q_temp;
      END PROCESS;
END one;
```

8 位双向移位寄存器的仿真波形如图 7.18 所示，仿真结果验证了设计的正确性。

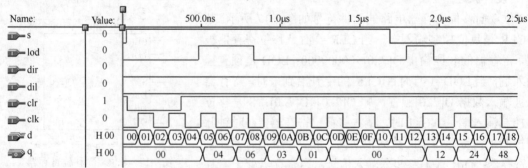

图 7.18　8 位双向移位寄存器的仿真波形

3. 基于 Verilog HDL 的 8 位双向移位寄存器的设计

基于 Verilog HDL 的 8 位双向移位寄存器的源程序 rlshift8.v 如下：

```
module rlshift8(q,d,lod,clk,clr,s,dir,dil);
    input [7:0]    d;
```

```
    input       lod,clk,clr,s,dir,dil;
    output [7:0]  q;
    reg    [7:0]  q;
always @(posedge clk)
  begin
    if (~clr)    q='b00000000;
      else if (lod) q=d;
        else if (s) begin q=q >> 1;q[7] = dir; end    --实现右移操作
          else begin    q=q << 1;  q[0] = dil; end    --实现左移操作
  end
endmodule
```

在 Verilog HDL 源程序中,用 ">>" 运算符号实现右移操作,用 "<<" 运算符号实现左移操作。但在 VHDL 源程序中,由于 MAX+PLUS II 工具软件不支持 VHDL 的 "SRL"、"SLL"等移位运算符号,所以用 FOR 语句构成循环来实现移位操作。

7.2.4 计数器设计

在数字系统中,计数器可以统计输入脉冲的个数,实现计时、计数、分频、定时、产生节拍脉冲和序列脉冲。常用的计数器包括二进制计数器、十进制计数器、加法计数器、减法计数器和加减计数器。下面以 8 位二进制加减计数器为例,介绍计数器电路的设计。

1. 设计原理

8 位二进制加减计数器的元件符号如图 7.19 所示。其中,CLR 是复位控制输入端,当 CLR=0 时,计数器被复位,8 位计数器输出 Q[7..0]=00000000;ENA 是使能控制输入端,当 ENA=1 时,计数器可进行加或减计数;LOAD 是预置控制输入端,当 LOAD=1 且时钟 CLK 的上升沿到来时,计数器处于预置工作状态,输出 Q[7..0]=D[7..0];D[7..0]是 8 位并行数据输入端;UPDOWN 是加减控制输入端,当 UPDOWN=0 时,计数器作加法操作,UPDOWN=1 时,计数器作减法操作;COUT 是进/

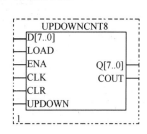

图 7.19 8 位二进制加减计数器的元件符号

借位输出端,当 UPDOWN=0(进行加法操作)且输出 Q[7..0]=11111111 时,COUT=1 表示进位输出,而 UPDOWN=1(进行减法操作)且 Q[7..0]=00000000 时,COUT=0 表示借位输出。

2. 基于 VHDL 的 8 位二进制加减计数器的设计

根据工作原理,基于 VHDL 的 8 位二进制加减计数器的源程序 updowncnt8.vhd 如下:

```
LIBRARY IEEE;
USE IEEE.STD_LOGIC_1164.ALL;
ENTITY updowncnt8 IS
    PORT(clr,clk,ena,load,updown:IN STD_LOGIC;
         d:IN INTEGER RANGE 0 TO 255;
         cout:OUT STD_LOGIC;
         q:BUFFER INTEGER RANGE 0 TO 255);
END updowncnt8;
ARCHITECTURE one OF updowncnt8 IS
BEGIN
  PROCESS(clk,ena,clr,d,load,updown)
    BEGIN
```

```
        IF CLR='0' THEN
           q <= 0;
         ELSIF clk'EVENT AND clk='1' THEN
           IF load = '1' THEN
             q <= d;
             ELSIF ena='1' THEN
               IF updown = '0' THEN    q <= q+1;
                   IF q = 255 THEN COUT <= '1';
                   ELSE COUT <= '0';END IF;
               ELSE q <= q-1;
                   IF q = 0 THEN   COUT <= '0';
               END IF;
           END IF;
        END IF;
    END PROCESS;
END one;
```

8位二进制加减计数器的仿真波形如图 7.20 所示，仿真结果验证了设计的正确性。

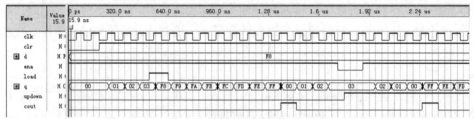

图 7.20　8 位二进制加减计数器的仿真波形

3. 基于 Verilog HDL 的 8 位二进制加减计数器的设计

基于 Verilog HDL 的 8 位二进制加减计数器设计的源程序 updowncnt8.v 如下：

```verilog
module updowncnt8(q,cout,d,load,ena,clk,clr,updown);
    input [7:0]      d;
    input            load,ena,clk,clr,updown;
    output reg[7:0]  q;
    output reg       cout;
always @(posedge clk or negedge clr)
   begin
     if (~clr)   q = 0;
       else if (load)    q = d;
         else if (ena) begin
           if (~updown) begin q=q+1;
                     if (q==255) cout=1;
                        else cout=0;end
               else begin q=q-1;
                   if (q==0) cout=1;
                     else cout=0; end
                end
    end
endmodule
```

7.2.5 随机读写存储器 RAM 的设计

在数字系统中,按照结构特点分类,随机读写存储器 RAM 属于时序逻辑电路。在使用时,RAM 中的数据能读出也能写入,但掉电后数据会丢失。

1. 基于 VHDL 的 RAM 的设计

在 VHDL 中,采用数组类型数据可以构成 RAM 存储器的数据类型,RAM 存储器的数据类型定义语句如下:

```
TYPE ram_type IS ARRAY (0 TO 15) OF std_logic_vector(7 DOWNTO 0);
```

语句定义了一个 16 个字的存储器变量 ram_type,每个字的字长为 8 位。若 mem 是 ram_type 数据类型的变量,则可以用下面的语句对存储器单元赋值(即写入):

```
mem(7) <= "00000001";    //存储器 mem 的第 7 个字被赋值 00000001
```

存储器单元中的数据也可以读出,因此 ram_type 型的变量相当于一个 RAM。

在存储器设计时,存储容量越大,占用可编程逻辑器件的资源越多。下面以 16×8 位 RAM 的设计为例,介绍基于 VHDL 的 RAM 设计,具体的源程序 myram.vhd 如下:

```
LIBRARY ieee;
USE ieee.std_logic_1164.ALL;
ENTITY myram IS
    PORT(
        a   : IN integer RANGE 0 TO 15;         --地址线
        din : IN std_logic_vector(7 DOWNTO 0);  --输入数据线
        dout: OUT std_logic_vector(7 DOWNTO 0); --输出数据线
        clk, cs, we, oe : IN std_logic          --时钟、片选、写使能、输出使能
        );
END ENTITY myram;
ARCHITECTURE one OF myram IS
    TYPE ram_type IS ARRAY (0 TO 15) OF std_logic_vector(7 DOWNTO 0);
BEGIN
    PROCESS(clk, a, din, cs, we, oe) IS
        VARIABLE mem : ram_type;
    BEGIN
        IF clk'event AND clk = '1' THEN
            dout <= (others => 'Z');
            IF cs = '0' THEN
                IF oe = '0' THEN
                    dout <= mem(a);
                ELSIF we = '0' THEN
                    mem(a) := din;
                END IF;
            END IF;
        END IF;
    END PROCESS;
END one;
```

在源程序中,a 是 4 位地址线,可以实现 16 个存储单元(字)的寻址;cs 是使能控制(即片选)输入端,低电平有效,当 cs=0 时,存储器处于工作状态(可以读或写),当 cs=1 时,存储器处于禁止状态,输出为高阻态(Z);we 是写控制输入端,低电平有效,当 we=0(cs=0)

时,存储器处于写操作工作状态,当 we=1（cs=0）时,存储器处于读操作工作状态;din 是 8 位数据输入端,在存储器处于写操作工作状态时,根据地址线提供的地址,把其数据写入相应的存储单元;dout 是 8 位数据输出端,当存储器处于读操作工作状态时,根据地址线提供的地址,把相应存储单元的数据送出到输出端 dout。

16×8 位 RAM 设计电路的仿真波形如图 7.21 所示。在仿真波形的 0~2.24us 阶段中,cs=0,we=0,oe=1,存储器处于写操作阶段,根据地址的变化,把 0~A 地址下的存储器单元(即 mem（0）~mem（10）)分别写入了数据输入端 din 的数据(即 09、0A、0B…)。在此阶段,由于 oe=1,使存储器的数据端 dout 为高阻（'Z'）。在仿真波形的 2.24~3.84us 阶段,cs=0,we=1,oe=0,存储器处于读操作阶段,根据地址的变化,把 B、C、…、3 地址下的存储器单元(即 mem（11）、mem（12）、…、mem（3）)的数据分别在 dout 端输出。仿真结果验证了设计的正确性。

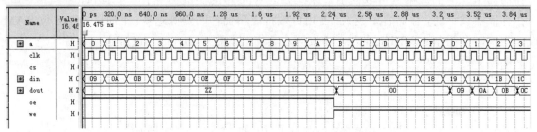

图 7.21 16×8 位 RAM 设计电路的仿真波形

2. 基于 Verilog HDL 的 RAM 设计

在 Verilog HDL 中,若干个相同宽度的向量构成数组,其中 reg（寄存器）型数组变量即为 memory（存储器）型变量。memory 型变量定义语句如下:

    reg[7:0]   mymemory[1023:0];

语句定义了一个 1024 个字的存储器变量 mymemory,每个字的字长为 8 位。经定义后的 memory 型变量可以用下面的语句对存储器单元赋值（即写入）:

    mymemory[7] = 75; //存储器 mymemory 的第 7 个字被赋值 75

存储器单元中的数据也可以读出,因此 memory 型变量相当于一个 RAM。

基于 Verilog HDL 的 16×8 位 RAM 设计的源程序 myram.v 如下:

```
module myram(addr,csn,wrn,data,q);
    input  [3:0]  addr;
    input         csn,wrn;
    input  [7:0]  data;
    output [7:0]  q;
    reg    [7:0]  q;
    reg    [7:0]  mymemory[15:0];
always @(posedge addr)
  begin
    if (csn)     q='bzzzzzzzz;
      else if (wrn==0) mymemory[addr]= data;
         else if (wrn==1) q=mymemory[addr];
  end
endmodule
```

在源程序中,addr 是 4 位地址线,可以实现 16 个存储单元（字）的寻址;csn 是使能控制输入端,低电平有效,当 csn=0 时,存储器处于工作状态(可以读或写),当 csn=1 时,存储器处于禁止状态,输出为高阻态(z);wrn 是写控制输入端,低电平有效,当 wrn=0(csn=0)时,存储器处于写操作工作状态,当 wrn=1(csn=0)时,存储器处于读操作工作状态;data 是 8 位数据输入端,在存储器处于写操作工作状态时,根据地址线提供的地址,把其数据写入相应的存储单元;q 是 8 位数据输出端,当存储器处于读操作工作状态时,根据地址线提供的地址,把相应存储单元的数据送出输出端 q。

在源程序中,如果把定义地址宽度的语句"input [3:0] addr;"更改为"input [7:0] addr;"(即定义地址为 8 位);把定义存储器容量的语句"reg [15:0] mymemory[7:0];"更改为"reg [7:0] mymemory[1023:0];",则是一个 1024×8 位的 RAM 电路设计的源程序(16×8 位 RAM 设计电路的仿真波形见图 7.21)。

7.3 基于 EDA 的数字系统设计

基于 EDA 技术的数字系统的设计,一般可以在单片 PLD 实现,具有功能强、功耗低、体积小、可靠性高等特点,成为当今数字系统设计的主流。本节将通过计时器、万年历、数字频率计等一些通俗易懂的数字系统为例,介绍基于 EDA 技术的数字系统设计。

7.3.1 计时器的设计

24 小时计时器的原理图如图 7.22 所示,它由两片六十进制计数器和一片二十四进制计数器构成,输入 CLK 为 1Hz(秒)的时钟,经过 60 分频后产生 1 分钟时钟信号,再经过 60 分频后,产生 1 小时的时钟信号,最后进行 24 分频,得到 1 天的脉冲送 COUT 输出。将两个 60 分频和一个 24 分频的输出送七段数码管,得到 24 小时的计时显示结果。

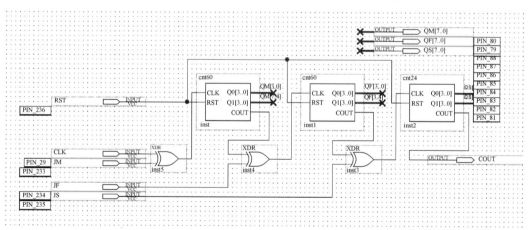

图 7.22 24 小时计时器的原理图

图 7.22 中的 CLK 是 1Hz(秒)时钟输入端;RST 是复位输入端,高电平有效;JM、JF 和 JS 分别是校秒、校分和校时的输入端,下降沿有效;QM[7..0]、QF[7..0]和 QS[7..0]分别是秒、分和时的计时输出端;COUT 是"天"脉冲输出端。校秒、校分和校时信号分别与相关的秒、分和时等输入时钟异或,允许从校时输入端添加脉冲,达到校时目的。

1. 基于 VHDL 的计时器设计

本设计需要用 VHDL 编写六十进制计数器和二十四进制计数器设计程序。基于 VHDL 的六十进制计数器设计的源程序 cnt60.vhd 如下：
```
LIBRARY IEEE;
USE IEEE.STD_LOGIC_1164.ALL;
USE IEEE.STD_LOGIC_UNSIGNED.ALL;
ENTITY cnt60 IS
    PORT(CLK,RST:IN STD_LOGIC;
        Q0,Q1:BUFFER STD_LOGIC_VECTOR(3 DOWNTO 0);
        COUT:OUT STD_LOGIC);
END cnt60;
ARCHITECTURE one OF cnt60 IS
SIGNAL EN1: STD_LOGIC;
  BEGIN
    PROCESS(CLK,RST)
      BEGIN
        IF RST='1' THEN Q0<="0000";
          ELSIF CLK'EVENT AND CLK='1' THEN
            IF Q0="1001" THEN Q0<="0000";ELSE Q0<=Q0+1;END IF;
          END IF;
            IF Q0="1001" THEN EN1<='1'; ELSE EN1<='0';END IF;
          END PROCESS;
    PROCESS(CLK,RST)
      BEGIN
        IF RST='1' THEN Q1<="0000";
          ELSIF CLK'EVENT AND CLK='1' THEN
            IF EN1='1' THEN
              IF Q1="0101" THEN Q1<="0000";ELSE Q1<=Q1+1;END IF;
                IF (Q1&Q0="01011001") THEN COUT<='0'; ELSE COUT<='1';END IF;
              END IF;
            END IF;
        END PROCESS;
END one;
```

六十进制计数器的仿真波形如图 7.23 所示，从仿真波形中可以看到，计数器的循环状态是 60 个（00~59），当状态到达 59 时，进入 00 状态，并产生一个下降沿作为下一级计数器的时钟信号。

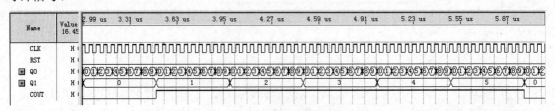

图 7.23 六十进制计数器的仿真波形

基于 VHDL 的二十四进制计数器设计的源程序 cnt24.vhd 如下：
```
LIBRARY IEEE;
```

```vhdl
USE IEEE.STD_LOGIC_1164.ALL;
USE IEEE.STD_LOGIC_UNSIGNED.ALL;
ENTITY cnt24 IS
    PORT(CLK,RST:IN STD_LOGIC;
        Q0,Q1:BUFFER STD_LOGIC_VECTOR(3 DOWNTO 0);
        COUT:OUT STD_LOGIC);
END cnt24;
ARCHITECTURE one OF cnt24 IS
SIGNAL EN1: STD_LOGIC;
  BEGIN
    PROCESS(CLK,RST)
      BEGIN
        IF RST='1' THEN Q0<="0000";
          ELSIF CLK'EVENT AND CLK='1' THEN
            IF (Q0="1001" OR Q1&Q0="00100011") THEN
                Q0<="0000";ELSE Q0<=Q0+1;END IF;
          END IF;
            IF (Q0="1001" OR Q1&Q0="00100011") THEN
                EN1<='1'; ELSE EN1<='0';END IF
    END PROCESS;
    PROCESS(CLK,RST)
      BEGIN
        IF RST='1' THEN Q1<="0000";
          ELSIF CLK'EVENT AND CLK='1' THEN
            IF EN1='1' THEN
              IF (Q1&Q0="00100011") THEN
                  Q1<="0000";ELSE Q1<=Q1+1;END IF;
              IF (Q1&Q0="00100011") THEN
                  COUT<='0'; ELSE COUT<='1';END IF;
            END IF;
          END IF;
    END PROCESS;
END one;
```

二十四进制计数器的仿真波形如图 7.24 所示, 从仿真波形中可以看到, 计数器的循环状态是 24 个 (00～23), 当状态到达 23 时, 进入 00 状态, 并产生一个下降沿作为下一级计数器的时钟信号。

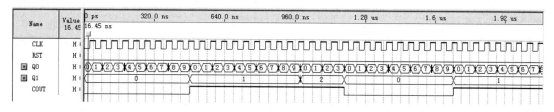

图 7.24 二十四进制计数器的仿真波形

完成基于 VHDL 的 60 进制计数器和二十四进制计数器的设计后, 分别为它们生成元件符号, 然后进入原理图编辑方式, 按照图 7.22 完成 24 小时计时器的设计。

2. 基于 Verilog HDL 的计时器的设计

Verilog HDL 的语法规则简练，与 VHDL 的设计风格不同，下面介绍基于 Verilog HDL 的计时器的设计。基于 Verilog HDL 的计时器的原理图如图 7.25 所示，图中的 clk 是秒时钟输入端；clrn 是清除输入端，低电平有效；jm、jf 和 js 分别是校秒、校分和校时的输入端，下降沿有效；qm[7..0]、qf[7..0]和 qs[7..0]分别是秒、分和时的输出端；cout 是"天"脉冲输出端。

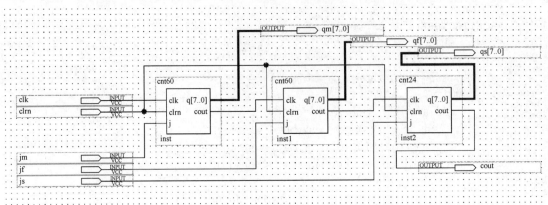

图 7.25 基于 Verilog HDL 的计时器设计原理图

电路设计需要用 Verilog HDL 编写六十进制计数器和二十四进制计数器，基于 Verilog HDL 的六十进制计数器设计的源程序 cnt60.v 如下：

```
module cnt60(clk,clrn,j,q,cout);
    input         clk,clrn,j;
    output reg [7:0]  q;
    output reg     cout;
always @(posedge clk^j or negedge clrn)
    begin
      if (~clrn) q=0;
        else begin
          if (q=='h59) q=0;
          else q=q+1;
            if (q[3:0]=='ha) begin
              q[3:0]=0; q[7:4]=q[7:4]+1; end
          if (q=='h59) cout=1;
            else cout=0;end
    end
endmodule
```

在源程序中，j 是校时输入端，它与时钟输入端 clk 异或就可以达到校时的作用，所以在计时器的原理图中，不再需要附加异或门电路。

基于 Verilog HDL 的二十四进制计数器设计的源程序 cnt24.v 如下：

```
module cnt24(clk,clrn,j,q,cout);
    input         clk,clrn,j;
    output reg [7:0]  q;
    output reg     cout;
always @(posedge clk^j or negedge clrn)
    begin
```

```
         if (~clrn) q=0;
           else begin
             if (q=='h23) q=0;
             else q=q+1;
               if (q[3:0]=='ha) begin
                 q[3:0]=0; q[7:4]=q[7:4]+1; end
             if (q=='h23) cout=1;
               else cout=0;end
       end
     endmodule
```

完成基于 Verilog HDL 的六十进制计数器和二十四进制计数器的设计后，分别为它们生成元件符号，然后进入原理图编辑方式，按照图 7.25 完成 24 小时计时器的设计。当计时器设计完成后，也可以为它生产一个元件符号，作为万年历设计的基本元件。计时器设计生成的元件符号如图 7.26 所示。

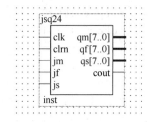

图 7.26　计时器设计生成的元件符号

7.3.2　万年历的设计

由于篇幅所限，下面仅以 Verilog HDL 语言为例，介绍基于 Verilog HDL 的万年历的设计。万年历电路的原理图如图 7.27 所示，包括计时器模块（jsq24）、年月日模块（nyr2009）、控制模块（contr）、校时选择模块（mux_4）和显示选择模块（mux_16）。

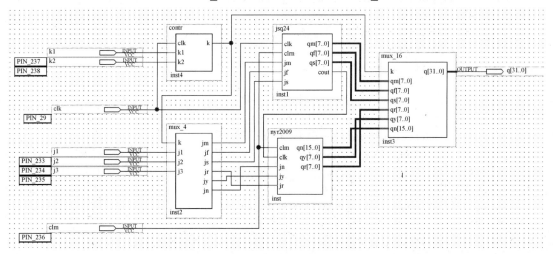

图 7.27　万年历设计的原理图

根据一般 EDA 实验设备的输入/输出接口的容限，本设计采用 3 个公用按钮 j1、j2 和 j3 完成时、分、秒或年、月、日的校时，用 8 只七段数码管分时完成时、分、秒或年、月、日的显示。设计电路的计时器模块（jsq24）用于完成一天中的 24 小时计时；年月日模块（nyr2009）接收计时器模块送来的"天"脉冲进行计数，得到日、月、年的显示结果；控制模块（contr）产生控制信号 k，控制数码显示器显示年、月、日，还是显示时、分、秒，或者自动轮流显示；校时选择模块（mux_4）在 k 信号的控制下，选择将 j1、j2 和 j3 这 3 个校时按钮产生的信号是送到计时器模块的校秒、校分和校时输入端，还是送到年月日模块的校天、校月和校年输入端；显示选择模块（mux_16）在 k 信号的控制下，选择是将计时器模块的时、分、秒状态信号，还是将年月日模块的年、月、日状态信号送到数码显示器显示。

万年历的计时器模块（jsq24）已（见 7.3.1 节）设计完成，下面介绍基于 Verilog HDL 的年月日模块（nyr2009）、控制模块（contr）、校时选择模块（mux_4）和显示选择模块（mux_16）的设计。

1. 年月日模块的设计

基于 Verilog HDL 的年月日模块设计的源程序 nyr2009.v 如下：

```verilog
module nyr2009(clrn,clk,jn,jy,jr,qn,qy,qr);
    input       clrn,clk,jn,jy,jr;
    output [15:0]  qn;
    output [7:0]   qy,qr;
    reg [15:0]    qn;
    reg [7:0]     qy,qr;
    reg           clkn,clky;
    reg [7:0]     date;
    reg           clkn1,clkn2,clkn3;
//初始化年脉冲
initial  begin clkn1=1;clkn2=1;clkn3=1;end
//初始化年、月、日时间
initial  begin qn='h2000;qy=1;qr=1;end
//日计数模块
always @(posedge (clk^jr) or negedge clrn)
    begin
      if (~clrn) qr=1;
        else begin
            if (qr==date) qr=1;
              else qr=qr+1;
              if (qr[3:0]=='ha) begin
                qr[3:0]=0; qr[7:4]=qr[7:4]+1;end
            if  (qr==date)  clky = 1;
              else clky = 0;end
    end
//月计数模块
always @(posedge clky^jy or negedge clrn)
    begin
      if (~clrn) qy=1;
        else begin
            if (qy=='h12)  qy=1;
              else qy=qy+1;
                if (qy[3:0]=='ha) begin
                  qy[3:0]=0;qy[7:4]=qy[7:4]+1;end
            if  (qy=='h12)  clkn = 1;
              else clkn = 0;end
      end
//产生每月的天数
always
    begin
```

```verilog
        case (qy)
          'h01: date='h31;
          'h02:   begin
            if ((qn/4==0)&(qn/100 != 0)|(qn/400==0)) date='h29;
                else date='h28; end
          'h03: date='h31;
          'h04: date='h30;
          'h05: date='h31;
          'h06: date='h30;
          'h07: date='h31;
          'h08: date='h31;
          'h09: date='h30;
          'h10: date='h31;
          'h11: date='h30;
          'h12: date='h31;
          default :date='h30;
          endcase
      end
//年计数模块
always @(posedge (clkn^jn) or negedge clrn )
    begin
      if (~clrn) qn[3:0]=0;
        else begin if(qn[3:0]==9) qn[3:0]=0;
          else qn[3:0]=qn[3:0]+1;
      if (qn[3:0]==9) clkn1=0;
        else clkn1=1;end
    end
always @(posedge clkn1 or negedge clrn )
    begin
      if (~clrn) qn[7:4]=0;
        else begin if(qn[7:4]==9) qn[7:4]=0;
          else qn[7:4]=qn[7:4]+1;
      if (qn[7:4]==9) clkn2=0;
        else clkn2=1;end
    end
always @(posedge clkn2 or negedge clrn )
    begin
      if (~clrn) qn[11:8]=0;
        else begin if(qn[11:8]==9) qn[11:8]=0;
          else qn[11:8]=qn[11:8]+1;
      if (qn[7:4]==9) clkn3=0;
        else clkn3=1;end
    end
always @(posedge clkn3 or negedge clrn )
    begin
      if (~clrn) qn[15:12]=2;
        else if(qn[15:12]==9) qn[15:12]=0;
          else qn[15:12]=qn[15:12]+1;
```

```
        end
    endmodule
```

年月日模块的元件符号如图 7.28 所示，其中，clrn 是异步清除输入端，低电平有效；clk 是时钟输入端，上升沿有效；jn、jy 和 jr 分别是校年、校月和校日输入端；qn[15..0]、qy[7..0]和 qr[7..0]分别是年、月和日的状态输出端。

2. 控制模块的设计

基于 Verilog HDL 的控制模块设计的源程序 contr.v 如下：

```
module contr(clk,k1,k2,k);
  input      clk,k1,k2;
  output reg    k;
  reg [3:0]   qc;
  reg       rc;
  always @(posedge clk)
    begin qc=qc+1;
      if (qc<8) rc=0;
       else rc=1;
      case ({k1,k2})
        0:k=rc;
        1:k=0;
        2:k=1;
        3:k=rc;
      endcase
    end
endmodule
```

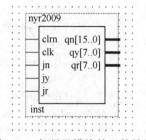

图 7.28 年月日模块的元件符号

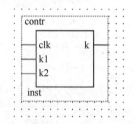

图 7.29 控制模块的元件符号

在控制模块中，使用了一个 16 分频电路，输出 rc 是周期为 16 秒的方波，即 8 秒高电平、8 秒低电平，用于万年历的自动倒换的显示模式。控制模块的元件符号如图 7.29 所示，其中，clk 是 1 秒时钟输入端；k1 和 k2 是控制输入端，当 k1k2=00 或 11 时是自动显示模式，控制数码显示器用 8 秒钟时间显示年、月、日，另外 8 秒钟时间显示时、分、秒；当 k1k2=01 时，仅控制显示时、分、秒，同时用 j1、j2 和 j3 校秒、校分和校时；当 k1k2=10 时，仅显示年、月、日，同时用 j1、j2 和 j3 校日、校月和校年；k 是控制输出端。

3. 校时选择模块的设计

基于 Verilog HDL 的校时选择模块设计的源程序 mux_4.v 如下：

```
module mux_4(k,jm,jf,js,jr,jy,jn,j1,j2,j3);
  input      k,j1,j2,j3;
  output reg   jm,jf,js,jr,jy,jn;
  always
    begin
      if (k==0) {jm,jf,js}={j1,j2,j3};
       else {jr,jy,jn}={j1,j2,j3};
    end
endmodule
```

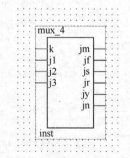

图 7.30 校时选择模块的元件符号

校时选择模块的元件符号如图 7.30 所示，其中，k 是控制输入端，当 k=0 是，控制将校时按钮 j1、j2 和 j3 的信号分别送到计时器模块的 jm（校秒）、jf（校分）和 js（校时）；当 k=1 时，将校时按钮 j1、j2 和 j3 的信号分别送到年月日模块的 jr（校日）、jy（校月）和 jn（校年）。

4. 显示选择模块的设计

基于 Verilog HDL 的显示选择模块设计的源程序 mux_16.v 如下：

```
module mux_16(k,qm,qf,qs,qr,qy,qn,q);
  input          k;
  input[7:0]     qm,qf,qs,qr,qy;
  input[15:0]    qn;
  output reg [31:0] q;
  always
  begin
    if (k==0) begin
      q[31:24]=0;
      q[23:0]={qs,qf,qm};end
    else q={qn,qy,qr};
  end
endmodule
```

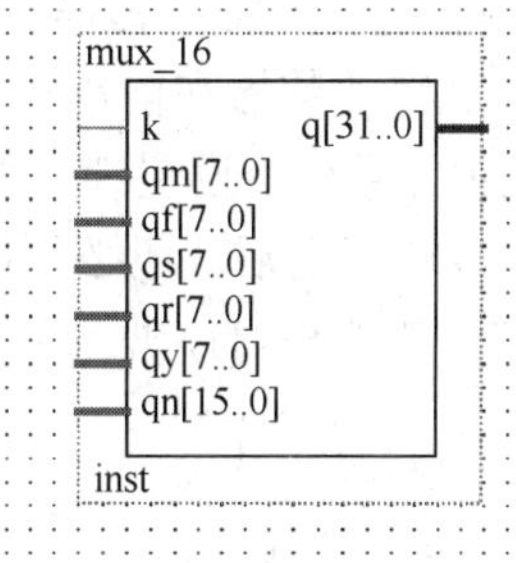

图 7.31 显示选择模块的元件符号

显示选择模块的元件符号如图 7.31 所示，其中，k 是控制输入端，当 k=0 时，控制将计时器模块送来的 qm[7..0]（秒）、qf[7..0]和 qs[7..0]状态信号送到数码显示器显示；当 k=1 时，将年月日模块送来的 qr[7..0]（日）、qy[7..0]（月）和 qn[15..0]（年）状态信号送到数码显示器显示。

完成计时器模块、年月日模块、控制模块、校时选择模块和显示选择模块的设计后，采用原理图编辑方式，参照图 7.27 所示的电路，完成万年历的设计。

7.3.3 8 位十进制频率计设计

1. 设计原理

8 位十进制频率计设计原理图如图 7.32 所示，它由 8 位十进制加法计数器 CNT10X8、8 位十进制锁存器 REG4X8 和 1 片测频控制信号发生器 TESTCTL 组成。

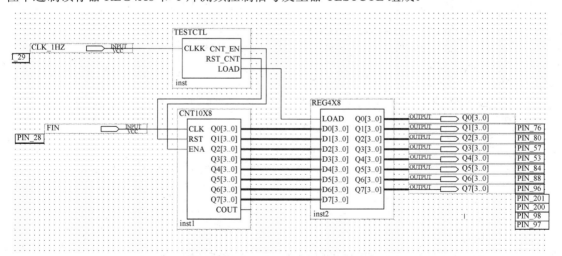

图 7.32 4 位十进制频率计原理图

根据频率的定义和频率测量的基本原理,测定信号的频率必须有一个脉宽为 1 秒的对输入信号脉冲计数允许的信号;1 秒计数结束后,计数值锁入锁存器的锁存信号和为下一测频计数周期做准备的计数器清零信号。这 3 个信号由测频控制信号发生器 TESTCTL 产生,它的设计要求是:TESTCTL 的计数使能信号输出 CNT_EN 能产生一个 1 秒脉宽的周期信号,并对频率计的每一计数器 CNT10 的 ENA 使能端进行同步控制。当 CNT_EN 为高电平时,允许计数;低电平时停止计数,并保持其所计的脉冲数。在停止计数期间,首先需要一个锁存信号 LOAD 的上升沿将计数器在前 1 秒钟的计数值锁存进各锁存器 REG4B 中,并由外部的七段译码器译出,显示计数值。设置锁存器的好处是显示的数据稳定,不会由于周期性的清零信号而不断闪烁。信号锁存之后,还必须用清零信号 RST_CNT 对计数器进行清零,为下 1 秒钟的计数操作做准备。其工作时序波形如图 7.33 所示。

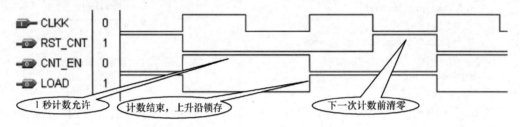

图 7.33 频率计测频控制器 TESTCTL 测控时序图

2. 设计步骤

(1) 编写 HDL 源程序

根据图 7.22 所示的 8 位十进制频率计设计原理图,需要编写测频控制器 TESTCTL、8 位十进制加法计数器 CNT10X8 和 8 位十进制寄存器 REG4X8 的 HDL 源程序。基于 VHDL 的测频控制器设计的源程序 TESTCTL.vhd 如下:

```
--测频控制器
LIBRARY IEEE;
USE IEEE.STD_LOGIC_1164.ALL;
USE IEEE.STD_LOGIC_UNSIGNED.ALL;
ENTITY TESTCTL IS
    PORT (CLKK : IN STD_LOGIC;                     -- 1Hz
          CNT_EN,RST_CNT,LOAD : OUT STD_LOGIC);
 END TESTCTL;
ARCHITECTURE one OF TESTCTL IS
   SIGNAL DIV2CLK : STD_LOGIC;
BEGIN
  PROCESS(CLKK)
   BEGIN
     IF CLKK'EVENT AND CLKK = '1' THEN DIV2CLK <= NOT DIV2CLK;
    END IF;
   END PROCESS;
   PROCESS (CLKK, DIV2CLK)
    BEGIN
       IF CLKK='0' AND Div2CLK='0' THEN  RST_CNT <= '1';
       ELSE  RST_CNT <= '0';    END IF;
   END PROCESS;
```

```
            LOAD  <= NOT DIV2CLK ;    CNT_EN <= DIV2CLK;
     END one;
```

基于 VHDL 的 8 位十进制锁存器设计的源程序 REG4X8.vhd 如下：

```
--锁存器
LIBRARY IEEE;
USE IEEE.STD_LOGIC_1164.ALL;
ENTITY REG4X8 IS
    PORT (LOAD : IN STD_LOGIC;
       D0,D1,D2,D3,D4,D5,D6,D7:IN STD_LOGIC_VECTOR(3 DOWNTO 0);
       Q0,Q1,Q2,Q3,Q4,Q5,Q6,Q7:OUT STD_LOGIC_VECTOR(3 DOWNTO 0) );
END REG4X8;
ARCHITECTURE two OF REG4X8 IS
BEGIN
PROCESS(LOAD)
 BEGIN
    IF LOAD'EVENT AND LOAD = '1' THEN   --时钟到来时，锁存输入数据
      Q0 <= D0;Q1<=D1;Q2<=D2;Q3<=D3;Q4<=D4;Q5<=D5;Q6<=D6;Q7<=D7;
    END IF;
 END PROCESS;
END two;
```

基于 VHDL 的 8 位十进制加法计数器设计的源程序 CNT10X8.vhd 如下：

```
-- 8 位十进制加法计数器
LIBRARY IEEE;
USE IEEE.STD_LOGIC_1164.ALL;
USE IEEE.STD_LOGIC_UNSIGNED.ALL;
ENTITY CNT10X8 IS
    PORT(CLK,RST,ENA:IN STD_LOGIC;
        Q0,Q1,Q2,Q3,Q4,Q5,Q6,Q7:BUFFER STD_LOGIC_VECTOR(3 DOWNTO 0);
        COUT:OUT STD_LOGIC);
END Cnt10X8;
ARCHITECTURE one OF Cnt10X8 IS
SIGNAL EN1,EN2,EN3,EN4,EN5,EN6,EN7: STD_LOGIC;
  BEGIN
    PROCESS(CLK,RST,ENA)
      BEGIN
        IF RST='1' THEN Q0<="0000";
           ELSIF CLK'EVENT AND CLK='1' THEN
             IF ENA='1' THEN
             IF Q0="1001" THEN Q0<="0000";ELSE Q0<=Q0+1;END IF;
             END IF;
        END IF;
             IF Q0="1001" THEN EN1<='1'; ELSE EN1<='0';END IF;
    END PROCESS;
    PROCESS(CLK,RST,EN1)
      BEGIN
        IF RST='1' THEN Q1<="0000";
           ELSIF CLK'EVENT AND CLK='1' THEN
             IF EN1='1' THEN
```

```vhdl
            IF Q1="1001" THEN Q1<="0000";ELSE Q1<=Q1+1;END IF;
          END IF;
       END IF;
          IF Q1="1001" THEN EN2<='1'; ELSE EN2<='0';END IF;
END PROCESS;
PROCESS(CLK,RST,EN2)
  BEGIN
     IF RST='1' THEN Q2<="0000";
         ELSIF CLK'EVENT AND CLK='1' THEN
            IF EN2='1'AND EN1='1' THEN
            IF Q2="1001"  THEN Q2<="0000";ELSE Q2<=Q2+1;END IF;
            END IF;
      END IF;
          IF Q2="1001" THEN EN3<='1'; ELSE EN3<='0';END IF;
END PROCESS;
PROCESS(CLK,RST,EN3)
  BEGIN
     IF RST='1' THEN Q3<="0000";
         ELSIF CLK'EVENT AND CLK='1' THEN
            IF EN3='1'AND EN2='1'AND EN1='1' THEN
            IF Q3="1001" THEN Q3<="0000";ELSE Q3<=Q3+1;END IF;
            END IF;
      END IF;
          IF Q3="1001" THEN EN4<='1'; ELSE EN4<='0';END IF;
END PROCESS;
PROCESS(CLK,RST,EN4)
  BEGIN
     IF RST='1' THEN Q4<="0000";
         ELSIF CLK'EVENT AND CLK='1' THEN
            IF EN4='1'AND EN3='1'AND EN2='1'AND EN1='1' THEN
            IF Q4="1001" THEN Q4<="0000";ELSE Q4<=Q4+1;END IF;
            END IF;
      END IF;
          IF Q4="1001" THEN EN5<='1'; ELSE EN5<='0';END IF;
END PROCESS;
PROCESS(CLK,RST,EN5)
  BEGIN
     IF RST='1' THEN Q5<="0000";
         ELSIF CLK'EVENT AND CLK='1' THEN
            IF EN5='1'AND EN4='1'AND EN3='1'AND EN2='1'AND EN1='1' THEN
            IF Q5="1001" THEN Q5<="0000";ELSE Q5<=Q5+1;END IF;
            END IF;
      END IF;
          IF Q5="1001" THEN EN6<='1'; ELSE EN6<='0';END IF;
END PROCESS;
PROCESS(CLK,RST,EN6)
  BEGIN
     IF RST='1' THEN Q6<="0000";
```

```vhdl
              ELSIF CLK'EVENT AND CLK='1' THEN
        IF EN6='1'AND EN5='1'AND EN4='1'AND EN3='1'AND EN2='1'AND EN1='1' THEN
              IF Q6="1001" THEN Q6<="0000";ELSE Q6<=Q6+1;END IF;
              END IF;
          END IF;
              IF Q6="1001" THEN EN7<='1'; ELSE EN7<='0';END IF;
       END PROCESS;
       PROCESS(CLK,RST,EN7)
         BEGIN
           IF RST='1' THEN Q7<="0000";
              ELSIF CLK'EVENT AND CLK='1' THEN
        IF EN7='1'AND EN6='1'AND EN5='1'AND EN4='1'AND EN3='1'AND EN2='1'AND EN1='1' THEN
              IF Q7="1001" THEN Q7<="0000";ELSE Q7<=Q7+1;END IF;
              END IF;
          END IF;
              IF Q7="1001" THEN COUT<='1'; ELSE COUT<='0';END IF;
       END PROCESS;
    END one;
```

基于 Verilog HDL 的测频控制器设计的源程序 testctl.v 如下：

```verilog
//测频控制器
module testctl (clkk,cnt_en,rst_cnt,load);
    input    clkk;
    output   cnt_en,rst_cnt,load;
    reg   rst_cnt;
    reg      div2clk;
    always @(posedge clkk)
      begin
        div2clk = ~div2clk;
      end
    always @(clkk or div2clk)
      begin
        if ((clkk == 'b0) & (div2clk == 'b0))
            rst_cnt = 'b1;
            else rst_cnt = 'b0;
      end
    assign load = ~div2clk;
    assign cnt_en = div2clk;
endmodule
```

基于 Verilog HDL 的 8 位十进制加法计数器设计的源程序 cnt10x8v.v 如下：

```verilog
module cnt10x8v(clk,rst,ena,q0,q1,q2,q3,q4,q5,q6,q7,cout);
    input        clk,rst,ena;
    output reg[3:0] q0,q1,q2,q3,q4,q5,q6,q7;
    output reg   cout;
    reg        en1,en2,en3,en4,en5,en6,en7;
  always @(posedge clk or posedge rst)
    begin
      if(rst) q0 = 0;
```

```verilog
       else  if(ena) begin
             if(q0==9) q0=0;else q0=q0+1;
             if(q0==9) en1=1;else en1=0;end
   end
always @(posedge clk or posedge rst)
  begin
    if(rst) q1 = 0;
       else  if(en1) begin
             if(q1==9) q1=0;else q1=q1+1;
             if(q1==9) en2=1;else en2=0;end
   end
always @(posedge clk or posedge rst)
  begin
    if(rst) q2 = 0;
       else  if(en2 & en1)   begin
             if(q2==9) q2=0;else q2=q2+1;
             if(q2==9) en3=1;else en3=0;end
   end
always @(posedge clk or posedge rst)
  begin
    if(rst) q3 = 0;
       else  if(en3 & en2 & en1 )   begin
             if(q3==9) q3=0;else q3=q3+1;
             if(q3==9) en4=1;else en4=0;end
   end
always @(posedge clk or posedge rst)
  begin
    if(rst) q4 = 0;
       else  if(en4 &en3 & en2 & en1 )   begin
             if(q4==9) q4=0;else q4=q4+1;
             if(q4==9) en5=1;else en5=0;end
   end
always @(posedge clk or posedge rst)
  begin
    if(rst) q5 = 0;
       else  if(en5 & en4 &en3 & en2 & en1 )begin
             if(q5==9) q5=0;else q5=q5+1;
             if(q5==9) en6=1;else en6=0;end
   end
always @(posedge clk or posedge rst)
  begin
    if(rst) q6 = 0;
       else  if(en6 & en5 & en4 &en3 & en2 & en1 )  begin
             if(q6==9) q6=0;else q6=q6+1;
             if(q6==9) en7=1;else en7=0;end
   end
always @(posedge clk or posedge rst)
  begin
```

```
        if(rst) q7 = 0;
           else  if(en7 &en6 & en5 & en4 &en3 & en2 & en1 ) begin
                    if(q7==9) q7=0;else q7=q7+1;
                    if(q7==9) cout=1;else cout=0;end
     end
  endmodule
```

基于 Verilog HDL 的 8 位十进制锁存器设计的源程序 reg4x8v.v 如下：

```
  module reg4x8v (load,d0,d1,d2,d3,d4,d5,d6,d7,q0,q1,q2,q3,q4,q5,q6,q7);
    input [3:0]    d0,d1,d2,d3,d4,d5,d6,d7;
    input          load;
    output reg[3:0] q0,q1,q2,q3,q4,q5,q6,q7;
    always @(posedge load )
     begin
       {q0,q1,q2,q3,q4,q5,q6,q7}={d0,d1,d2,d3,d4,d5,d6,d7};
     end
  endmodule
```

（2）用图形编辑方法实现 8 位频率计的设计

完成测频控制器 TESTCTL、8 位十进制加法计数器 CNT10X8 和 8 位十进制寄存器 REG4X8 的源程序设计后，分别为它们生成一个元件符号，然后新建一个工程，按照图 7.32 所示的电路，完成 8 位频率计的原理图设计。

8 位频率计的仿真波形如图 7.34 所示，在第 1 个 CLK_1HZ 周期内，测出的频率为 42Hz，在第 2 个周期内测出的频率为 74Hz，仿真结果验证了设计的正确性。

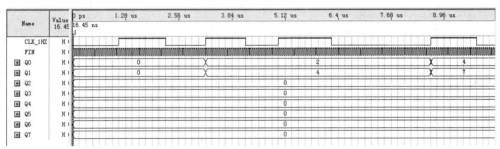

图 7.34 8 位频率计的仿真波形

本 章 小 结

硬件描述语言 HDL 是 EDA 技术中的重要组成部分，而 VHDL 和 Verilog HDL 是当前最流行的并成为 IEEE 标准的硬件描述语言，它们均可实现各种各样的数字系统设计。本章列举了大量使用 HDL（VHDL 和 Verilog HDL）实现的数字逻辑电路设计实例，包括组合逻辑、时序逻辑和一些复杂系统电路的设计。

使用 HDL 设计复杂系统电路时，一般采用"自顶向下"（Top-Down）或"自底向上"（Bottom-Up）方法来实现。用 HDL 设计复杂系统电路时，往往有不直观的感觉，结合 EDA 工具的原理图输入设计法，可以克服这个缺点。VHDL 是目前标准化程度最高的硬件描述语言，具有严格的数据类型。因此，在用 VHDL 设计复杂系统电路时，应当考虑各底层电路接口之间的数据类型是否一致，否则很容易出现数据类型不匹配的错误。

Verilog HDL 是在 C 语言的基础上演化而来的,具有程序结构简单容易掌握的特点。而且可综合的 Verilog HDL 数据类型只有二进制一种(可以用十进制、八进制和十六进制表示),完全符合数字电路的特点。因此,在用 Verilog HDL 设计复杂系统电路时,不容易出现数据类型不匹配的错误。

思考题和习题 7

7.1 设计含有异步清零和计算使能的 16 位二进制减法计算器。

7.2 设计序列信号检测器,当检测到一组或多组由二进制码组成的脉冲序列信号时,如果这组码与检测器预先设置的码相同则输出 1,否则输出 0。

7.3 设计一个 100 天的倒计时器。

7.4 设计一个同步 FIFO。

7.5 设计一个异步 FIFO。

提示:设计该题目时,要充分考虑到异步电路设计有可能带来的危害性,以及异步多比特比较时的不稳定性。所以该题目应该用格雷码计数和比较(因为相邻格雷码之间只有 1 比特不同)。

该题目外部接口包括:两个毫无关系的时钟(一个写时钟和一个读时钟),数据输入/输出口,以及写控制信号和读控制信号、空标志、满标志。

7.6 设计一个加法器阵列,完成下列复数运算功能,其中 R 为数据的实部,I 为数据的虚部。

Ra'=(Ra+Rc)+(Rb+Rd)
Ia'=(Ia+Ic)+(Ib+Id)
Rc'=(Ra+Rc)-(Rb+Rd)
Ic'=(Ia+Ic)- (Ib+Id)
Rb'=(Ra-Rc)+(Ib-Id)
Ib'=(Ia-Ic)- (Rb-Rd)
Rd'=(Ra-Rc)- (Ib-Id)
Id'=(Ia-Ic)+(Rb-Rd)

加法器阵列功能框图如图 7.35 所示。

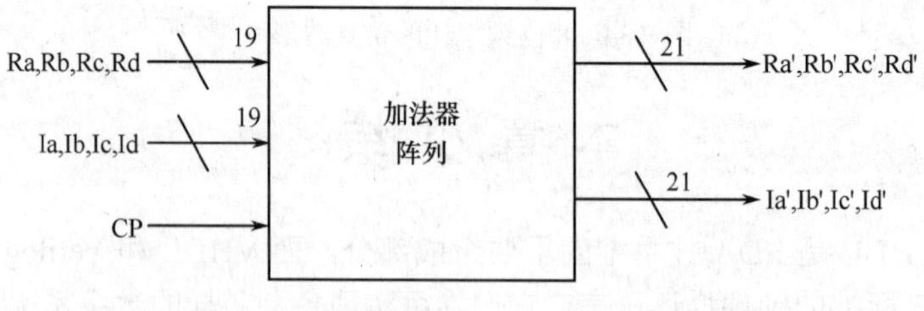

图 7.35 加法器阵列功能框图

其中,输入信号 Ra,Rb,Rc,Rd 是输入数实部,Ia,Ib,Ic,Id 是虚部,数据宽度均为 19 位;每次向加法器阵列只能送一个操作数,包括实数 R(19bit)、虚部 I(19bit);操作数以 a、b、c、d 的顺序连续送入,在加法器阵列中要进行串/并变换。CP 是时钟信号。输出信号 Ra',Rb',Rc',Rd'是输出数实部,Ia',Ib',Ic',Id'是虚部,数据宽度均为 21 位。

要求加法器采用快速进位链(Look Ahead);在加法器阵列中加入流水线结构(Pipeline),每一拍完成一个加法,输入连续送数,输出连续结果;逻辑要求最简化。

7.7 设计一个异步乒乓（ping-pong）FIFO。乒乓 FIFO 是由两个 FIFO 构成的，当其中一个在读时，不能够对其写；当其中一个在写时不能够对其读，也就是在一个 FIFO 中，读写不能够同时进行。提示：采用这样的方式，可以避免异步引起误操作，因此这里就不需要格雷码。电路需要读、写两个时钟，输入、输出数据通道，读、写控制信号，读允许信号，写允许信号等。

7.8 设计 m 序列信号发生器。m 序列具有类似于随机噪声的一些统计特性，同时又便于重复产生和处理。在通信系统中，测量误码率时最理想的信源是 m 序列。如果 m 序列经过发送设备、信道和接收设备后仍为原序列，则说明传输是无误的；如果有错误，则需要进行统计。在接收设备的末端，由同步信号控制，产生一个与发送端相同的本地 m 序列。将本地 m 序列与接收端解调出的 m 序列逐位进行模 2 加运算，一旦有错，就会出现"1"码，用计数器计数，便可统计错误码元的个数及比率。发送端 m 序列发生器及接收端的统计部分组成的成套设备被称为误码测试仪。

7.9 设计汉明码编码译码器。在随机信道中，错码的出现是随机的，且错码之间是统计独立的，高斯白噪声引起的错码就具有这种性质。由于信息码元序列是一种随机序列，接收端是无法预知的，也无法识别其中有无错码。为了解决这个问题，可以由发送端的信道编码器在信息码元序列中增加一些监督码元。这些监督码元和信号之间有一定的关系，使接收端可以利用这种关系由信道译码器来发现或纠正可能存在的错码。在信息码元序列中加入监督码元就称为差错控制编码或称为纠错编码。不同的编码方法，有不同的检错能力或纠错能力，有的编码只能检错，不能纠错。

汉明码编译码采用前向纠错方式，这种方式在发送端发送纠错码，接收端在收到的码组中不仅能发现错码，而且还能够确定错码的准确位置，并纠正错码。这种方式的优点是不需要反向信道（传送重发指令），也不存在由于反复重发所造成的时延，实时性好，适用于实时通信系统，如语音通信等。由于发生一位错的概率相对最高并且由于它的编译码简单，故在数据通信和计算机存储系统中得到广泛应用，如在蓝牙技术和硬盘阵列中都会用到汉明码。

附录 A Altera DE2 开发板使用方法

Altera DE2 开发板（以下简称 DE2 开发板）是 Altera 公司的合作伙伴友晶科技公司研制的 PLD/SOPC 开发板，可以完成可编程逻辑器件、EDA、SOPC、DSP、Nios II 嵌入式系统等方面技术的开发与实验。

A.1 Altera DE2 开发板的结构

DE2 开发板的结构如图 A.1 所示。开发板上包含有 Altera Cyclone II 系列的 EP2C35F672C6 芯片（含 35000LEs）、8MB 的 SDRAM、512KB 的 SRAM、4MB 的 Flash、16×2 的 LCD（型号为 Optrex 16207）、8 只七段数码管（HEX7～HEX0）、18 只红色发光二极管（LEDR17～LEDR0）、9 只绿色发光二极管（LEDG8～LEDG0）、4 只按钮开关（KEY3～KEY0）、18 只电平开关（SW17～SW0），还有 USB、VGA、RS-232、PS/2 等各种类型的接口。

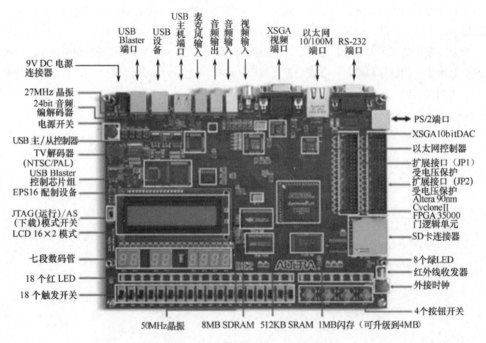

图 A.1 DE2 开发板的结构图

A.2 DE2 开发板的实验模式与目标芯片的引脚连接

DE2 开发板上的目标芯片（Cyclone II EP2C35F672C6）的引脚与开发板上的 PIO（LCD、LED、按钮、开关等）、存储器（DRAM、SRAM 和 FLASH）及接口的连接是固定不变的，因此实验模式也是固定不变的，即只有一种实验模式（有些开发板有多种实验模式，有些开发板的实验模式由用户自己设置）。

DE2 开发板上的目标芯片的引脚与开发板上的 PIO、存储器及接口的连接见表 A.1～表 A.10。

表 A.1 电平开关 SW 与目标芯片引脚的连接表

PIO 名称	芯片引脚号	PIO 名称	芯片引脚号
SW[0]	PIN_N25	SW[9]	PIN_A13
SW[1]	PIN_N26	SW[10]	PIN_N1
SW[2]	PIN_P25	SW[11]	PIN_P1
SW[3]	PIN_AE14	SW[12]	PIN_P2
SW[4]	PIN_AF14	SW[13]	PIN_T7
SW[5]	PIN_AD13	SW[14]	PIN_U3
SW[6]	PIN_AC13	SW[15]	PIN_U4
SW[7]	PIN_C13	SW[16]	PIN_V1
SW[8]	PIN_B13	SW[17]	PIN_V2

表 A.2 红色 LED 与目标芯片引脚的连接表

PIO 名称	芯片引脚号	PIO 名称	芯片引脚号
LEDR[0]	PIN_AE23	LEDR [9]	PIN_Y13
LEDR [1]	PIN_AF23	LEDR [10]	PIN_AA13
LEDR [2]	PIN_AB21	LEDR [11]	PIN_AC14
LEDR [3]	PIN_AC22	LEDR [12]	PIN_AD15
LEDR [4]	PIN_AD22	LEDR [13]	PIN_AE15
LEDR [5]	PIN_AD23	LEDR [14]	PIN_AF13
LEDR [6]	PIN_AD21	LEDR [15]	PIN_AE13
LEDR [7]	PIN_AC21	LEDR [16]	PIN_AE12
LEDR [8]	PIN_AA14	LEDR [117]	PIN_AD12

表 A.3 绿色 LED 与目标芯片引脚的连接表

PIO 名称	芯片引脚号	PIO 名称	芯片引脚号
LEDG[0]	PIN_AE22	LEDG [4]	PIN_U18
LEDG [1]	PIN_AF22	LEDG [5]	PIN_U17
LEDG [2]	PIN_W19	LEDG [6]	PIN_AA20
LEDG [3]	PIN_V18	LEDG [7]	PIN_Y18
		LEDG [8]	PIN_Y12

表 A.4 按钮开关 KEY 与目标芯片引脚的连接表

PIO 名称	芯片引脚号	PIO 名称	芯片引脚号
SEY[0]	PIN_G26	SEY [2]	PIN_P23
SEY [1]	PIN_N23	SEY [3]	PIN_W26

表 A.5　七段数码管 HEX 与目标芯片引脚的连接表

PIO 名称	芯片引脚号	PIO 名称	芯片引脚号
HEX0[0]	PIN_AF10	HEX0[4]	PIN_AE11
HEX0[1]	PIN_AB12	HEX0[5]	PIN_V14
HEX0[2]	PIN_AC12	HEX0[6]	PIN_V13
HEX0[3]	PIN_AD11		
HEX1[0]	PIN_V20	HEX1[4]	PIN_AA24
HEX1[1]	PIN_V21	HEX1[5]	PIN_AA23
HEX1[2]	PIN_W21	HEX1[6]	PIN_AB24
HEX1[3]	PIN_Y22		
HEX2[0]	PIN_AB23	HEX2[4]	PIN_AB26
HEX2[1]	PIN_V22	HEX2[5]	PIN_AB25
HEX2[2]	PIN_AC25	HEX2[6]	PIN_Y24
HEX2[3]	PIN_AC26		
HEX3[0]	PIN_Y23	HEX3[4]	PIN_Y25
HEX3[1]	PIN_AA25	HEX3[5]	PIN_U22
HEX3[2]	PIN_AA26	HEX3[6]	PIN_W24
HEX3[3]	PIN_Y26		
HEX4[0]	PIN_U9	HEX4[4]	PIN_R7
HEX4[1]	PIN_U1	HEX4[5]	PIN_R6
HEX4[2]	PIN_U2	HEX4[6]	PIN_T3
HEX4[3]	PIN_T4		
HEX5[0]	PIN_T2	HEX5[4]	PIN_R5
HEX5[1]	PIN_P6	HEX5[5]	PIN_R4
HEX5[2]	PIN_P7	HEX5[6]	PIN_R3
HEX5[3]	PIN_T9		
HEX6[0]	PIN_R2	HEX6[4]	PIN_M3
HEX6[1]	PIN_P4	HEX6[5]	PIN_M5
HEX6[2]	PIN_P3	HEX6[6]	PIN_M4
HEX6[3]	PIN_M2		
HEX7[0]	PIN_L3	HEX7[4]	PIN_L7
HEX7[1]	PIN_L2	HEX7[5]	PIN_P9
HEX7[2]	PIN_L9	HEX7[6]	PIN_N9
HEX7[3]	PIN_L6		

表 A.6　动态存储器 DRAM 引脚与目标芯片引脚的连接表

DRAM 引脚名称	芯片引脚号	DRAM 引脚名称	芯片引脚号
DRAM_ADDR[0]	PIN_T6	DRAM_DQ[0]	PIN_V6
DRAM_ADDR[1]	PIN_V4	DRAM_DQ[1]	PIN_AA2
DRAM_ADDR[2]	PIN_V3	DRAM_DQ[2]	PIN_AA1
DRAM_ADDR[3]	PIN_W2	DRAM_DQ[3]	PIN_Y3
DRAM_ADDR[4]	PIN_W1	DRAM_DQ[4]	PIN_Y4
DRAM_ADDR[5]	PIN_U6	DRAM_DQ[5]	PIN_R8
DRAM_ADDR[6]	PIN_U7	DRAM_DQ[6]	PIN_T8
DRAM_ADDR[7]	PIN_U5	DRAM_DQ[7]	PIN_V7
DRAM_ADDR[8]	PIN_W4	DRAM_DQ[8]	PIN_W6
DRAM_ADDR[9]	PIN_W3	DRAM_DQ[9]	PIN_AB2
DRAM_ADDR[10]	PIN_Y1	DRAM_DQ[10]	PIN_AB1
DRAM_ADDR[11]	PIN_V5	DRAM_DQ[11]	PIN_AA4
DRAM_BA_0	PIN_AE2	DRAM_DQ[12]	PIN_AA3
DRAM_BA_1	PIN_AE3	DRAM_DQ[13]	PIN_AC2
DRAM_CAS_N	PIN_AB3	DRAM_DQ[14]	PIN_AC1
DRAM_CKE	PIN_AA6	DRAM_DQ[15]	PIN_AA5
DRAM_CLK	PIN_AA7	DRAM_LDQM	PIN_AD2
DRAM_CS_N	PIN_AC3	DRAM_UDQM	PIN_Y5
DRAM_WE_N	PIN_AD3	DRAM_RAS_N	PIN_AB4

表 A.7　快闪存储器 Flash 引脚与目标芯片引脚的连接表

Flash 引脚名称	芯片引脚号	Flash 引脚名称	芯片引脚号
FL_ADDR[0]	PIN_AC18	FL_ADDR[16]	PIN_AE16
FL_ADDR[1]	PIN_AB18	FL_ADDR[17]	PIN_AC15
FL_ADDR[2]	PIN_AE19	FL_ADDR[18]	PIN_AB15
FL_ADDR[3]	PIN_AF19	FL_ADDR[19]	PIN_AA15
FL_ADDR[4]	PIN_AE18	FL_CE_N	PIN_V17
FL_ADDR[5]	PIN_AF18	FL_OE_N	PIN_W17
FL_ADDR[6]	PIN_Y16	FL_DQ[0]	PIN_AD19
FL_ADDR[7]	PIN_AA16	FL_DQ[1]	PIN_AC19
FL_ADDR[8]	PIN_AD17	FL_DQ[2]	PIN_AF20
FL_ADDR[9]	PIN_AC17	FL_DQ[3]	PIN_AE20
FL_ADDR[10]	PIN_AE17	FL_DQ[4]	PIN_AB20
FL_ADDR[11]	PIN_AF17	FL_DQ[5]	PIN_AC20
FL_ADDR[12]	PIN_W16	FL_DQ[6]	PIN_AF21
FL_ADDR[13]	PIN_W15	FL_DQ[7]	PIN_AE21
FL_ADDR[14]	PIN_AC16	FL_RST_N	PIN_AA18
FL_ADDR[15]	PIN_AD16	FL_WE_N	PIN_AA17

表 A.8 静态存储器 SRAM 引脚与目标芯片引脚的连接表

SRAM 引脚名称	芯片引脚号	SRAM 引脚名称	芯片引脚号
SRAM_ADDR[0]	PIN_AE4	SRAM_DQ[0]	PIN_AD8
SRAM_ADDR[1]	PIN_AF4	SRAM_DQ[1]	PIN_AE6
SRAM_ADDR[2]	PIN_AC5	SRAM_DQ[2]	PIN_AF6
SRAM_ADDR[3]	PIN_AC6	SRAM_DQ[3]	PIN_AA9
SRAM_ADDR[4]	PIN_AD4	SRAM_DQ[4]	PIN_AA10
SRAM_ADDR[5]	PIN_AD5	SRAM_DQ[5]	PIN_AB10
SRAM_ADDR[6]	PIN_AE5	SRAM_DQ[6]	PIN_AA11
SRAM_ADDR[7]	PIN_AF5	SRAM_DQ[7]	PIN_Y11
SRAM_ADDR[8]	PIN_AD6	SRAM_DQ[8]	PIN_AE7
SRAM_ADDR[9]	PIN_AD7	SRAM_DQ[9]	PIN_AF7
SRAM_ADDR[10]	PIN_V10	SRAM_DQ[10]	PIN_AE8
SRAM_ADDR[11]	PIN_V9	SRAM_DQ[11]	PIN_AF8
SRAM_ADDR[12]	PIN_AC7	SRAM_DQ[12]	PIN_W11
SRAM_ADDR[13]	PIN_W8	SRAM_DQ[13]	PIN_W12
SRAM_ADDR[14]	PIN_W10	SRAM_DQ[14]	PIN_AC9
SRAM_ADDR[15]	PIN_Y10	SRAM_DQ[15]	PIN_AC10
SRAM_ADDR[16]	PIN_AB8	SRAM_WE_N	PIN_AE10
SRAM_ADDR[17]	PIN_AC8	SRAM_OE_N	PIN_AD10
SRAM_UB_N	PIN_AF9	SRAM_LB_N	PIN_AE9
SRAM_CE_N	PIN_AC11		

表 A.9 液晶显示器 LCD 引脚与目标芯片引脚的连接表

LCD 引脚名称	芯片引脚号	LCD 引脚名称	芯片引脚号
LCD_RW	PIN_K4	LCD_DATA[4]	PIN_J4
LCD_EN	PIN_K3	LCD_DATA[5]	PIN_J3
LCD_RS	PIN_K1	LCD_DATA[6]	PIN_H4
LCD_DATA[0]	PIN_J1	LCD_DATA[7]	PIN_H3
LCD_DATA[1]	PIN_J2	LCD_ON	PIN_L4
LCD_DATA[2]	PIN_H1	LCD_BLON	PIN_K2
LCD_DATA[3]	PIN_H2		

表 A.10 系统时钟、接口与目标芯片引脚的连接表

端口名称	芯片引脚号	端口名称	芯片引脚号
CLOCK_27	PIN_D13	PS2_DAT	PIN_C24
CLOCK_50	PIN_N2	UART_RXD	PIN_C25
EXT_CLOCK	PIN_P26	UART_TXD	PIN_B25
PS2_CLK	PIN_D26		

A.3 DE2 开发板实验的操作

在 DE2 开发板上可以完成 PLD、EDA、SOPC、DSP、Nios II 嵌入式系统等方面技术的开发与实验。DE2 开发板实验的操作分为编辑、编译、仿真、引脚锁定、编程下载、硬件验证等步骤。下面以 8 位加法器的设计为例，介绍 DE2 开发板实验的操作。

A.3.1 编辑

编辑是将设计源文件输入计算机的过程，源文件包括原理图、VHDL 和 Verilog HDL 文本等形式，下面以 HDL 文本形式完成 8 位加法器源文件的编辑。

在 Quartus II 集成环境下，执行"File"→"New Project Wizard"命令，为 8 位加法器建立设计项目 adder8。在建立设计项目时，选择 Cyclone II 系列的 EP2C35F672C6 芯片作为目标芯片。完成设计项目的建立后，执行"File"→"New"命令，进入 Quartus II 文本编辑方式，完成 8 位加法器的 VHDL 或 Verilog HDL 设计文件的编辑。8 位加法器的 VHDL 源程序 adder8.vhd 如下：

```vhdl
LIBRARY IEEE;
USE IEEE.STD_LOGIC_1164.ALL;
USE IEEE.STD_LOGIC_UNSIGNED.ALL;
ENTITY adder8 IS
  PORT(cin:IN STD_LOGIC;
       a,b:IN STD_LOGIC_VECTOR(7 DOWNTO 0);
       sum:OUT STD_LOGIC_VECTOR(7 DOWNTO 0);
       cout:OUT STD_LOGIC;
       hex0 : OUT STD_LOGIC_VECTOR(6 downto 0);
       hex1 : OUT STD_LOGIC_VECTOR(6 downto 0);
       hex2 : OUT STD_LOGIC_VECTOR(6 downto 0));
END adder8;
ARCHITECTURE one OF adder8 IS
     SIGNAL SINT:STD_LOGIC_VECTOR(8 DOWNTO 0);
     SIGNAL AA,BB:STD_LOGIC_VECTOR(8 DOWNTO 0);
BEGIN
     AA <= '0'&a(7 downto 0);
     BB <= '0'&b(7 downto 0);
     SINT <= AA+BB+CIN;
     sum(7 DOWNTO 0) <= SINT(7 DOWNTO 0);
     cout <= SINT(8);
PROCESS(SINT)
     BEGIN
          CASE SINT(3 DOWNTO 0) IS
               WHEN "0000"=>hex0(6 DOWNTO 0)<= "1000000";
               WHEN "0001"=>hex0(6 DOWNTO 0)<= "1111001";
               WHEN "0010"=>hex0(6 DOWNTO 0)<= "0100100";
               WHEN "0011"=>hex0(6 DOWNTO 0)<= "0110000";
               WHEN "0100"=>hex0(6 DOWNTO 0)<= "0011001";
               WHEN "0101"=>hex0(6 DOWNTO 0)<= "0010010";
               WHEN "0110"=>hex0(6 DOWNTO 0)<= "0000010";
```

```
                WHEN "0111"=>hex0(6 DOWNTO 0)<= "1111000";
                WHEN "1000"=>hex0(6 DOWNTO 0)<= "0000000";
                WHEN "1001"=>hex0(6 DOWNTO 0)<= "0010000";
                WHEN "1010"=>hex0(6 DOWNTO 0)<= "0001000";
                WHEN "1011"=>hex0(6 DOWNTO 0)<= "0000011";
                WHEN "1100"=>hex0(6 DOWNTO 0)<= "1000110";
                WHEN "1101"=>hex0(6 DOWNTO 0)<= "0100001";
                WHEN "1110"=>hex0(6 DOWNTO 0)<= "0000110";
                WHEN "1111"=>hex0(6 DOWNTO 0)<= "0001110";
                WHEN OTHERS=>hex0(6 DOWNTO 0)<= "0000000";
            END CASE;
            CASE SINT(7 DOWNTO 4) IS
                WHEN "0000"=>hex1(6 DOWNTO 0)<= "1000000";
                WHEN "0001"=>hex1(6 DOWNTO 0)<= "1111001";
                WHEN "0010"=>hex1(6 DOWNTO 0)<= "0100100";
                WHEN "0011"=>hex1(6 DOWNTO 0)<= "0110000";
                WHEN "0100"=>hex1(6 DOWNTO 0)<= "0011001";
                WHEN "0101"=>hex1(6 DOWNTO 0)<= "0010010";
                WHEN "0110"=>hex1(6 DOWNTO 0)<= "0000010";
                WHEN "0111"=>hex1(6 DOWNTO 0)<= "1111000";
                WHEN "1000"=>hex1(6 DOWNTO 0)<= "0000000";
                WHEN "1001"=>hex1(6 DOWNTO 0)<= "0010000";
                WHEN "1010"=>hex1(6 DOWNTO 0)<= "0001000";
                WHEN "1011"=>hex1(6 DOWNTO 0)<= "0000011";
                WHEN "1100"=>hex1(6 DOWNTO 0)<= "1000110";
                WHEN "1101"=>hex1(6 DOWNTO 0)<= "0100001";
                WHEN "1110"=>hex1(6 DOWNTO 0)<= "0000110";
                WHEN "1111"=>hex1(6 DOWNTO 0)<= "0001110";
                WHEN OTHERS=>hex1(6 DOWNTO 0)<= "0000000";
            END CASE;
            CASE SINT(8) IS
                WHEN '0'=>hex2(6 DOWNTO 0)<= "1000000";
                WHEN '1'=>hex2(6 DOWNTO 0)<= "1111001";
                WHEN OTHERS=>hex2(6 DOWNTO 0)<= "0000000";
            END CASE;
        END PROCESS;
    END one;
```

在源程序中，a 和 b 是两个 8 位加数输入端，cin 是低位进位输入端，sum 是 8 位和输出端，cout 是向高位进位输出端。考虑到用 DE2 开发板上的七段数码管显示结果比较直观，因此在源程序中增加了 3 个七段数码管的输出 hex2、hex1 和 hex0，其中用 hex2 显示向高位进位 cout 的输出，用 hex1 和 hex0 显示 8 位和输出。DE2 开发板上的七段数码管的 7 个输入端，分别对应 a、b、c、d、e、f 和 g 7 个显示段，而且是低电平有效，即输入为低电平时，相应的段才能亮。因此，在 adder8.vhd 程序中，用了 3 个 case 语句为七段数码管译码。其中，hex1 和 hex0 可以显示 "0" ~ "F" 十六进制数，而 hex2 只需要显示 "0" 和 "1" 两个数。

8 位加法器的 Verilog HDL 源程序 adder8.v 的源程序如下：

```verilog
module adder8(a,b,cin,sum,hex0,hex1,hex2,cout);
    input[7:0]    a,b;
    input         cin;
    output[6:0]   hex0,hex1,hex2;
    output[7:0]   sum;
    output        cout;
    reg[6:0]      hex0,hex1,hex2;
    assign {cout,sum}=a+b+cin;
always @(sum)
  begin
    case (sum[3:0])
            0  : hex0 <= 7'b1000000;
            1  : hex0 <= 7'b1111001;
            2  : hex0 <= 7'b0100100;
            3  : hex0 <= 7'b0110000;
            4  : hex0 <= 7'b0011001;
            5  : hex0 <= 7'b0010010;
            6  : hex0 <= 7'b0000010;
            7  : hex0 <= 7'b1111000;
            8  : hex0 <= 7'b0000000;
            9  : hex0 <= 7'b0010000;
            10 : hex0 <= 7'b0001000;
            11 : hex0 <= 7'b0000011;
            12 : hex0 <= 7'b1000110;
            13 : hex0 <= 7'b0100001;
            14 : hex0 <= 7'b0000110;
            15 : hex0 <= 7'b0001110;
            default :hex0 <= 7'b1111111;
    endcase
    case (sum[7:4])
            0  : hex1 <= 7'b1000000;
            1  : hex1 <= 7'b1111001;
            2  : hex1 <= 7'b0100100;
            3  : hex1 <= 7'b0110000;
            4  : hex1 <= 7'b0011001;
            5  : hex1 <= 7'b0010010;
            6  : hex1 <= 7'b0000010;
            7  : hex1 <= 7'b1111000;
            8  : hex1 <= 7'b0000000;
            9  : hex1 <= 7'b0010000;
            10 : hex1 <= 7'b0001000;
            11 : hex1 <= 7'b0000011;
            12 : hex1 <= 7'b1000110;
            13 : hex1 <= 7'b0100001;
            14 : hex1 <= 7'b0000110;
            15 : hex1 <= 7'b0001110;
            default :hex1 <= 7'b1111111;
    endcase
```

```
            case (cout)
                0 : hex2 <= 7'b1000000;
                1 : hex2 <= 7'b1111001;
                default :hex2 <= 7'b1111111;
            endcase
        end
endmodule
```

A.3.2 编译

完成 adder8.vhd（或 adder8.v）的编辑后，执行 Quartus II 主窗口的 "Processing" → "Start Compilation" 命令，对 adder8.vhd（或 adder8.v）文件进行编译。

A.3.3 仿真

执行 Quartus II 主窗口的 "File" → "New" 命令，弹出编辑文件类型对话框，选择 "Other Files" 中的 "Vector Waveform File" 项，进入 adder8.vhd（或 adder8.v）的新建波形文件编辑窗口界面，对设计文件进行仿真验证。8 位加法器的仿真结果如图 A.2 所示。在仿真波形中，a 和 b 是两个 8 位加数输入端，cin 是低位进位输入端，sum 是 8 位和输出端，cout 是向高位进位输出端。

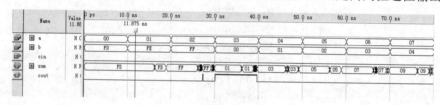

图 A.2 8 位加法器的仿真波形

A.3.4 引脚锁定

对 8 位加法器进行实验验证时，需要确定用 DE2 开发板的哪些输入/输出端口（PIO）来表示设计电路的输入和输出。根据 DE2 开发板提供的实验模式，可选择电平开关 SW7～SW0 作为 a 加数的 8 位数据输入端（a7～a0），选择 SW15～SW8 作为 b 加数的 8 位数据输入端（b7～b0），选择 SW16 作为低位进位 cin 输入端，选择七段数码管 HEX1 和 HEX0 作为 8 位和输出显示，选择七段数码管 HEX2 作为向高位进位 cout 的输出显示。

参见表 A.1 所列的电平开关 SW 与目标芯片引脚的连接关系，将加数 a0～a7 分别锁定在目标芯片的 PIN_N25、PIN_N26、PIN_P25、PIN_AE14、PIN_AF14、PIN_AD13、PIN_AC13 和 PIN_C13 引脚；将加数 b0～b7 分别锁定在 PIN_B13、PIN_A13、PIN_N1、PIN_P1、PIN_P2、PIN_T7、PIN_U3 和 PIN_U4 引脚，将低位进位 cin 锁定在 PIN_V1 引脚。

参见表 A.5 所列的七段数码管 HEX 与目标芯片引脚的连接关系，确定将低 4 位和输出 hex0[0]～hex0[6]（sum[3:0]）分别锁定在目标芯片的 PIN_AF10、PIN_AB12、PIN_AC12、PIN_AD11、PIN_AE11、PIN_V14 和 PIN_V13 引脚；将高 4 位和输出 hex1[0]～hex1[6]（sum[7:4]）分别锁定在目标芯片的 PIN_V20、PIN_V21、PIN_W21、PIN_Y22、PIN_AA24、PIN_AA23 和 PIN_AB24 引脚；将向高位进位输出 hex2[0]～hex2[6]（cout）分别锁定在目标芯片的 PIN_AB23、PIN_V22、PIN_AC25、PIN_AC26、PIN_AB26、PIN_AB25 和 PIN_Y24 引脚。8 位加法器与 DE2 中的目标芯片引脚连接的全部关系见表 A.11。

表 A.11　8 位加法器与 DE2 中的目标芯片引脚的连接关系表

端口名称	PIO 名称	芯片引脚	端口名称	PIO 名称	芯片引脚
a[0]	SW0	PIN_N25	sum[3:0]	hex0[3]	PIN_AD11
a[1]	SW1	PIN_N26		hex0[4]	PIN_AE11
a[2]	SW2	PIN_P25		hex0[5]	PIN_V14
a[3]	SW3	PIN_AE14		hex0[6]	PIN_V13
a[4]	SW4	PIN_AF14	sum[7:4]	hex1[0]	PIN_V20
a[5]	SW5	PIN_AD13		hex1[1]	PIN_V21
a[6]	SW6	PIN_AC13		hex1[2]	PIN_W21
a[7]	SW7	PIN_C13		hex1[3]	PIN_Y22
b[0]	SW8	PIN_B13		hex1[4]	PIN_AA24
b[1]	SW9	PIN_A13		hex1[5]	PIN_AA23
b[2]	SW10	PIN_N1		hex1[6]	PIN_AB24
b[3]	SW11	PIN_P1	cout	hex2[0]	PIN_AB23
b[4]	SW12	PIN_P2		hex2[1]	PIN_V22
b[5]	SW13	PIN_T7		hex2[2]	PIN_AC25
b[6]	SW14	PIN_U3		hex2[3]	PIN_AC26
b[7]	SW15	PIN_U4		hex2[4]	PIN_AB26
sum[3:0]	hex0[0]	PIN_AF10		hex2[5]	PIN_AB25
	hex0[1]	PIN_AB12		hex2[6]	PIN_Y24
	hex0[2]	PIN_AC12	cin	SW16	PIN_V1

完成引脚锁定后，还需要执行 Quartus II 主窗口的"Processing"→"Start Compilation"命令，再次对 adder8.c 文件进行编译。

A.3.5　编程下载

在 Quartus II 软件界面上执行"Tools"→"Programmer"命令或直接单击"Programmer"按钮，弹出如图 A.3 所示的设置编程方式窗口。在设置编程方式窗口中，单击"Hardware Setup…"（硬件设置）按钮，在弹出的"Hardware Setup"硬件设置对话框中，选择"USB-Blaster[USB-0]"编程方式（USB-Blaster[USB-0]编程方式对应计算机的 USB 接口编程下载），并选择 Mode（模式）为"JTAG"。完成编程方式设置后，单击"Start"按钮，将 8 位加法器设计文件下载到 DE2 开发板的目标芯片中。

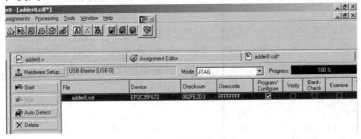

图 A.3　设置编程方式窗口

A.3.6 硬件验证

在 DE2 开发板上，扳动 SW16 和 SW15～SW0 电平开关，组成低位进位 cin 和加数 a、b 的不同组合，从七段数码管 HEX2～HEX0 上观察 cout 和 sum[7:0]输出结果的正确与否，验证 8 位加法器的设计。

A.4 DE2 开发板的控制嵌板

DE2 开发板的控制嵌板用于 DE2 开发板上的 PIO 设备（如七段数码管 HEX、红色发光二极管 LEDR、绿色发光二极管 LEDG、LCD、键盘等）的检测、SRAM 存储器中的数据配置、FLASH 存储器中的数据烧写、SDRAM 存储器中的数据下载、VGA 控制和鼠标的控制。下面介绍 DE2 开发板的控制嵌板的使用方法。

A.4.1 打开控制嵌板

在 Quartus II 主窗口打开/DE2/DE2_USB_API/HM/文件夹中的 DE2_USB_API 工程，并将 DE2_USB_API.sof 文件下载到 DE2 开发板的目标芯片中。执行"/DE2/DE2_Control_Panel.exe"命令，弹出如图 A.4 所示的 DE2_Control_Pane（DE2 控制嵌板）窗口。执行"Open"→"Open USB Port 0"命令，使控制嵌板开始工作。

A.4.2 设备检测

在控制嵌板上有 FLASH、SDRAM、SRAM、VGA、PS2 & 7-SEG、LED & LCD 和 TOOLS 共 7 个页面，单击控制嵌板对话框上的"PS2 & 7-SEG"按钮，打开七段数码管检测页面（见图 A.4），此页面用于检测七段数码管和与 DE2 开发板连接的键盘（Keyboard）。选择对话框"7-SEG"栏下的 8 只七段数码管（HEX7～HEX0）需要显示的数据，然后单击"Set"按钮，显示数据将出现在 DE2 开发板的 8 只七段数码管上。此页面还可以检测 PS/2 接口的键盘（Keyboard）。

单击窗口上的"LED & LCD"按钮，展开 LED 与 LCD 检测页面，如图 A.5 所示。此页面用于检测 9 只绿色发光二极管（LEDG8～LEDG0）、18 只红色发光二极管（LEDR17～LEDR0）和 LCD。

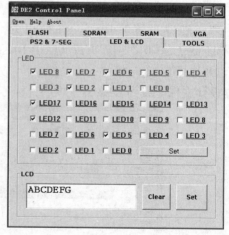

图 A.4 DE2 控制嵌板窗口　　　　图 A.5 控制嵌板窗口的 LED 与 LCD 页面

单击窗口"LED"栏下各发光二极管名称前部的小方框,当方框中出现"√"时,表示让该发光二极管亮,否则(不出现"√")该发光二极管不亮。完成发光二极管的选择后,单击"Set"按钮,则DE2开发板上的发光二极管根据选择而发光。

在LED与LCD检测页面的"LCD栏"下的方框,用于接收计算机键盘输入的字符,输入结束后,单击该栏后的"Set"按钮,该方框内的信息将在DE2开发板的LCD上显示。单击"Clear"按钮,则清除方框内的信息。

设备检测还包括对存储器、VGA、鼠标等设备的检测,关于这方面的内容,请参见DE2使用说明书。

附录 B　Quartus Ⅱ 的宏函数和强函数

B.1　宏　函　数

Quartus Ⅱ 所附的宏函数（Macrofunctions）见表 B.1。函数的原形放在/altera/quartus60/libraries/others/的子目录中。Quartus Ⅱ 所附的宏函数是 MAX+PLUS Ⅱ 的老式宏函数。

表 B.1　MAX+PLUS Ⅱ 的老式宏函数

宏函数类型	宏函数名称	说　明
Adders （加法器）	8fadd	8-bit full adder
	8fadde	8-bit full adder
	7480	Gated full adder
	7482	2-bit binary full adder
	7483	4-bit binary full adder with fast carry
	74183	Dual carry-save full adder
	74283	4-bit full adder with fast carry
	74285	4-bit adder/subtractor with Clear
Arithmetic Logic Units （算术逻辑单元）	74181	Arithmetic logic unit
	74182	Look-ahead carry generator
	74301	Arithmetic logic unit/function generator
	74382	Arithmetic logic unit/function generator
Buffers （缓冲器）	Btri	Active-low tri-state buffer
	74240	Octal inverting tri-state buffer
	74240b	Octal inverting tri-state buffer with 2 sections
	74241	Octal tri-state buffer
	74241b	Octal tri-state buffer with 2 section
	74244	Octal tri-state buffer
	74244b	Octal tri-state buffer with 2 section
	74365	Hex tri-state buffer
	74366	Hex inverting tri-state buffer
	74367	Hex tri-state buffer
	74368	Hex inverting tri-state buffer
	74465	Octal tri-state buffer
	74466	Octal inverting tri-state buffer
	74467	Octal tri-state buffer
	74468	Octal inverting tri-state buffer
	74540	Octal inverting tri-state buffer
	74541	Octal tri-state buffer
Comparators （比较器）	8mcomp	8-bit magnitude comparator
	8mcompb	8-bit magnitude comparator
	b	4-bit magnitude comparator
	7485	8-bit identity comparator
	74518	8-bit identity comparator
	74518b	8-bit magnitude/identity comparator
	74684	8-bit magnitude/identity comparator
	74686	8-bit identity comparator
	74688	8-bit identity comparator8-bit identity comparator

（续表）

宏函数类型	宏函数名称	说　　明
Converter （转换器）	74184	BCD-to-binary converter
	74185	Binary-to-BCD converter
Counter （计数器）	Gray4	Gray code counter
	Unicnt	Universal 4-bit up/down counter left/right shift register with asynch set and load,Clear and cascade
	16cudslr	16-bit up/down counter left/right shift register with asynch.set
	16cudsrb	16-bit up/down counter left/right shift register with asynch.clear,and asynch.set
	4count	4-bit binary up/down counter with synchronous load(LDN), asynchronous.clear,and asynchronous.load(SETN)
	8count	4-bit binary up/down counter with synchronous load(LDN), asynchronous.clear,and asynchronous.load(SETN)
	7468	Dual decade counter
	7469	Dual binary counter
	7492	Decode or binary counter with clear and set-to-9
	7493	4-bit binary counter
	74143	4-bit counter/latch,7-segment driver
	74160	4-bit decode counter with synch.load and asynch.clear
	74161	4-bit decode up counter with synch.load and asynch.clear
	74162	4-bit decode up counter with synch.load and asynch.clear
	74163	4-bit decode up counter with synch.load and asynch.clear
	74168	Synch.4-bit decode up/down counter
	74169	Synch.4-bit decode up/down counter
	74176	Presettable decode counter
	74177	Presettable decode counter
	74190	4-bit decode up/down counter with synch.load
	74191	4-bit decode up/down counter with synch.load
	74192	4-bit decode up/down counter with synch.clear
	74193	4-bit decode up/down counter with synch.clear
	74196	Presettable decode counter
	74197	Presettable decode counter
	74290	Decode counter with Clear
	74292	Programmable frequency divider/digital timer
	74293	Binary counter with Clear
	74294	Programmable frequency divider/digital timer
	74390	Dual decode counter
	74393	Dual 4-bit counter with asynch.clear
	74490	Dual 4-bit decode counter
	74568	Decode up/down counter with asynch.load and clear and asynch.clear
	74569	Binary up/down counter with asynch.load and asynch.clear
	74590	8-bit binary counter with tri-state and clear and asynch.clear
	74592	8-bit binary counter with input registers
	74668	Synch.decode up/down counter
	74669	Synch.4-bit binary up/down counter
	74690	Synch.decode counter with output registers,multiplexed tri-state output and asynch.clear
	74691	Synch.binary counter with output registers,multiplexed tri-state output and asynch.clear
	74693	Synch.binary counter with output registers,multiplexed tri-state output and asynch.clear
	74696	Synch.decode up/down counter with output registers,multiplexed tri-state output and asynch.clear
	74697	Synch.binary up/down counter with output registers,multiplexed tri-state output and asynch.clear
	74698	Synch.decode up/down counter with output registers,multiplexed tri-state output and asynch.clear
	74699	Synch.binary up/down counter with output registers,multiplexed tri-state output and asynch.clear

（续表）

宏函数类型	宏函数名称	说　明
Decoder （译码器）	161mux	4-bit binary-to-16line decoder
	16dmux	16-bit DEMUX
	7442	1-line-to-10-line BCD-to-decimal decoder
	7443	Excess-3-to-decimal decoder
	7444	Excess-3-Gray-to-decimal decoder
	7445	BCD-to-decimal decoder
	7446	BCD-to-7-segment decoder
	7447	BCD-to-7-segment decoder
	7448	BCD-to-7-segment decoder
	7449	BCD-to-7-segment decoder
	74137	3-line-to-8-line decoder with address latches
	74138	3-line-to-8-line decoder
	74139	Dual 2-line-to-4-line decoder
	74145	BCD-to-decimal decoder
	74154	4-line-to-16-line decoder
	74155	Dual 2-line-to-4-line decoder/demultiplexer
	74156	Dual 2-line-to-4-line decoder/demultiplexer
	74246	BCD-to-7-segment decoder
	74247	BCD-to-7-segment decoder
	74248	BCD-to-7-segment decoder
	74445	BCD-to-decimal decoder
Digital Filter （数字滤波器）	74297	Digital phase-locked loop filter
EDAC （误码检测电路）	74630	16-bit parallel error detection & correction circuit
	74636	8-bit parallel error detection & correction circuit
Encoder （编码器）	74147	10-line-to-4-line BCD encoder
	74148	8-line-to-3-line octal encoder
	74348	10-line-to-3-line priority encoder with tri-state output
Frequency Divider （分频器）	Freqdiv	Frequency divider
	7456	Frequency divider
	7457	Frequency divider
Latch （锁存器）	explatch	Latch implemented with expanders
	inpltch	Inputs latch
	nandltch	/SR NAND latch with expanders
	lorrltch	SR NOR LATCH with expanders
	7475	4-bit bitable latch
	7477	4-bit bitable latch
	74116	Dual 4-bit latch with clear
	74259	8-bit 2-stage pipelined latch
	74279	Quad/SR latch
	74373	Octal transparent D-type latch with tri-state output
	74373b	Octal transparent D-type latch with tri-state output
	74375	4-bit bitable latch
	74549	8-bit 2-stage pipelined latch
	74604	Octal 2-input multiplexed latch with tri-state output
	74841	10-bit D-type latch with tri-state output
	74841b	10-bit D-type latch with tri-state output
	74842	10-bit D-type latch with tri-state output
	74842b	10-bit D-type inverting latch with tri-state output
	74843	9-bit bus interface D-type latch with tri-state output
	74844	9-bit bus interface D-type inverting latch with tri-state output
	74845	8-bit bus interface D-type latch with tri-state output
	74846	8-bit bus interface D-type inverting latch with tri-state output
	74990	8-bit transparent read-back latch

（续表）

宏函数类型	宏函数名称	说　明
Multiplier （乘法器）	mult2	2-bit sign magnitude multiplier
	mult24	2-bit-by-4-bit parallel binary multiplier
	mult4	4-bit parallel binary multiplier
	mult4b	4-bit parallel binary multiplier
	tmult4	4-bit-by-4-bit parallel binary multiplier
	7497	Synch.6-bit rate multiplier
	74261	2-bit parallel binary multiplier
	74284	4-bit-by-4-bit parallel binary multiplier(upper 4bits of result)
	74285	4-bit-by-4-bit parallel binary multiplier(upper 4bits of result)
Multiplexer （多路选择器）	21mux	2-line-to-1line multiplexer
	81mux	8-line-to-1line multiplexer
	161mux	16-line-to-1line multiplexer
	2×8mux	2-line-to-1line multiplexer for 8-bit buses
	74151	8-line-to-1line multiplexer
	74151b	8-line-to-1line multiplexer
	74153	Dual 4-line-to-1line multiplexer
	74157	Quad 2-line-to-1line multiplexer
	74158	Quad 2-line-to-1line multiplexer
	74251	8-line-to-1line data selector with tri-state outputs
	74253	Dual 4-line-to-1line data selector with tri-state outputs
	74257	Quad 2-line-to-1line multiplexer with tri-state outputs
	74258	Quad 2-line-to-1line multiplexer with inverting tri-state outputs
	74298	Quad 2-input multiplexer with storage
	74352	Dual 4-line-to-1line data selector/multiplexer with inverting outputs
	74353	Dual 4-line-to-1line data selector/multiplexer with tri-state inverting outputs
	74354	8-line-to-1line data selector/multiplexer/register with tri-state outputs
	74356	8-line-to-1line data selector/multiplexer/register with tri-state outputs
	74398	Quad 2-input multiplexer with storage
	74399	Quad 2-input multiplexer with storage
Parity Generator/Checker （奇偶产生器/校验器）	74180	9-bit odd/even parity generator/checker
	74180b	9-bit odd/even parity generator/checker
	74280	9-bit odd/even parity generator/checker
	74280b	9-bit odd/even parity generator/checker
Rate Multiplier （比率乘法器）	74167	Synch.decode rate multiplier

(续表)

宏函数类型	宏函数名称	说　明
Register （寄存器）	enadff	Enable D-type flipflop
	exodff	D-type flipflop Implemented with expander (or with DFF primitive for FLEX 8000 projects)
	7470	AND-gated JK flipflop with Preset & Clear
	7471	JK flipflop with Preset
	7472	AND-gated JK flipflop with Preset & Clear
	7473	Dual JK flipflop with Clear
	7474	Dual D-type flipflop with asynch.Preset & asynch.Clear
	7476	Dual JK flipflop with asynch.Preset & asynch.Clear
	7478	Dual JK flipflop with asynch.Preset,common Clear & common Clock
	74107	Dual JK flipflop with Clear
	74109	Dual JK flipflop with Preset & Clear
	74112	Dual JK negative-edge-triggered flipflop with Preset & Clear
	74113	Dual JK negative-edge-triggered flipflop with Preset
	74114	Dual JK negative-edge-triggered flipflop with Preset, common Clear & common Clock
	74171	Quad D-type flipflop with Clear
	74172	Multi-port register file with tri-state outputs
	74173	4-bit D-type register
	74174	Hex D flipflop with common clear
	74174b	Hex D-type flipflop with common clear
	74175	Quad D-type flipflop with common Clock & Clear
	74273	Octal D-type flipflop with asynch.Clear
	74273b	Octal D-type flipflop with asynch.Clear
	74276	Quad JK flipflop register with common Preset & Clear
	74374	Octal D-type flipflop with tri-state outputs & Output Enable
	74374b	Octal D-type flipflop with tri-state outputs & Output Enable
	74376	Quad JK flipflop register with common Clock & common Clear
	74377	Octal D-type flipflop with Enable
	74377b	Octal D-type flipflop with Enable
	74378	Hex D-type flipflop with Enable
	74379	Quad D-type flipflop with Enable
	74396	Octal storage register
	74548	8-bit 2-stage pipelined register with tri-state outputs
	74670	4-bit by 4-bit register file with tri-state outputs
	74821	10-bit bus interface flipflop with tri-state outputs
	74821b	10-bit D-type flipflop with tri-state outputs
	74822	10-bit bus interface flipflop with tri-state inverting outputs
	74822b	10-bit D-type flipflop with tri-state inverting outputs
	74823	9-bit bus interface flipflop with tri-state outputs
	74823b	9-bit D-type flipflop with tri-state outputs
	74824	9-bit bus interface flipflop with tri-state inverting outputs
	74824b	9-bit D-type flipflop with tri-state inverting outputs
	74825	8-bit bus interface flipflop with tri-state outputs
	74825b	Octal D-type flipflop with tri-state outputs
	74826	9-bit bus interface flipflop with tri-state inverting outputs
	74826b	Octal D-type flipflop with tri-state inverting outputs

(续表)

宏函数类型	宏函数名称	说　明
Shift Register （移位寄存器）	barrelst	8-bit barrel shifter
	barrelstb	8-bit barrel shifter
	7491	Serial-in serial-out shift register
	7494	4-bit shift register with asynch.Preset & asynch.Clear
	7495	4-bit parallel-access shift register
	7496	5-bit shift register
	7499	4-bit shift register with/JK serial inputs & parallel outputs
	74164	Serial-in serial-out shift register
	74164b	Serial-in serial-out shift register
	74165	Parallel load 8-bit shift register
	74165b	Parallel load 8-bit shift register
	74166	8-bit shift register with Clock inhibit
	74178	4-bit shift register
	74179	4-bit shift register with Clear
	74194	4-bit bi-directional shift register with parallel load
	74195	4-bit parallel-access shift register
	74198	8-bit bi-directional shift register
	74199	8-bit parallel-access shift register
	74295	4-bit right-shift left-shift register with tri-state outputs
	74299	8-bit universal shift/storage register
	74350	4-bit shift register with tri-state outputs
	74395	4-bit cascadable shift register with tri-state outputs
	74589	8-bit shift register with input latches & tri-state outputs
	74594	8-bit shift register with output latches
	74595	8-bit shift register with output latches & tri-state outputs
	74597	8-bit shift register with input register
	74671	4-bit universal shift register/latch with direct-overriding Clock & tri-state outputs
	74672	4-bit universal shift register/latch with synch.Clock & tri-state outputs
	74673	16-bit shift register
	74674	16-bit shift register
Storage register （存储寄存器）	7498	4-bit data selector/storage register
	74298	4-bit cascadable priority register
SSI Function （小规模函数）	cbuf	Complementary buffer
	inhb	Inhibit gate
	7400	NAND2 gate
	7402	NOR2 gate

（续表）

宏函数类型	宏函数名称	说明
SSI Function （小规模函数）	7404	NOT gate
	7408	AND2 gate
	7410	NAND2 gate
	7411	AND3 gate
	7420	NAND4 gate
	7421	AND4 gate
	7423	Dual 4-input NOR gate with strobe
	7425	Dual 4-input NOR gate with strobe
	7427	NOR3 gate
	7428	Quad 2-input positive NOR buffer
	7430	NAND8 gate
	7432	OR2 gate
	7437	Quad 2-input positive NAND buffer
	7440	Dual 4-input positive NAND buffer
	7445	Dual 2-wide 2-input AND-OR-INVERT gate
	7451	Dual AND-OR-INVERT gate
	7452	AND-OR gate
	7453	Expandable 4-wide AND-OR-INVERT gate
	7454	4-wide AND-OR-INVERT gate
	7455	2-wide,4-input AND-OR-INVERT gate
	7464	4-2-3-2 input AND-OR-INVERT gate
	7486	XOR gate
	74133	13-input NAND gate
	74134	12-input NAND gate with tri-state output
	74135	Quad XOR/XNOR gate
	74260	Dual 5-input positive NOR gate
	74386	Quadruple XOR gate
True/Complement I/O Element （真/补码输入/输出器件）	7487	4-bit True/Complement I/O element
	74265	Quad complementary output element

B.2 强 函 数

Quartus II 的强函数（Megafunctions）见表 B.2，它是一种复杂的逻辑函数的集合，包括参数设置模式的库函数 LPM（Library of Parameterized Modules），它们可以用在逻辑电路设计中。在安装 Quartus II 的过程中，系统自动将这些强函数安装在/altera/quartus60/libraries/megafunctions/子目录中。

B.2 Quartus II 的强函数

类 型	名 称	说 明
Gate （门）	lpm_and	参数设置的与门
	lpm_bustri	参数设置的三态缓冲器
	lpm_clshift	参数设置的组合移位模块
	lpm_constant	参数设置的恒定振荡器模块
	lpm_decode	参数设置的译码器模块
	lpm_inv	参数设置的反相器模块
	lpm_mux	参数设置的多路选择器模块
	lpm_or	参数设置的或门
	lpm_xor	参数设置的异或门
Arithmetic Components （运算元件）	lpm_abs	参数设置的绝对值元件
	lpm_add_sub	参数设置的加法/减法模块
	lpm_decode	参数设置的比较器模块
	lpm_counter	参数设置的计数器模块
	lpm_mult	参数设置的乘法器模块
Storage Components （存储元件）	lpm_dff	参数设置的 D 触发器和移位寄存器模块
	lpm_latch	参数设置的锁存器模块
	lpm_ram_dg	具有独立输入/输出端口的随机存取存储器
	lpm_ram_io	具有单一 I/O 端口的随机存取存储器
	lpm_rom	只读存储器
	lpm_tff	参数设置的 T 型触发器
	csdpram	循环分配双端口随机存取存储器
	csfifo	循环分配先进先出存储器
Other Functions （其他函数）	a6502	6502 微处理器
	ntsc	NTSC 视频控制信号发生器
	pll	上升沿和下降沿监测器

参考文献

[1] 王诚等编著. Altera FPGA/CPLD 设计（基础篇）（第 2 版）. 北京：人民邮电出版社，2011.
[2] 潘松，黄继业. EDA 技术实用教程——VHDL 版（第五版）. 北京：科学出版社，2015.
[3] 潘松，黄继业，潘明. EDA 技术实用教程——Verilog HDL 版（第五版）. 北京：科学出版社，2013.
[4] 谭会生，张昌凡. EDA 技术及应用. 西安：西安电子科技大学出版社，2012.
[5] 贾熹滨，王秀娟，魏坚华. 数字逻辑基础与 Verilog 硬件描述语言. 北京：清华大学出版社，2012.
[6] 罗杰. Verilog HDL 与 FPGA 数字系统设计. 北京：机械工业出版社，2015.
[7] 蔡伟纲. Nios II 软件架构解析. 西安：西安电子科技大学出版社，2007.
[8] 阎石. 数字电子技术基础（第五版）. 北京：高等教育出版社，2006.
[9] 侯伯亨，刘凯，顾新. VHDL 硬件描述语言与数字逻辑电路设计（第四版）. 西安：西安电子科技大学出版社，2014.
[10] 赵曙光，郭万有，杨颂华. 可编程逻辑器件原理、开发与应用（第二版）. 西安：西安电子科技大学出版社，2006.
[11] Pong P.Chu 著. 金明录，门宏志译. 基于 Nios II 的嵌入式 SOPC 系统设计与 Verilog 开发实例. 北京：电子工业出版社，2015.
[12] Stefan Sjoholm, Lennart Lindh 著. 边计年，薛宏熙译. 用 VHDL 设计电子电路. 北京：清华大学出版社，2000.
[13] 江国强. 新编数字逻辑电路（第 2 版）. 北京：北京邮电大学出版社，2013.
[14] 江国强. SOPC 技术与应用. 北京：机械工业出版社，2006.

反侵权盗版声明

电子工业出版社依法对本作品享有专有出版权。任何未经权利人书面许可，复制、销售或通过信息网络传播本作品的行为；歪曲、篡改、剽窃本作品的行为，均违反《中华人民共和国著作权法》，其行为人应承担相应的民事责任和行政责任，构成犯罪的，将被依法追究刑事责任。

为了维护市场秩序，保护权利人的合法权益，我社将依法查处和打击侵权盗版的单位和个人。欢迎社会各界人士积极举报侵权盗版行为，本社将奖励举报有功人员，并保证举报人的信息不被泄露。

举报电话：（010）88254396；（010）88258888
传　　真：（010）88254397
E-mail：　dbqq@phei.com.cn
通信地址：北京市万寿路173信箱
　　　　　电子工业出版社总编办公室
邮　　编：100036